高 等 学 校 教 材

过程设备工程设计概论
第 2 版

陈 庆 甘树坤 祝明威 主编

化学工业出版社

·北京·

本书着重介绍过程设备工程设计的基本指导思想、方法、步骤、主要内容和所要考虑的各方面影响因素。内容丰富而精炼，对指导学生从事典型过程设备设计工作，方便实用。

本书分为10章，包括：①过程设备设计概论；②过程设备设计技术文件的构成及编制；③材料；④结构设计与焊接；⑤焊接结构；⑥压力容器设计参数的确定；⑦压力容器典型壳体强度计算；⑧压力容器的监造、检验与验收；⑨典型设备强度计算书；⑩过程设备设计技术问题剖析。

本书所采用的概念、公式、标准、规范力求最新、最近，简洁明了。其中心思想是以内容精炼、适用性强、理论实践相结合、使用方便的原则。因此该书可作为"过程装备与控制工程"专业的教材、学生毕业设计指南或教学参考资料，也可供工程技术人员在设备管理工作中参考。

图书在版编目（CIP）数据

过程设备工程设计概论/陈庆，甘树坤，祝明威主编. —2 版 .
北京：化学工业出版社，2015.12
高等学校教材
ISBN 978-7-122-25707-9

Ⅰ.①过⋯ Ⅱ.①陈⋯②甘⋯③祝⋯ Ⅲ.①化工过程-化工设备-
设计-高等学校-教材 Ⅳ.①TQ051.02

中国版本图书馆 CIP 数据核字（2015）第 282220 号

责任编辑：程树珍 　　　　　　　　　　　　装帧设计：张　辉
责任校对：王素芹

出版发行：化学工业出版社（北京市东城区青年湖南街 13 号　邮政编码 100011）
印　　刷：北京永鑫印刷有限责任公司
装　　订：三河市宇新装订厂
787mm×1092mm　1/16　印张 15½　插页 4　字数 401 千字　2016 年 1 月北京第 2 版第 1 次印刷

购书咨询：010-64518888（传真：010-64519686）　售后服务：010-64518899
网　　址：http://www.cip.com.cn
凡购买本书，如有缺损质量问题，本社销售中心负责调换。

定　　价：35.00 元

前　言

为了适应当前科学技术的进展，以及过程装备与控制工程专业的教学现状和教学改革发展趋势，在继承第 1 版的特色和基本构架的基础上，本版工作主要是针对本行业最新颁布的相应国家标准、行业标准和规范，对相应内容进行了全面的修订和调整。同时结合教学一线的专业教师多年的专业教学实践改革经验，注重理论与实践相结合进行了全面、系统的修订。

本书由陈庆、甘树坤、祝明威主编，负责全书的统稿和修订工作。陈庆编写第 1 章、第 4 章、第 8 章；甘树坤编写第 2 章、第 6 章、第 10 章；祝明威编写第 3 章；程学晶编写第 5 章、第 7 章；祝明威、中国石油集团东北炼化工程有限公司吉林设计院庞法拥编写第 9 章。

本书编写过程中参阅了大量国内外相关的教材、著作、文献和标准，在此对文献作者及单位表示衷心感谢！本书还得到了中国石油集团东北炼化工程有限公司吉林设计院孙雅娣，中国石油集团东北炼化工程有限公司吉化集团机械有限责任公司赵红霞、王妍娜等的大力支持和帮助，在此一并致谢。

由于编者水平和能力有限，书中难免还会存在一些缺点和不妥之处，恳请读者给予批评指正。

编者
2015 年 10 月

第1版前言

本书根据"过程装备与控制工程"专业规范的要求，以及本专业毕业生适应市场的需求，应获得的工程设计、制造和管理等训练的基本要求和以培养学生的素质、知识与能力为目标而编写的。旨在使本专业本科毕业生通过毕业设计环节的综合训练较为全面地了解工程设计的基本思路、方法和过程，培养学生综合运用所学基础知识、专业知识分析和解决工程实际问题的能力。通过对典型设备的设计，使学生了解和熟悉这些典型设备的基本工作原理、结构、用途、性能、特性以及表征其生产能力的技术指标，达到本科毕业生在从事专业工作前所应有的全面、系统的工程概念和指导思想。

本书针对过程装备与控制工程专业毕业设计的内容和要求，主要介绍过程设备的工程设计方法、技术要领和设计程序以及管理过程，在理论教学的基础上，着重过程设备的工程设计的实践知识。本书也是将学校的基础理论学习与工程实践有机结合的良好过渡，是学生从事毕业设计的指导性参考资料，也可供工程技术人员在工程设计、加工制造以及设备使用管理等方面参考。内容包括：1 过程设备设计概论；2 过程设备设计技术文件的构成及编制；3 材料；4 结构设计与焊接；5 焊接结构；6 压力容器设计参数的确定；7 压力容器典型壳体强度计算；8 压力容器的监造、检验与验收；9 典型设备强度计算书；10 过程设备设计技术问题剖析。本书所采用的概念、公式、标准、规范力求最新。编写本书是以内容精炼、适用性强、理论和实践相结合、使用方便为中心思想。

本书由陈庆、邵泽波主编。陈庆、甘树坤负责全书的统稿和修改工作。参加编写的有吉林化工学院陈庆（第 1、3、4、5 章、第 10 章 10.6.1～10.6.15 节）、吉林化工学院邵泽波（第 7 章 7.1～7.4 节、第 8 章 8.1～8.2 节、第 9 章）、吉林化工学院甘树坤（第 2 章）、燕山大学由立臣（第 10 章 10.1～10.5 节）、东北电力大学刘焱（第 6 章、第 7 章 7.5～7.6 节、第 8 章 8.3 节、第 10 章 10.6.16～10.6.30 节）。

本书还得到了中国石油集团工程设计有限公司东北分公司孙雅娣、庞法拥，中国石油吉化集团机械有限责任公司赵红霞、梁文元等同志的大力支持和帮助，在此表示感谢。

由于编者水平和能力有限，编写时间仓促，存在不妥之处在所难免，恳请读者给予批评指正。

编者

2007 年 10 月

目　录

1　过程设备设计概论

1.1　绪言 ··· 1

1.2　压力容器设计规范标准简介 ·· 4

1.3　我国压力容器的质量保证体系及安全监察 ································ 6

1.4　压力容器类别及压力等级、品种的划分 ··································· 7

2　过程设备设计技术文件的构成及编制

2.1　设计文件的组成 ·· 10

2.2　设计文件的说明 ·· 10

2.3　设计图样的说明 ·· 10

2.4　过程设备图样的基本画法 ·· 11

3　材料

3.1　压力容器用材料的选择原则 ·· 37

3.2　压力容器用钢的基本要求 ··· 38

3.3　钢板 ··· 40

3.4　钢管 ··· 47

3.5　锻件 ··· 47

3.6　紧固件 ·· 49

3.7　许用应力 ··· 49

3.8　高合金钢钢板近似对照 ·· 56

4　结构设计与焊接

4.1　过程设备的结构特点 ··· 57

4.2　筒体、封头及其连接 ··· 57

4.3　容器法兰、垫片和螺栓 ·· 60

4.4　检查孔 ·· 76

4.5　钢制管法兰、垫片、紧固件 ·· 78

4.6　开孔及开孔补强 ·· 86

4.7　液面计、视镜 ·· 91

4.8　支座 ·· 96

4.9　内件 ·· 106

5　焊接结构

5.1　焊接结构的基本概念 ·· 108

5.2　对接接头的设计 ·· 109

5.3　角接焊接接头和 T 形焊接接头 ·· 114

5.4　压力容器中焊接接头 ·· 116

5.5　焊接结构的设计原则 ·· 119

5.6　焊接材料 ··· 121

5.7　焊丝 ·· 131

5.8　焊剂 ·· 132

6　压力容器设计参数的确定

6.1　定义 ·· 136

6.2　GB 150 适用范围 ·· 136

6.3　GB 150 不适用范围 ·· 137

6.4　压力容器范围 ·· 137

6.5　设计压力的确定 ·· 137

6.6　设计温度的确定 ·· 139

6.7　设计载荷的确定 ·· 139

6.8　壁厚附加量 ··· 140

6.9　压力容器最小壁厚 ·· 140

6.10　许用应力与安全系数 ·· 140

6.11　压力试验 ··· 142

6.12　气密性试验 ·· 142

7　压力容器典型壳体强度计算

7.1　内压圆筒和球壳 ·· 143

7.2　内压凸形封头 ·· 144

7.3　外压圆筒和外压管子计算 ·· 146

7.4　外压球壳和球形封头的厚壁设计 ····································· 146

7.5　外压圆筒加强圈的设计 ·· 146

7.6　等面积补强 ··· 147

8 压力容器的监造、检验与验收

8.1 项目监造、检验管理规定 ·································· 149

8.2 无损检测 ·································· 156

8.3 容器的压力试验 ·································· 159

9 典型设备强度计算书

9.1 填料塔（变径）强度计算 ·································· 164

9.2 固定管板换热器强度计算 ·································· 183

9.3 立式夹套搅拌器强度计算 ·································· 191

9.4 卧式储罐强度计算 ·································· 195

10 过程设备设计技术问题剖析

10.1 压力容器设计管理及条例与规程 ·································· 202

10.2 基本理论知识 ·································· 204

10.3 压力容器 ·································· 207

10.4 热交换器 ·································· 216

10.5 钢制球形储罐、塔式容器、气瓶 ·································· 224

10.6 钢制压力容器制造、检验和验收 ·································· 231

参考文献

1 过程设备设计概论

1.1 绪言

在过程工业中，从原料到成品，往往需要许多道工序，这些工序就称为工艺过程。一个先进的工艺过程的实现，是由各操作单元所组成的，而一个工艺过程的实现，往往需要这样或那样的设备，所以说过程设备是工艺过程得以实现的载体（硬件）。过程设备的先进与否直接影响生产的工艺过程。过程设备的组成主要由其外壳（压力容器）和内部为完成指定的工艺目的的内部元件（如塔板、塔填料、换热器管板、换热管等）所组成。过程设备设计的主要内容是流体储存、传热、传质和反应设备的设计。

1.1.1 生产应用中对过程设备的基本要求

过程设备的壳体是一种容器，某些机器的部件，例如压缩机的气缸，也是一种容器。容器的应用遍及各行各业，诸如石油、化工、冶金、发电、轻工、纺织、航空、航天、航海、机械制造、动力以及核能等行业。然而，在很多场合下，容器都是承受一定介质压力的，这就是压力容器的基本载荷，有内压容器、外压或者真空容器。压力容器的失效形式主要有强度失效、刚度失效、稳定性失效和密封失效。内压容器按设计压力的大小可分为低压容器（$0.1\text{MPa} \leqslant p < 1.6\text{MPa}$）、中压容器（$1.6\text{MPa} \leqslant p < 10.0\text{MPa}$）、高压容器（$10.0\text{MPa} \leqslant p < 100\text{MPa}$）、超高压容器（$100\text{MPa} \leqslant p$）。受内压的容器其主要的失效形式是弹塑性失效，而外压容器的失效形式则主要是整体失稳。泄漏也是容器失效的一种形式，尤其是在石油、化工等某些领域所使用的压力容器。因高温、高压、低温、真空、易燃、易爆、有毒、有害、强腐蚀介质以及高流速等工况条件的作用，对其要求更为严格。为确保压力容器安全运行，许多国家都结合本国的国情制定了强制性或推荐性的压力容器规范标准，如中国的 GB 150《压力容器》、JB 4732《钢制压力容器——分析设计标准》、JB/T 4735《钢制焊接常压容器》和技术法规《固定式压力容器安全技术监察规程》等，对其材料、设计、制造、安装、使用、检验和修理改造提出相应的要求。

ⅰ. 安全可靠性要求，包括强度、刚度、稳定性、紧密性和材料与介质相容性。

ⅱ. 满足过程要求，包括功能的要求、寿命的要求。

ⅲ. 综合经济性好，包括单位生产能力高、生产效率高、消耗系数低、结构合理、制造简便、易于运输和安装。

ⅳ. 运转性能好，包括运转方便、操作简单、噪声和振动小、能连续进行操作、自动化程度高、易于维修、装拆检修方便、能进行试验和监控、标准零部件互换性好。

ⅴ．优良的环境性能。

以上这些都是在使用过程中应该注意的问题，在设计时必须加以考虑。例如压缩机的缓冲容器及有蒸汽通入的设备，操作时往往由于流体脉冲及流体诱导而引起剧烈的振动。设计时必须考虑消除这种振动，或者在基础上设吸振装置以吸收振动。对一个具体的过程设备的设计，包括对壳体容器及内件的设计，就其设计方法而言，可包括结构设计、常规设计与分析设计计算等计算方法，并且对同一个设计任务也可以有不同的设计方案。好的设计方案既不违背标准法规，又能做到安全性与经济性统一的最基本要求，它往往建立在先进的理论和丰富的实践经验基础之上。

为了使设计的过程设备能安全使用，并且生产能力高，操作运转性能好，从各个方面提出了上述这些要求，这些要求有些是互相联系补充的，有些要求则是相矛盾、不协调的。前者可以充分满足；后者则要作具体分析，找出主要矛盾以及矛盾的主要方面，满足主要要求，略去次要要求，采取辩证的方法解决。

1.1.2 过程设备设计者的任务

过程设备设计的最基本的要求是安全性与经济性的统一，安全是核心问题。要在充分保证安全的前提下尽可能做到经济性。经济性包括材料的节约、经济的制造过程、经济的安装维修，而容器的长期安全运行本身就是最大的经济性。对于大型化、连续化的操作，如果某一工艺过程的设备出现问题，就将直接影响后续工艺过程的正常操作，例如发电厂的动力锅炉。它生产各种压力的蒸汽，如果它的安全出现问题（例如炉管破裂）而造成停车，那么需要伴随传热的其他设备将直接受到影响。如果造成工厂停产一天，带来的直接和间接的经济损失是十分惊人的。当然，安全操作还要靠其他措施来协调。应当指出，充分保证容器的安全不等于设计过程要偏于保守。例如，不必要地采用过厚的器壁，不仅造成材料浪费，而且厚板材料的力学性能比薄板要差，容器沿壁厚的应力分布状态也不如薄壁均匀，热应力沿壁厚有所增大。再如近代特别重要的压力容器（如核容器）由于采用了"分析设计"法，不仅提高了安全可靠性，也节约了材料，降低了制造成本。

压力容器通常由筒体、封头、接管、密封件、加强件、支座等各部件组成。在外载荷（如内压等）作用下，在各部件中将产生各不相同的应力，设计者的任务就是要根据外载荷，经计算后对结构进行合理设计以使其应力分布合理，并综合考虑材料行为、制造过程、检验方法、运行与维修等各方面因素，经合理设计提交出施工图纸和必要的设计文件。

1.1.3 过程设备设计的基本步骤

（1）物料衡算

物料衡算是设计的基础。对某些非定型的设备需经必要的工艺计算来确定主要结构参数，如塔设备的塔径、塔高、塔板数，换热设备的换热面积等。通过物料衡算可确定原料、成品、半成品、副产品及废料损耗等的数量关系。由此可以确定流程中每一设备（或机器）的处理量或管道的输送能力，同时可初步确定储存容器、反应器等的容积等结构参数。

（2）热量衡算

通过热量衡算可找出流程中设备的热负荷及热损失，由此设计传热面积、设备保温层厚度等。同时对设备的热补偿装置的选用及温差应力的计算提供原始的依据。进行热量衡算的基础数据由工艺要求提供。

（3）设备的类型选择

设备的类型选择必须满足化学工艺及过程操作对设备的要求。因此应该考虑处理量的大小、操作的特点（压力、温度、连续或间歇）、介质的特点（易燃、易爆、毒性、腐蚀性、介质的相态、黏度、热导率、易挥发性等）。在充分了解了这些特性后，确定设备的类型或主要部件的结构。在设备结构的考虑上必须保证既要结构合理，满足工艺操作的需要，便于制造、维修等，又要使其内部的应力分布尽可能地均匀。要在充分论证的基础上进行，绝不能生搬硬套。

（4）设备工艺尺寸的确定

工艺尺寸的确定是以工艺计算为基础，但计算结果不一定就是设备的主要结构尺寸。确定设备的主要工艺尺寸在依据工艺计算结果的同时，还要考虑到公称尺寸系列、公称容积系列及工程压力等。这样在进行一些标准件选用上大为有利，可避免太多的非标准件的设计，如法兰、封头、支座、接管等。另外还要考虑制造、安装、维修、运输、空间布置等问题。

（5）设备部件的受力分析

设备部件设计的第一步是确定载荷，包括静载荷和动载荷。在载荷分析中要充分考虑各种载荷的危险组合或最不利的情形。只有这样才能得到经济合理的结构尺寸，既不造成材料的浪费，又充分利用材料的性能，确保安全。受力分析要全面、细致，因为它直接关系到部件的安全可靠性，所以不能马虎。

（6）材料的选择

设计中正确合理地选择材料，直接影响设备的使用寿命和设备的成本。过程设备的设计应尽可能选用标准、规范推荐的容器使用材料，因为这些材料的使用有成熟的实践经验，化学成分及性能指标都能受到严格控制。应用贵重金属要合理，能采用复合材料的就不要采用贵重金属，或合理选用非金属材料。材料的选择要考虑到如下几个方面：材料的化学成分、材料的力学性能、材料的耐蚀性、材料的加工性能、材料的可焊性、材料的使用经验、材料的综合经济性和标准规范等。合理选择材料既关系到设备的安全可靠性，又关系到设备的成本。

（7）设备初步设计

初步设计是结构设计的一个重要的准备阶段，也是结构设计的一贯做法。可由设计者自由发挥，用草图的形式记录自己的思考结果。初步设计图也要按比例进行绘制，以便有实物的真实感，节点图可不按比例，注明必要的尺寸，以便对各构件之间的位置关系了解透彻。即使有近似的蓝图作参考，也要对主要的结构进行初步设计，以确定重要的结构尺寸。在设备的初步设计尺寸的确定中应尽可能靠近标准系列，以利于标准件的配用。

（8）施工图设计

施工图是满足施工需要的主要设计文件。施工图主要包括设备总图、装配图、部件图、零件图、特殊工具图（如打压工具）、管口及支座方位图、预焊件图等。

（9）设备设计中附件的选择

设备上有许多附件，如人孔、手孔、视孔、液位计、温度计、压力计、安全阀、放空阀等。这些附件的配用与选择必须满足工艺及设备制作、安装、检修、监视、操作和控制的需要。在附件的选用上应根据公称压力、尺寸按标准选取。接口法兰的选用要与管道间取得统一。

（10）设备设计中安全附件的配用

要保障生产安全，首先就必须保障人身的安全，只有这样才能使生产任务圆满地完成。除了在车间、工段工艺上采取总的措施外，在设备上必须配备安全装置。对过程设备来讲，设备要防止超温、超压、超载，在容器设备上要设置超压泄放或爆破装置（如安全阀、爆破片），对温度监视的温度计、液位计等。安全装置（附件）的选用必须经严格的计算（如安全阀、爆破片按《压力容器安全技术监察规程》的标准计算），而且要按相应的法规要求，尽可能选用标准系列。

（11）制造、检验、验收与装配的技术条件

这些技术条件是设备设计的文字说明文件，可以标注在图纸上，也可单独编制，但必须符合相关标准规范的要求。对重要的工艺环节、特殊材料、检验等必要的说明是不可少的。

1.2　压力容器设计规范标准简介

为了确保压力容器在设计寿命内安全可靠地运行，世界各工业国家都制定了一系列压力容器规范标准，给出材料、设计、制造、检验、合格评估等方面的基本要求。压力容器的设计必须满足这些要求，否则就要承担相应的后果。然而规范不可能包罗万象，提供压力容器设计的各种细节。设计师需要创造性地使用规范标准，集思广益，根据具体设计要求，在满足规范标准基本要求的前提下，做出最佳的设计方案。

随着科学技术的不断进步，国际贸易的不断增加，各国压力容器规范标准的内容和形式不断更新，以适应新形势的需要。新规范实施后，老规范便在以后的设计中自动作废。由于一些按老规范设计的压力容器仍在服役，一些配件的标准仍是老规范的，所以，一些老规范仍然在一个时期内发挥作用。但是旧的标准、规范中很多设计方法已经过时，因此，设计工程师应及时了解规范变动情况，采用最新规范标准进行。

1.2.1　ASME 规范

美国是世界上最早制定压力容器规范的国家。19 世纪末到 20 世纪初，锅炉和压力容器事故发生频繁，造成了严重的人员伤亡和财产损失。1911 年，美国机械工程师学会（ASME）成立锅炉和压力容器委员会，负责制定和解释锅炉和压力容器设计、制造、检验规范。1915 年春出现了世界上第一部压力容器规范，即《锅炉建造规范·1914 版》。这是 ASME 锅炉和压力容器规范（以下简称 ASME 规范）各卷的开始，后来成为 ASME 规范第 Ⅰ 卷《动力锅炉》。目前 ASME 规范共有十二卷，包括锅炉、压力容器、核动力装置、焊接、材料、无损检测等内容，篇幅庞大，内容丰富，且修订更新及时，全面包括了锅炉和压力容器质量保证的要求。ASME 规范每三年出版一个新的版本，每年有两次增补。在形式上，ASME 规范分为 4 个层次，即规范（Code）、规范案例（Code Case）、条款解释（Interpretation）及规范增补（Addenda）。

ASME 规范中与压力容器设计有关的主要是第Ⅷ篇《压力容器》、第Ⅹ篇《玻璃纤维增强塑料压力容器》和第Ⅶ篇《移动式容器建造和连续使用规则》。第Ⅷ篇又分为 3 册：第 1 册《压力容器》，第 2 册《压力容器另一规则》和第 3 册《高压容器另一规则》，以下简称为 ASME Ⅷ-1、ASME Ⅷ-2 和 ASME Ⅷ-3。1925 年首次颁布的 ASME Ⅷ-1 为常规设计标准，适用压力小于等于 20MPa；它以弹性失效准则为依据，根据经验确定材料的许用应力，并对零部件尺寸做出一些具体规定。由于它具有较强的经验性，故许用应力较低。ASME Ⅷ-1 不包括疲劳设计，但包括静载下进入高温蠕变范围的容器设计。ASME Ⅷ-2 为分析设计标准，于 1968 年首次颁布，它要求对压力容器各区域的应力进行详细的分析，并根据应力对容器失效的危害程度进行应力分类，再按不同的安全准则分别予以限制。与 ASME Ⅷ-1 相比，ASME Ⅷ-2 对结构的规定更细，对材料、设计、制造、检验和验收的要求更高，允许采用较高的许用应力，所设计出的容器壁厚较薄。ASME Ⅷ-2 包括了疲劳设计，但设计温度限制在蠕变温度以内。为解决高温压力容器的分析设计，在 1974 年后又补充了一份《规范案例 N-47》。1997 年首次颁布的 ASME Ⅷ-3 主要适用于设计压力不小于 70MPa 的高压容器，它不仅要求对容器各零部件做详细的应力分析和分类评定，而且要做疲劳分析或断裂力学评估，是一个目前要求最高的压力容器规范。第Ⅹ篇《玻璃纤维增强塑料压力容器》是现有 ASME 规范中唯一的非金属材料篇。该篇对玻璃纤维增强塑料压力容器的材料、设计、检验等提出了要求。第Ⅶ篇《移动式容器建造和连续使用规则》于 2004 年首次颁布，适用于便携式容器、汽车槽车和铁路槽车的设计。

1.2.2　我国压力容器设计规范简介

我国第一本规范是 1959 年颁布的《多层高压容器设计与检验规程》，它是四部联合颁布的标准。1960年原化工部等颁布了适用中低压容器的《石油过程设备零部件标准》。20世纪60年代开始，我国工程界开始着手进行较为完整的设计规范的制订工作，从1967年完成第一版《钢制石油化工压力容器设计规定》(草案)，在此规定的基础上，经过两次修订，并经1984年成立的全国压力容器标准化委员会（简称容标委）的充实、完善和提高，于1989年颁布了第一版的国家标准，GB 150—89《钢制压力容器》。1998年颁布了第一版全面修订后的新版GB 150—1998《钢制压力容器》。经过十几年的科技创新和技术积累以及与相关规范（如TSG R0004—2009:《固定式压力容器安全技术监察规程》）的一致性要求，中华人民共和国国家质量监督检疫总局和中国国家标准化管理委员会联合于2011年颁布了最新版的GB 150.1～150.4—2011《压力容器》，并于2012年3月1日正式开始实施。与此同时，容标委在GB 150.1～150.4—2011，又先后制订GB 151—2014《热交换器》、GB 12337—2014《钢制球形储罐》、NB/T 47041—2014《塔式容器》、NB/T 4731—2014《卧式容器》等。本节将主要介绍一下GB 150《压力容器》和JB 4732《钢制压力容器——分析设计标准》。

(1) GB 150《压力容器》

GB 150《压力容器》主要的基本思路与ASME Ⅷ-1相同，即“按规则设计”。该标准是全国锅炉压力容器标准化技术委员会负责制定和归口的压力容器大型通用技术标准之一，用以规范在中国境内建造或使用的压力容器设计、制造、检验和验收的相关技术要求。该标准共分为四个部分，即GB 150.1—2011《压力容器》第一部分：通用要求；GB 150.1—2011《压力容器》第二部分：材料；GB 150.1—2011《压力容器》第三部分：设计；GB 150.1—2011《压力容器》第四部分：制造、检验和验收。

本标准规定了金属制压力容器（以下简称容器）的建造要求。

本标准适用的设计压力：钢制压力容器不大于35MPa；其他金属材料制容器按相应引用标准确定。

本标准适用的设计温度范围：－269～900℃。

钢制容器不得超过GB 150.2中列入材料的允许使用温度范围。

其他金属材料制容器按相应引用标准中列入的材料允许使用温度确定。

下列标准不在本标准的适用范围内：

设计压力低于0.1MPa的容器且真空度低于0.02MPa的容器；

《移动式压力容器安全技术监察规程》管辖的容器；

旋转或往复运动的机械设备中自成整体或作为部件的受压器室（如泵壳、压缩机外壳、涡轮机外壳、液压缸等)；

核能装置中存在中子辐射损伤失效风险的容器；

直接火加热的容器；

内直径（对于非圆形截面，指截面内边界的最大几何尺寸，如矩形为对角线，椭圆为长轴）小于150mm的容器；

搪玻璃容器和制冷空调行业中另有国家标准或行业标准的容器。

本标准不限制实际工程设计方法和建造中采用先进的技术方法，但工程技术人员采用先进的技术方法时应能做出可靠的判断，确保其满足本标准规定，特别是关于强制的设计规定（如强度或稳定性设计公式等)。

本标准既不要求也不禁止设计人员使用计算机程序实现压力容器的分析或设计，但采用计算机程序进行分析或设计时，除满足本标准外，还应确认：

所采用的程序中技术假定的合理性；

所采用的程序对设计内容的适应性；

所采用程序输入参数及输出结果用于工程设计的正确性。

对于不能用本标准来确定结构尺寸的受压元件，允许用以下方法设计，但须经全国锅炉压力容器标准化技术委员会评定、认可。

——包括有限元法在内的应力分析；

——验证性实验分析（如实验应力分析，验证性液压试验）；

——用可比的已投入使用的结构进行对比经验设计。

GB 150 中以第一强度理论为设计准则，将最大主应力限制在许用应力以内，这是与 ASME Ⅷ-1 相同的一个基本点。不同的是，以极限强度为基准的安全系数 n_b，GB 150 中 $n_b=2.7$。ASME Ⅷ-1 取 $n_b=4$。这是根据我国工业生产几十年来的经验而定的。另一个不同点是 GB 150 对局部应力参照 ASME Ⅷ-2 作了适当处理，采用第三强度理论，对凸形封头转角及开孔处的局部应力允许其超过材料的屈服极限。

（2）JB 4732《钢制压力容器——分析标准》

鉴于我国工业生产对高要求的压力容器的需要在不断增加，按常规设计的 GB 150 不能完全满足某些特定设备的设计要求，特别是核容器。因此，同时颁布了一部压力容器的"专业标准"，作为与 GB 150 平行的另一种规范。根据用户的要求，设计者可从其中选择一种作为所遵循的规范，但不允许将两种规范混用。

JB 4732 标准与 GB 150 标准不同的是：它既包含按常规设计内容，又包含按分析设计（应力分析、疲劳分析、稳定性分析等）的内容。分析设计中采用第三强度理论计算应力强度。制订 JB 4732 标准的基础是弹性与塑性力学分析、应力分类，其对材料、制造、检验有更严格的要求，并进行严格的质量控制。JB 4732 标准中的设计压力限制在 $0.1\text{MPa} \leqslant p < 100\text{MPa}$ 之间，设计温度低于以钢材蠕变控制其设计应力强度的相应温度（最高温度为 475℃）。与 GB 150 比较，在相同条件下，容器的厚度可以减薄，重量可以减轻。但是由于设计计算工作量大，选材、制造、检验及验收等方面的要求较严，有时综合经济效益不一定高，一般推荐用于重量大、结构复杂、操作参数较高的压力容器设计。当然，凡不能按常规设计的结构，必须用分析方法进行设计（如疲劳分析等）。

另外，设计压力在 $-0.02\text{MPa} \leqslant p \leqslant 0.1\text{MPa}$ 之间的压力容器为常压容器，应采用标准 JB/T 4735《钢制焊接常压容器》进行设计、制造、检验与验收。

1.3　我国压力容器的质量保证体系及安全监察

我国的设计规范 GB 150 或 JB 4732 主体上是设计遵循的规范。不像 AMSE 规范那样包含全部容器质量保证体系。我国质量保证体系的特点是多标准组合的体系（国标、部标、专业标准）。

我国系采取以设计规范为中心，在设计规范中同时规定材料、制造、检验与验收所必须遵守的国家标准或部颁标准及法规。我国压力容器设计的相关标准甚多，有材料标准、设计标准、检验标准、制造标准、零部件标准等，虽未编入设计规范（如 GB 150），但在规范中需要遵守的地方都注明了标准号和名称，这样设计中就必须遵守。这样，在我国就形成了一个由设计规范统率的压力容器质量保证体系。

除此之外，还必须接受政府部门的安全监督。其中包括法规、行政规章和安全技术规范。在我国，锅炉与压力容器安全监督的职权由国务院领导的国家质量监督检验检疫总局负责。中国将涉及生命安全、危险性较大的锅炉、压力容器、压力管道、电梯、起重机械、客运索道、大型游乐设施和场（厂）内专用机动车辆等 8 大类设备称为特种设备。安全监察是负责特种设备安全的政府行政机关为实现安全目标而从事的决策、组织、管理、控制和监督检查等活动的总和。2003 年我国首次颁布实施《特种设备安全监察条例》，后重新修订于

2009 年 5 月 1 日实施，由国家质量监督检验检疫总局特种设备安全监察局负责全国特种设备的安全监察工作。《特种设备安全监察条例》适用于同时具备下列条件的压力容器。

　　ⅰ. 最高工作压力大于等于 0.1MPa（表压）；

　　ⅱ. 压力与容积的乘积大于或者等于 2.5MPa·L；

　　ⅲ. 盛装介质为气体、液化气体或者最高工作温度高于等于标准沸点的液体。

　　安全技术规范是政府对特种设备安全性能和相应的设计、制造、安装、修理、改造、使用和检验检测等环节所提出的一系列安全基本要求、许可、考核条件、程序的一系列具有行政强制力的规范性文件。其作用是把法规和行政规章的原则规定具体化。压力容器基本安全技术规范为 TSG R0004—2009《固定式压力容器安全技术监察规程》、TSG R0005—2011《移动式压力容器安全技术监察规程》、TSG R0002—2005《超高压容器安全技术监察规程》、TSG R0001—2004《非金属压力容器安全技术监察规程》和 TSG R0003—2007《简单压力容器安全技术监察规程》。

　　《固定式压力容器安全技术监察规程》对压力容器的材料、设计、使用、制造、检验、修理、改造七个环节中的主要问题提出了基本规定。

　　《固定式压力容器安全技术监察规程》适用于同时具备的条件与《特种设备安全监察条例》相同。

　　另外，《中华人民共和国特种设备安全法》由第 12 届全国人民代表大会常务委员会第 3 次会议于 2013 年 6 月 29 日通过，2013 年 6 月 29 日中华人民共和国主席令第 4 号公布。自 2014 年 1 月 1 日起施行。特种设备和百姓的生命财产安全息息相关。这些法律、法规、行政规章和安全技术规范的颁布，大大促进了我国压力容器的管理与监督工作，使我国压力容器的管理工作规范化，使得压力容器的安全事故大为减少。

1.4　压力容器类别及压力等级、品种的划分

1.4.1　压力容器类别划分

1.4.1.1　介质分组

　　压力容器的介质分为以下两组：

　　ⅰ. 第一组介质，毒性程度为极度危害、高度危害的化学介质，易爆介质，液化气体；

　　ⅱ. 第二组介质，除第一组以外的介质。

1.4.1.2　介质危害性

　　介质危害性指压力容器在生产过程中因事故致使介质与人体大量接触，发生爆炸或者因经常泄漏引起职业性慢性危害的严重程度，用介质毒性程度和爆炸危害程度表示。

　　（1）毒性程度

　　综合考虑急性毒性、最高容许浓度和职业性慢性危害等因素，极度危害最高容许浓度小于 0.1～1.0mg/m³；中度危害最高容许浓度 1.0～10.0mg/m³；轻度危害最高容许浓度大于或者等于 10.0mg/m³。

　　（2）易爆介质

　　指气体或者液体的蒸汽、薄雾与空气混合形成的爆炸混合物，并且其爆炸下限小于 10%，或者爆炸上限和爆炸下限的差值大于或者等于 20% 的介质。

　　（3）介质毒性危害程度和爆炸危险程度的确定

　　按照 HG 20660《压力容器中化学介质毒性危害和爆炸危险程度分类》确定。HG 20660 没有规定的，由压力容器设计单位参照 GB 5044《职业性接触毒物危害程度分级》的原则，确定介质组别。

1.4.1.3　压力容器类别划分方法

压力容器类别的划分应当根据介质特性，按照以下要求选择类别划分图，再根据设计压力 p（单位 MPa）和容积 V（单位 L），标出坐标点，确定压力容器类别：

第一组介质，压力容器类别的划分见图 1-1；

第二组介质，压力容器类别的划分见图 1-2。

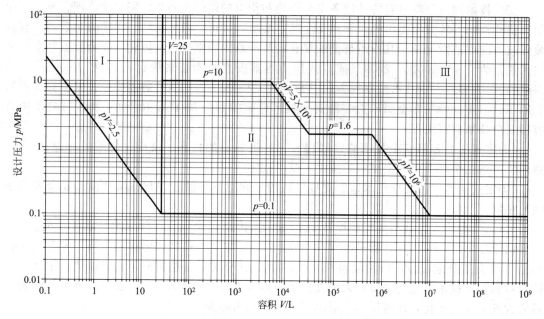

图 1-1　压力容器类别划分图——第一组介质

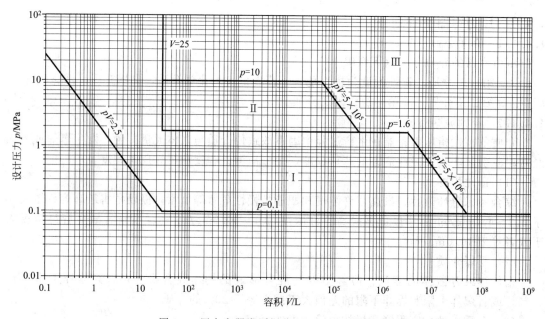

图 1-2　压力容器类别划分图——第二组介质

① 多腔压力容器类别划分　多腔压力容器（如换热器的管程和壳程、夹套容器等）按照类别高的压力腔作为该容器的类别并且按照该类别进行使用管理。但是应当按照每个压力

腔各自的类别分别提出设计、制造技术要求。对各压力腔进行类别划定时，设计压力取本压力腔的设计压力，容积取本压力腔的容积。

② 同腔多种介质压力容器类别划分　一个压力腔内有多种介质时，按照组别高的介质划分类别。

③ 介质含量极小的压力容器类别划分　当某一危害性物质在介质中含量极小时，应当根据其危害程度及其含量综合考虑，按照压力容器设计单位确定的介质组别划分类别。

④ 特殊情况的类别划分　坐标点位于图 1-1 或者图 1-2 的分类线上时，按照较高的类别划分其类别。

符合《固定式压力容器安全技术监察规程》中 1.4 条范围内的压力容器统一划分为第Ⅰ类压力容器。

1.4.2　压力等级划分

按承压方式分类，压力容器可分为内压容器与外压容器。内压容器又可按设计压力（p）大小分为四个压力等级，具体划分如下：

低压（代号 L）容器　$0.1MPa \leqslant p < 1.6MPa$；

中压（代号 M）容器　$1.6MPa \leqslant p < 10.0MPa$；

高压（代号 H）容器　$10.0MPa \leqslant p < 100.0MPa$；

超高压（代号 U）容器　$p \geqslant 100.0MPa$。

外压容器中，当容器的内压力小于一个绝对大气压（约 0.1MPa）时又称为真空容器。

1.4.3　压力容器品种划分

压力容器按照在生产工艺过程中的作用原理，划分为反应压力容器，换热压力容器、分离压力容器、储存压力容器。具体划分如下：

① 反应压力容器（代号 R），主要是用于完成介质的物理、化学反应的压力容器，例如各种反应器、反应釜、聚合釜、合成塔、变换炉、煤气发生炉等；

② 换热压力容器（代号 E），主要是用于完成介质的热量交换的压力容器，例如各种热交换器、冷却器、冷凝器、蒸发器等；

③ 分离压力容器（代号 S），主要是用于完成介质的流体压力平衡缓冲和气体净化分离的压力容器，例如各种分离器、过滤器、集油器、洗涤器、吸收塔、铜洗塔、干燥塔、汽提塔、分汽缸、除氧器等；

④ 储存压力容器（代号 C，其中球罐代号 B），主要是用于储存或者盛装气体、液体、液化气体等介质的压力容器，例如各种型式的储罐。

在一种压力容器中，如同时具备两个以上的工艺作用原理时，应按照工艺过程中的主要作用来划分品种。

2 过程设备设计技术文件的构成及编制

2.1 设计文件的组成

一般工程设计的文件内容包括设计文件和设计图样。

① 设计文件 它包括技术条件、设计计算书（若按分析设计，需提供应力分析报告）、图纸目录、使用说明书。

② 设计图样 它包括总图、装配图、部件图、零件图、表格图、特殊工具图、管口方位图、预焊件图。

图样根据其使用的目的和性质可包括原图及原稿（手工绘图或 CAD 图电子版）、底图和复印图（蓝图）。

2.2 设计文件的说明

（1）技术条件

它包括设计、制造、检验和验收时应遵循的规范或规定，以及对材料、表面处理及涂饰、润滑、包装、保管、运输及安装等的特殊要求。

（2）设计计算书

关于设备或零部件的计算文件，采用电子计算机计算时，软件必须经全国锅炉压力容器标准化技术委员会评审鉴定，并在国家质量监督检验检疫总局特种设备局认证备案。打印结果中应有软件程序编号、输入数据和计算结果等内容，可以将输入数据和输出结果作为计算文件。其内容至少包括设计条件、所用规范和标准、材料、腐蚀裕量、名义厚度、计算结果等。装设安全泄放装置的压力容器，还应计算压力容器安全阀排量和爆破片泄放面积。

（3）图纸目录

它是表示每个设备、通用部件或标准部件全套设计图纸的清单。

（4）使用说明书

它是关于设备的结构原理、主要参数的选用、材料选择、技术特性、制造、安装、运输、使用、维护保养、检修及其他必须说明的文件。

2.3 设计图样的说明

（1）总图（装配图）

总图是表示设备的全貌、组成和特性的图样。它应表达设备各主要部分的结构特征，装配和连接关系。设备总图上，至少应注明下列内容：设备名称、类别；设计条件；主要的特征尺寸、外形尺寸及管口表；必要时应注明设备使用年限；主要受压元件材料牌号及要求；主要特性参数（如容积、换热器换热面积与程数等）；制造要求；热处理要求；腐蚀要求；无损检测要求；耐压试验和气密性试验要求；安全附件的规格；设备铭牌的位置；包装、运输、现场组焊和安装要求以及其他特殊要求。

（2）部件图

它是表示可拆或不可拆部件的结构、尺寸、所属部件之间的关系，技术特性和技术要求等资料的图样。

（3）零件图

它是表示零件的形状、尺寸、加工、热处理及检验等资料的图样。

（4）表格图

它是用综合图表表示多个形状相同、尺寸不同的零件、部件或设备的图样。

（5）特殊工具图

它是表示设备安装、试压和维修时使用的特殊工具图样。

（6）管口方位图

为了提供设计文件再次选用的可能性，或由于绘制设备施工图时管口方位尚难确定，装配图上的管口方位可不定，此时，应在图纸的技术要求中注明"管口方位见管口方位图；图号见选用表"。根据工程配管需要，由工艺人员编制管口方位图，图号编入工艺安装图中。但设备制造时，应根据提供的管口方位图进行制造，该图样只表示设备的管口方位及管口与支座、地脚螺栓等的相对位置（指在垂直于设备主轴线的视图上的位置），其管口的符号、大小、数量等均应与装配图上管口表中所表示的一致，且必须写明设备名称、设备装配图图号以及该设备在工艺流程图中的位号。管口方位图须经设备设计人员会签。对无再次选用可能且管口方位绘制在施工图中时已能确定的设备，不必另绘管口方位图。此时，在图纸的技术要求中注明"管口方位按本图"。

（7）预焊件图

为供设备保温或设置平台等的需要，在制造厂预先焊制的零件、部件图样一般根据工艺安装需要确定，其图号编入工艺安装图中，图纸发到制造厂。

2.4 过程设备图样的基本画法

2.4.1 国家标准《技术制图》和《机械制图》的一般规定

图样是工程技术界的共同语言。为了便于指导生产进行技术交流和图样管理，国家标准《技术制图》《机械制图》对图样上的有关内容作了统一的规定，每个工程技术人员都应该掌握并严格遵守。

国家标准简称国标，其代号为汉语拼音字母"GB"，字母后的数字为某一具体标准的号码，分隔号后的数字为该标准发布的年代，如"GB/T 4457.4—2002"。标准又分为强制执行标准和推荐执行标准两种，如"GB 3100—2008"和"GB/T 14689—2008"。

本节介绍图幅、比例、字体、图线、尺寸注法等一般规定以供读者查阅。

2.4.1.1 图纸幅面及规格（GB/T 14689—2008）

（1）图纸幅面

绘制技术图样时，应采用国家规定的图纸幅面。

ⅰ．优先采用基本幅面，其尺寸见表2-1。

ⅱ．必要时，也可选用表2-2、表2-3所规定的加长幅面。这些幅面的尺寸是由基本幅面的短边成整数倍的增加后得出的，如图 2-1 所示。在图 2-1 中，粗实线所示为基本幅面（第一选择），细实线所示为表 2-2 所规定的加长幅面（第二选择），虚线所示为表 2-3 所规定的加长幅面（第三选择）。

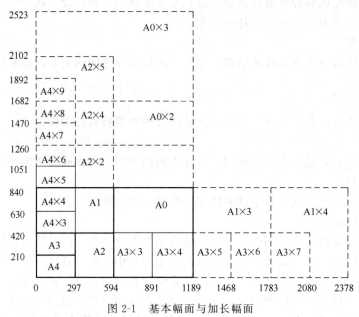

图 2-1　基本幅面与加长幅面

表 2-1　基本幅面尺寸（第一选择）　　　　　　　　　　　　mm

幅面代号	A0	A1	A2	A3	A4
尺寸 $B \times L$	841×1189	594×841	420×594	297×420	210×297

表 2-2　加长幅面尺寸（第二选择）　　　　　　　　　　　　mm

幅面代号	A3×3	A3×4	A4×3	A4×4	A4×5
尺寸 $B \times L$	420×891	420×1189	297×630	297×841	297×1051

表 2-3　加长幅面尺寸（第三选择）　　　　　　　　　　　　mm

幅面代号	尺寸 $B \times L$	幅面代号	尺寸 $B \times L$	幅面代号	尺寸 $B \times L$
A0×2	1189×1682	A2×4	594×1682	A4×6	297×1261
A0×3	1189×2523	A2×5	594×2102	A4×7	297×1471
A1×3	841×1783	A3×5	420×1486	A4×8	297×1682
A1×4	841×2378	A2×6	420×1783	A4×9	297×1892
A2×3	594×1261	A2×7	420×2080		

（2）图框格式

在图纸上，必须用粗实线画出图框，其格式分为不留装订边和留装订边两种。

不留装订边的图纸，其图框格式如图 2-2 所示，周边尺寸 e 按表 2-4 中的规定绘制。

表 2-4　图纸幅面　　　　　　　　　　　　mm

幅面代号	A0	A1	A2	A3	A4
尺寸 $B \times L$	841×1189	594×841	420×594	297×420	210×297
a	25				
c	10			5	
e	20		10		

留有装订边的图纸，其图框格式如图 2-3 所示，周边尺寸 a 和 c 按表 2-4 中的规定绘制。

加长幅面的图框尺寸，按所选用的基本幅面大一号的图框尺寸确定，如 A2×3 的周边尺寸 e 或 c 就按 A1 的 e 或 c 绘制。

（3）标题栏的方位和格式

绘图时，必须在每张图纸的右下角画出标题栏。

标题栏的长边置于水平方向并与图纸的长边平行时，则构成 X 型图纸，如图 2-2（a）、图 2-3（a）所示。若标题栏的长边与图纸的长边垂直时，则构成 Y 型图纸，如图 2-2（b）、图 2-3（b）所示。在此情况下，看图的方向与看标题栏的方向一致。

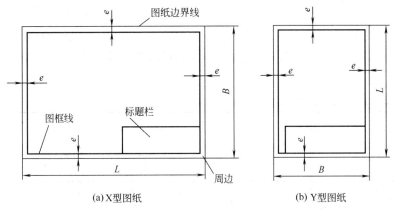

(a) X型图纸　　　　　　　　　　　(b) Y型图纸

图 2-2　不留装订边的图框格式

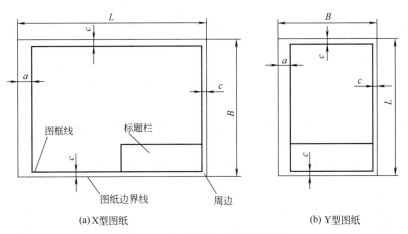

(a) X型图纸　　　　　　　　　　　(b) Y型图纸

图 2-3　留有装订边的图框格式

为了使图样复制和缩微摄影时定位方便，应在图纸各边中点处分别画出对中符号。对中符号用实线绘制，长度从纸边界线开始伸入图框内约 5mm，如图 2-4 所示。当对中符号处在标题栏范围内时，则为了利用预先印刷好的图纸，允许将 X 型图纸的短边置于水平位置使用，如图 2-4（a）所示；或将 Y 型图纸的长边置于水平位置使用，如图 2-4（b）所示。在这种情况下，为了明确绘图和看图时图纸的方向，应在图纸的下边对中符号处画出一个方向符号，如图 2-4 所示。方向符号是用细实线绘制的等边三角形，其大小和位置如图 2-4（c）所示。

标题栏的格式及尺寸，在国家标准 GB/T 10609.1—2008 中已作了统一规定，如图 2-5 所示。

标题栏的外框线用粗实线绘制、内格线用细实线绘制，其右边、底边均与图框线重合。

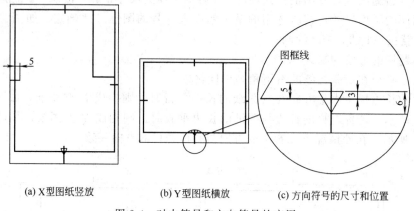

(a) X型图纸竖放　　　　(b) Y型图纸横放　　　　(c) 方向符号的尺寸和位置

图 2-4　对中符号和方向符号的应用

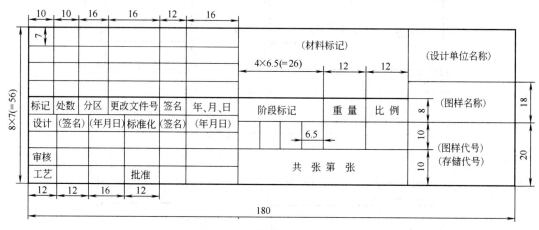

图 2-5　标题栏的标准格式

（4）图幅分区

ⅰ．必要时，可以用细实线在图纸周边内画出分区，如图 2-6 所示。

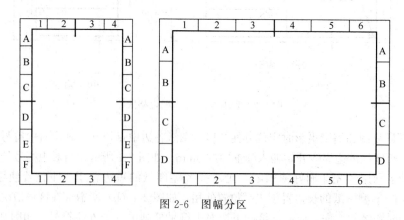

图 2-6　图幅分区

ⅱ．图幅分区数目按图样的复杂程度确定，但必须取偶数。每一分区的长度应在25～75mm 之间选择。

ⅲ．分区的编号，沿上下方向（按看图方向确定图纸的上下和左右）用直体大写拉丁字母从上到下顺序编写；沿水平方向用直体阿拉伯数字从左到右顺序编写。当分区数超过拉丁字母的总数时，超过的各区可用双重字母编写，如 AA、BB、CC 等。拉丁字母和阿拉伯数字的位置应尽量靠近图框线。

ⅳ. 在图样中标注分区代号时，分区代号由拉丁字母和阿拉伯数字组成，字母在前，数字在后并排书写，如 B3、C5 等。当分区代号与图形名称同时标注时，则分区代号写在图形名称的后面，中间空出一个字母的宽度，例如 E-E　A7。

2.4.1.2 比例（GB/T 14690—2008）

ⅰ. 比例是指图中图形与其实物相应要素的线性尺寸之比。

ⅱ. 绘制图样时由于物体的大小及结构的复杂程度不同，可选择放大或缩小的比例，此时应选择表 2-5 中规定的比例。

表 2-5　国家标准规定的比例

种　类	比　例
与实物相同	$1:1$
放大的比例	$2:1$　$5:1$　$2\times10^{n}:1$　$5\times10^{n}:1$ $(4:1)$　$(2.5:1)$　$(4\times10^{n}:1)$　$(2.5\times10^{n}:1)$
缩小的比例	$1:2$　$1:5$　$1:10^{n}$　$1:2\times10^{n}$　$1:5\times10^{n}$ $(1:1.5)$　$(1:2.5)$　$(1:3)$　$(1:4)$　$(1:6)$　$(1:1.5\times10^{n})$ $(1:2.5\times10^{n})$　$(1:3\times10^{n})$　$(1:4\times10^{n})$　$(1:6\times10^{n})$

注：1. n 为正整数；
2. 优先选用非括号内的比例。

绘图时尽量采用原值比例。不论采用何种比例，图样中标注的尺寸，均为机件的实际尺寸，如图 2-7 所示。

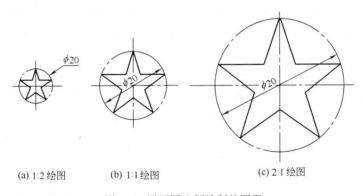

(a) 1:2 绘图　　　(b) 1:1 绘图　　　(c) 2:1 绘图

图 2-7　用不同比例绘制的图形

ⅲ. 同一机件的各个视图应采用相同比例，并在标题栏"比例"一项中填写所用的比例，如 1:1、1:2 等。当机件上有较小或较复杂的结构需用不同比例时，可在视图名称的下方标注比例，如图 2-8 所示。

2.4.1.3 字体（GB/T 14691—1998）

图样和技术文件中的汉字、数字、字母等在书写时都必须按照国家标准的规定，做到字体工整、笔画清楚、排列整齐、间隔均匀。汉字、字母及数字的示例见表 2-6。

① 字号　字体的大小用字号表示，字体的高度（单位 mm）即为字号。字号有八种：20、14、10、7、5、3.5、2.5、1.8。

② 汉字　汉字应写成长仿宋体（直体），最小高度应不小于 3.5mm，字宽约为字高的 2/3。

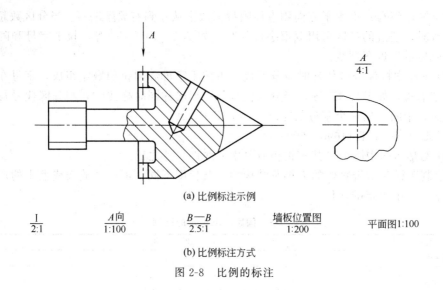

(a) 比例标注示例

| $\dfrac{I}{2:1}$ | $\dfrac{A向}{1:100}$ | $\dfrac{B—B}{2.5:1}$ | $\dfrac{墙板位置图}{1:200}$ | 平面图1:100 |

(b) 比例标注方式

图 2-8　比例的标注

表 2-6　汉字、字母及数字的示例

文　字　种　类		字　体　示　例
汉字		字体工整、笔画清楚、排列整齐、间隔均匀
阿拉伯数字(斜体)		1 2 3 4 5 6 7 8 9 0
罗马数字(斜体)		I II III IV V VI VII VIII IX X
拉丁字母(斜体)	大写	A B C D E F G H I J K L M N O P Q R S T U V W X Y Z
	小写	a b c d e f g h i j k l m n o p q r s t u v w x y z

③ 数字和字母　数字和字母可写成斜体或直体，一般采用斜体。斜体字的字头向右倾斜，与水平线成 75°。

数字和字母各有 A 型和 B 型两种字体。A 型字体的笔画宽度为其字高的 1/14，B 型字体的笔画宽度为其字高的 1/10。在同一图样中，只能选用一种类型的字体。

2.4.1.4　图线（GB/T 17450—1998、GB/T 4457.5—2002）

国家标准《技术制图》规定了绘图时应用的 15 种基本线型。用于机械图样中的线型如表 2-7 所示（其中细波浪线为基本线型的变形，而细双折线又是由波浪线演化而成的）。

表 2-7　图线及应用举例

图线名称	图线型式及代号	图线宽度	一般应用举例
粗实线	————————A	d	A1 可见轮廓线
细实线	————————B	$d/2$	B1 尺寸线及尺寸界线 B2 剖面线 B3 重合断面的轮廓线
波浪线	∼∼∼∼∼∼C	$d/2$	C1 断裂处的边界线 C2 视图和剖视的分界线
双折线	≈3∼5　15 ┈┈D	$d/2$	D1 断裂处的边界线

图线名称	图线型式及代号	图线宽度	一般应用举例
细虚线	1 4 — E1	$d/2$	E1 不可见轮廓线
粗虚线	— F1	d	F1 允许表面处理的表示线
细点画线	15 3 — G	$d/2$	G1 轴线 G2 对称中心线 G3 轨迹线
粗点画线	— J	d	J1 有特殊要求的线或表面的表示线
双点画线	15 3 — K	$d/2$	K1 相邻辅助零件的轮廓线 K2 极限位置的轮廓线

注：表中所注的线段长度和间隔尺寸可供参考。

图线的宽度分粗、中粗和细三种，其宽度比率为 4∶2∶1。粗线的宽度（d）可根据图形的大小和复杂程度在 0.13mm，0.18mm，0.25mm，0.35mm，0.5mm，0.7mm，1mm，1.4mm，2mm 范围内选取。

各种图线的应用举例如图 2-9 所示。

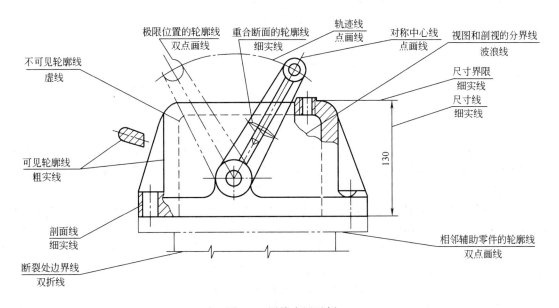

图 2-9 图线应用示例

同一样图中，同类图线的宽度应基本一致，点画线、双点画线、虚线的间隔，也应大致相同。画线时，点画线之间、虚线之间以及虚线与实线之间均应相交于画线处，点画线和双点画线的首末两端应是长画而不是点。在较小的图形上绘制点画线或双点画线有困难时，可

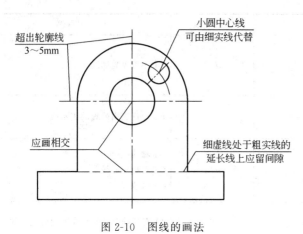

图 2-10　图线的画法

用细实线代替，如图 2-10 所示。

2.4.1.5　尺寸注法（GB/T 4458.4—1984、GB/T 4458.4—2003）

机件结构形状的大小和相互位置需要用尺寸表示，尺寸的组成见图 2-11，尺寸标注方法应符合国家标准的规定。

（1）基本规则

ⅰ.图样上所标注尺寸为机件的真实大小，且为该机件的最后完工尺寸，它与图形的比例和绘图的准确度无关。

ⅱ.图样中（包括技术要求和其他说明）的尺寸，以 mm 为单位时，不需标注计量单位的名称或代号；若采用其他单位，则必须注明相应计量单位的名称或代号。

ⅲ.机件的每一个尺寸，在图样中一般只标注一次，并应标注在反映该结构最清晰的图形上。

ⅳ.在保证不致引起误解和不产生理解多意性的前提下，力求简化标注。

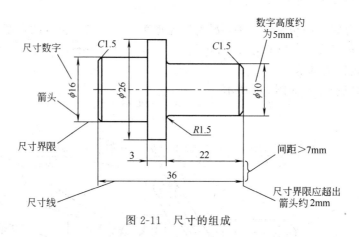

图 2-11　尺寸的组成

（2）尺寸要素

①尺寸界线　尺寸界线表示所标注尺寸的起始和终止位置，用细实线绘制，并应由图形的轮廓线、轴线或对称线引出。也可以直接利用轮廓线、轴线或对称线等作为尺寸界线。尺寸界线应超出尺寸线 2～5mm。尺寸界线一般应与尺寸线垂直，必要时才允许倾斜。

②尺寸线　尺寸线用细实线绘制。标注线性尺寸时，尺寸线必须与所标注的线段平行，相同方向的各尺寸线之间的距离要均匀，间隔应大于 5mm。尺寸线一般不用图上的其他线所代替，也不与其他图线重合或在其延长线上，并应尽量避免与其他的尺寸或尺寸界线相交。

③尺寸数字及相关符号　表 2-8 表示了不同类型的尺寸符号。

④尺寸终端　尺寸线端点可以有以下两种形式（见表 2-9）。

ⅰ.箭头。它适合于各类图样，d 为粗实线宽度，箭头尖端与尺寸界线接触，不得超出或离开。机件图样中的尺寸线中段一般均采用此种形式。

ⅱ.斜线。当尺寸线与尺寸界线垂直时，尺寸线的终端可用斜线绘制，斜线采用细实线。同一张图样中只能采用一种尺寸线终端形式。当采用箭头时，在位置不够的情况下，允许用圆点或斜线代替箭头，各种常用的小尺寸标注示例如表 2-9 所示。

表 2-8　尺寸符号

符　号	含　义	符　号	含　义	符　号	含　义
ϕ	直径	C	45°倒角	$\llcorner\lrcorner$	沉孔或锪平
R	半径	$\angle$	斜度	$\downarrow$	深度
S	球	t	厚度	$\square$	正方形
EQS	均布	$\vee$	埋头孔	$\triangleright$	锥度

表 2-9　常用小尺寸标注示例

标注内容	示　例	说　明
尺寸线终端形式	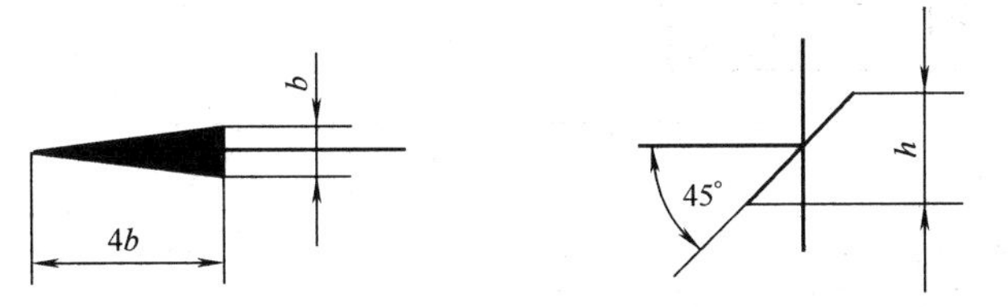 (4b；b；45°；h)	一般机械图样常采用箭头的形式，土建图样常采用斜线的形式。同一张图样中只能采用一种尺寸终端的形式。图中，b 为粗实线的宽度，h 为字高
线性尺寸数字的方向	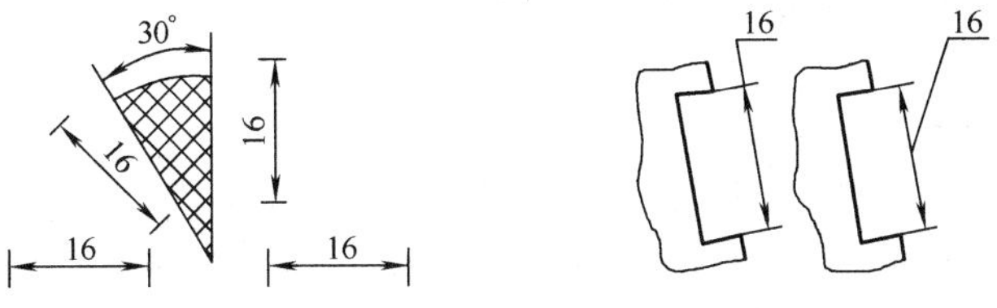 (a) 线性尺寸　(b) 引出标注	线性尺寸数字应按示例中图(a)所示的方向注写，并尽量避免在图示30°范围内标注尺寸，当无法避免时，可按示例中图(b)的形式标注
角度	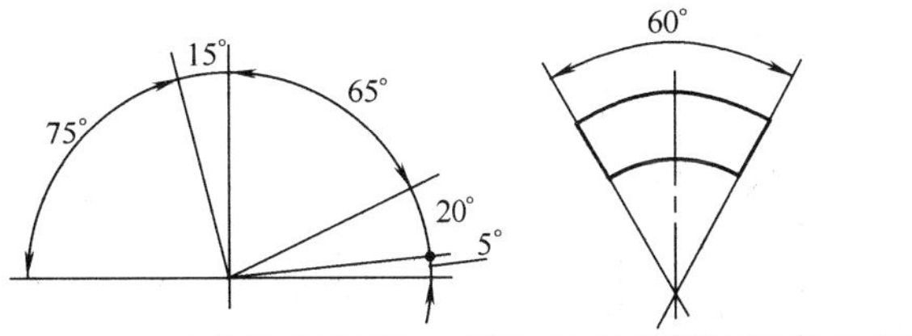 (75°；15°；65°；20°；5°；60°)	(1)角度的数字一律水平书写 (2)角度的数字应注写在尺寸线的中断处，必要时允许写在外面，或引出标注 (3)角度的尺寸界限应沿径向引出
圆与圆弧	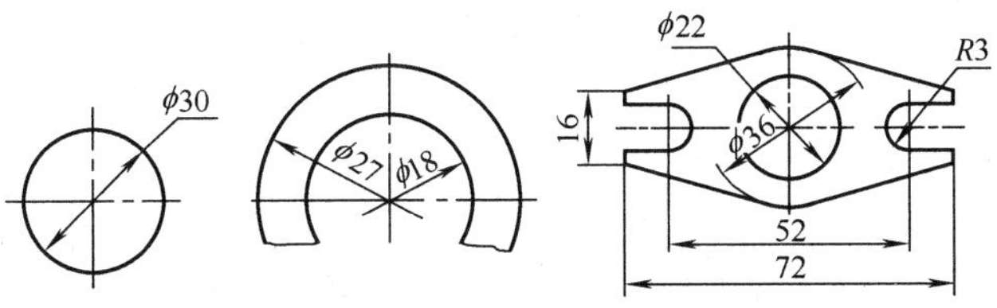 (ϕ30；ϕ27；ϕ18；ϕ22；ϕ16；R3；16；52；72)	(1)通常对小于或等于半圆的圆弧注半径，大于半圆的圆弧注直径 (2)标注直径尺寸时，应在尺寸数字前加注符号ϕ，标注半径尺寸时，加注符号R (3)半径尺寸必须注在投影是圆弧的视图上，且尺寸线应通过圆心
大圆弧	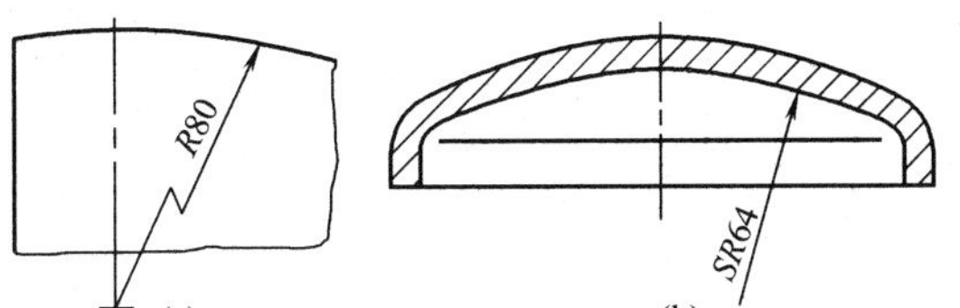 (R80 (a)；SR64 (b))	在图纸范围内无法标出圆心位置时，可按图(a)标注；不需标注圆心位置时，可按图(b)标注
球面	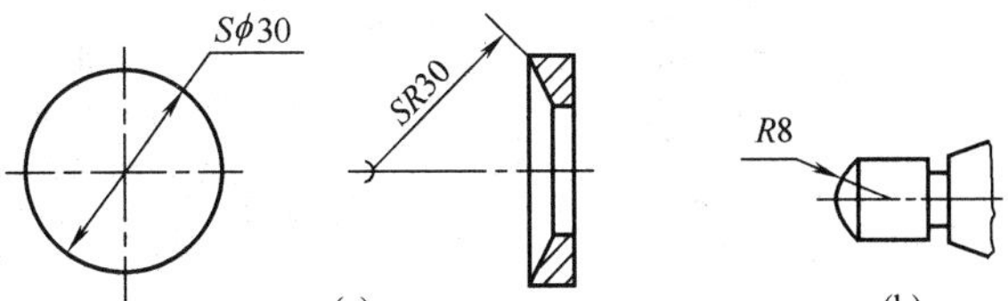 (Sϕ30；SR30 (a)；R8 (b))	标注球面直径或半径时，应在符号"ϕ"或"R"前加注"S"，如图(a)所示。对于螺钉、铆钉的头部、轴和手柄的端部等，在不致引起误会的情况下，可省略"S"，如图(b)所示

标注内容	示　例	说　明
正方形结构		表示剖面为正方形结构的尺寸时，可在正方形边长尺寸数字前加注符号"□"，如 □14 或用 14 × 14 代替□14
小尺寸		(1)没有足够空间时，箭头可画在尺寸界限的外面，或用小圆点代替两个箭头；尺寸数字也可写在外面或引出标注 (2)圆和圆弧的小尺寸，可按示例的形式标注
对称机件		当对称机件的图形只画出一半或略大于一半时，尺寸线应略超过对称中心线或断裂处的边界线，并在尺寸界线一端画出箭头
弦长与弧长		标注弦长和弧长时，尺寸界线应平行于弦的垂直平分线；标注弧长尺寸时，尺寸线用圆弧，并应在尺寸数字左方加注符号"⌒"

2.4.1.6　剖面符号的表达（GB 4457.5—1984）

（1）剖面符号

在剖视和剖面图中，剖切面与机件接触的部分称为剖面区域。国家标准规定剖面区域内要画剖面符号。不同的材料采用不同的剖面符号，见表 2-10。

表 2-10　剖面符号

金属材料（已有规定剖面符号者除外）	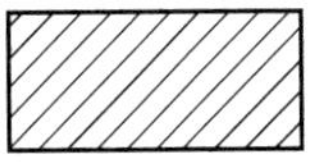	木质胶合板（不分层数）	
线圈绕组元件	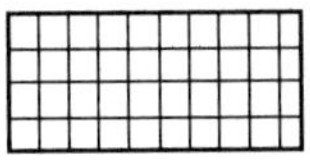	基础周围的泥土	
转子、电枢、变压器和电抗器等的叠钢片	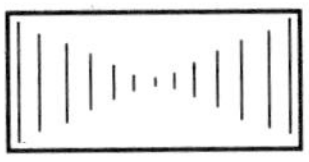	混凝土	
非金属材料（已有规定剖面符号者除外）	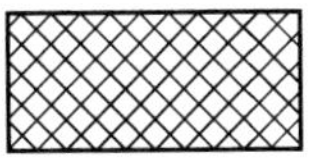	钢筋混凝土	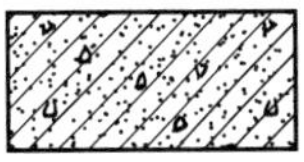
型砂、填砂、粉末冶金、砂轮、陶瓷刀片、硬质合金刀片等	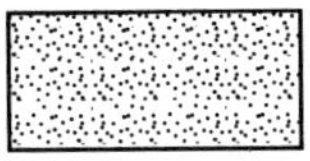	砖	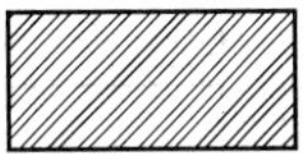
玻璃及供观察用的其他透明材料	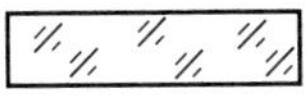	格网（筛网、过滤网等）	
木材　纵剖面	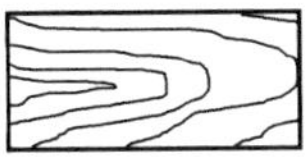	液体	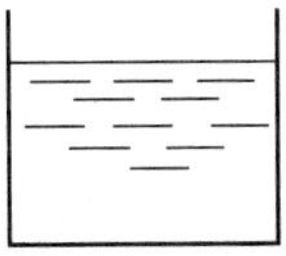
木材　横剖面	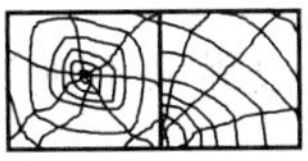		

注：1. 剖面符号仅表示材料的类别，材料的名称和代号必须另行注明。

2. 叠钢片的剖面线方向，应与束装中叠钢片的方向一致。

3. 液面用细实线绘制。

（2）剖面符号的画法

ⅰ. 在同一金属零件的零件图中，剖视图、剖面图的剖面线，应画成间隔相等、方向相同而且与水平成 45°的平行线（图 2-12）。当图形中的主要轮廓线与水平成 45°时，该图形的剖面线应画成与水平成 30°或 60°的平行线，其倾斜的方向仍与其他图形的剖面线一致（图 2-13）。

ⅱ. 相邻辅助零件（或部件），一般不画剖面符号（图 2-14）。当需要画出时，仍按前述的规定绘制。

ⅲ. 当被剖部分的图形面积较大时，可以只沿轮廓的周边画出剖面符号（图 2-15）。

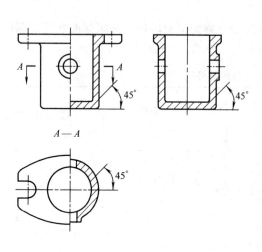

图 2-12　剖面符号示例一

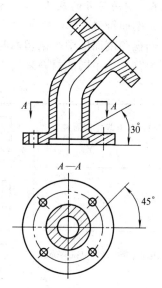

图 2-13　剖面符号示例二

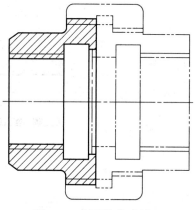

图 2-14　剖面符号示例三

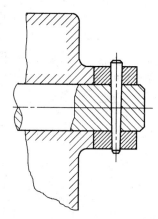

图 2-15　剖面符号示例四

ⅳ. 如仅需画出剖视图中的一部分图形，其边界又不画波浪线时，则应将剖面线绘制整齐（图 2-16）。

ⅴ. 在零件图中也可以用涂色代替剖面符号。

ⅵ. 木材、玻璃、液体、叠钢片、砂轮及硬质合金刀片等剖面符号，也可在外形视图中画出一部分或全部作为材料的标志（图 2-17）。

ⅶ. 在装配图中，相互邻接的金属零件的剖面线，其倾斜方向应相反，或方向一致而间

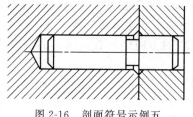

图 2-16　剖面符号示例五

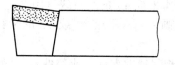

图 2-17　剖面符号示例六

隔不等（图 2-15、图 2-16）。同一装配图中的同一零件的剖面线应方向相同、间隔相等。除金属零件外，当各邻接零件的剖面符号相同时，应采用疏密不一的方法以示区别。

ⅷ. 当绘制接合件的图样时，各零件的剖面符号应按上述的规定绘制（图 2-18～图 2-20）。当绘制接合件与其他零件的装配图时，如接合件中各零件的剖面符号相同，可作为一个整体画出（图 2-21）。如不相同，则应分别画出。

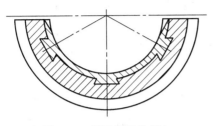
图 2-18　剖面符号示例七

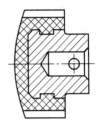
图 2-19　剖面符号示例八

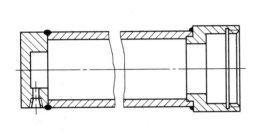
图 2-20　剖面符号示例九

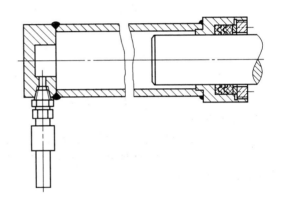
图 2-21　剖面符号示例十

ⅸ. 由不同材料嵌入或粘贴在一起的成品，用其中主要材料的剖面符号表示。例如夹丝玻璃的剖面符号，用玻璃的剖面符号表示；复合钢板的剖面符号，用钢板的剖面符号表示。

ⅹ. 在装配图中，宽度小于或等于 2mm 的狭小面积的剖面，可用涂黑代替剖面符号（图 2-22）。如果是玻璃或其他材料，而不宜涂黑时，可不画剖面符号。当两邻接剖面均涂黑时，两剖面之间应留出不小于 0.7mm 的空隙（图 2-23）。

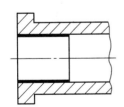
图 2-22　剖面符号示例十一

图 2-23　剖面符号示例十二

2.4.1.7　装配图中零、部件序号及其编排方法（GB 4458.2—1984、GB/T 4458.2—2003）

（1）基本要求

ⅰ. 装配图中所有的零、部件都必须编写序号。

ⅱ. 装配图中一个部件可只编写一个序号；同一装配图中相同的零、部件应编写同样的序号；一般只标注一次；多处出现的相同零、部件，必要时也可重复标注。

ⅲ．装配图中零、部件的序号，应与明细栏（表）中的序号一致。

（2）序号的编排方法

ⅰ．装配图中编写零、部件序号的通用表示方法有以下三种。

ⓐ 指引线的水平线（细实线）上或圆（细实线）内注写序号，序号字高比该装配图中所注尺寸数字高度大一号 [图 2-24（a）]。

ⓑ 在指引线的水平线（细实线）上或圆（细实线）内注写序号，序号字高比该装配图中所注尺寸数字高度大两号 [图 2-24（b）]。

ⓒ 在指引线附近注写序号，序号字高比该装配图中所注尺寸数字高度大两号 [图 2-24（c）]。

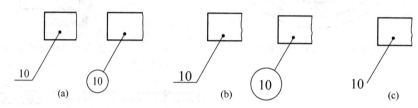

图 2-24　序号编排示例一

ⅱ．同一装配图中编注序号的形式应一致。

ⅲ．相同的零、部件用一个序号，一般只标注一次。多处出现的相同的零、部件，必要时也可重复标注。

ⅳ．指引线应自所指部分的可见轮廓内引出，并在末端画一圆点，见图 2-24。若所指部分（很薄的零件或涂黑的剖面）内不便画圆点时，可在指引线的末端画出箭头，并指向该部分的轮廓，见图 2-25。

指引线可以画成折线，但只可曲折一次。

一组紧固件以及装配关系清楚的零件组，可以采用公共指引线，见图 2-26。

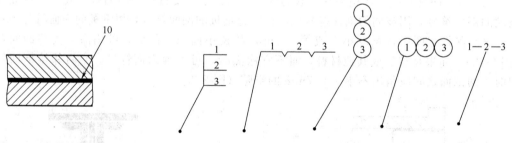

图 2-25　序号编排示例二　　　　　图 2-26　序号编排示例三

ⅴ．装配图中序号应按水平或垂直方向排列整齐。

ⅵ．装配图上的序号可按下列两种方法编排：

ⓐ 按顺时针或逆时针方向顺次排列，在整个图上无法连续时，可只在每个水平或垂直方向顺次排列，见图 2-27。

ⓑ 也可按装配图明细栏（表）中的序号排列，采用此种方法时，应尽量在每个水平或垂直方向顺次排列。

2.4.1.8　明细栏（GB 10609.2—2009）

（1）基本要求

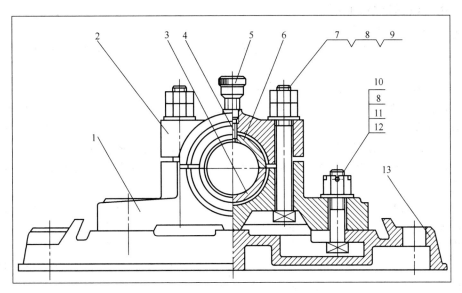

图 2-27　序号编排示例四

ⅰ. 装配图中一般应有明细栏。

ⅱ. 明细栏可按如下规定进行配置。

ⅰ) 明细栏一般配置在装配图中标题栏的上方，按由下而上的顺序填写。其格数应根据需要而定。当由下而上延伸位置不够时，可紧靠在标题栏的左边自下而上延续。当有两张或两张以上同一图样代号的装配图，而又按照前述配置明细栏时，明细栏应放在第一张装配图上。

ⅱ) 当装配图中不能在标题栏的上方配置明细栏时，可作为装配图的续页按 A4 幅面单独给出，其顺序应是由上而下延伸，还可连续加页，但应在明细栏的下方配置标题栏，并在标题栏中填写与装配图相一致的名称和代号。

（2）明细栏的组成

明细栏一般由序号、代号、名称、数量、材料、质量（单件、总计）、分区、备注等组成，也可按实际需要增加或减少。

（3）明细栏的格式

装配图中明细栏各部分的尺寸与格式见图 2-28。

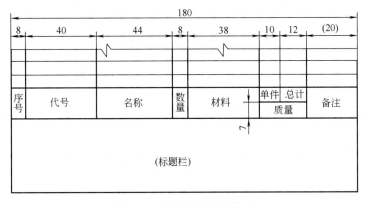

图 2-28　明细栏尺寸与格式

2.4.2 化工设备图样的表达

2.4.2.1 不需要单独绘制图样的原则

每一个设备、部件或零件，一般均应单独绘制图样，但符合下列情况时，可不单独绘制。

ⅰ. 国家标准、专业标准等标准的零部件和外购件。

ⅱ. 对结构简单，而尺寸、图形及其他资料已在部件图上表示清楚，不需机械加工（焊缝坡口及少量钻孔等加工除外）的铆焊件、浇铸件、胶合件等，可不单独绘制零件图。

ⅲ. 几个铸件在制造过程中需要一起备模划线者，应按部件图绘制，不必单独绘制零件图（如分块铸造的篦子板和分块焊接的篦子板）。此时，在部件上必须表示出制造零件所需的一切资料。

ⅳ. 尺寸符合标准的螺栓、螺母、垫圈、法兰等连接零件，其材料虽与标准不同，也不单独绘制零件图，但应在明细栏中注明规格和材料，并在备注栏内注明"尺寸按×××××××标准"字样。此时，明细栏中的"图号或标准号"一栏不应标注标准号。

ⅴ. 两个互相对称、方向相反的零件一般应分别绘出图样，但两个简单的对称零件在不致造成施工错误的情况下，可以只画出其中一个，但每件应标以不同的件号，并在图样中予以说明。如"本图样系统表示件号×，而件号×与件号×左右（或上下）对称"。

ⅵ. 形状相同、结构简单、可用同一图样表示清楚的，一般不超过五个不同可变参数的零件可用表格图绘制，但必须符合下列规定：

① 在图样中必须标明共同的不变参数及文字说明，而可变参数则以字母标注；

② 表格中必须包括件号、图号和每个可变参数的数值及质量等。

2.4.2.2 需要单独绘制部件图的原则

符合下列情况者应画部件图。

ⅰ. 由于加工工艺或设计的需要，零件必须在组合后才进行机械加工的部件。如带短节的设备法兰，由两半组成的大齿轮，由两种不同材料的零件组成的蜗轮等。

对于不画部件图的简单部件，应在零件图中注明需组合后再进行机械加工。如"×面需在与件号×焊接后进行加工"字样。

ⅱ. 具体独立结构，必须画部件图才能清楚地表示其装配要求、机构性能和用途的可拆或不可拆部件，如搅拌传动装置、对开轴承、联轴节等。

ⅲ. 复杂的设备壳体。

2.4.2.3 技术要求和技术条件

技术要求的内容应包括设备（或零、部件）在制造、试验和验收时应遵循的规范或规定，以及对于材料、表面处理及涂饰、润滑、包装、保管和运输等的特殊要求。技术要求应写在图纸的右上方，用条文表示，也可以用表格形式表示。当内容多，在图纸上写不下时，可单独编写。单独编写的技术要求称为技术条件。对于同一类型或同种材料的设备或部件，可编写通用技术条件，对专用设备和主要设备亦可编写专用技术条件。

单独编写的技术条件或通用、专用技术条件均应给予文件号。当采用单独编写的技术条件或通用、专用技术条件时，应在图纸右上方技术要求中注明"技术要求按××技术条件，文件号××-××××-×"。

技术要求中还应写明对设备管口的要求。如"管口方位按本图"或"管口方位见管口方位图"。

2.4.2.4 技术特性表

化工设备设计中，技术特性表的主要格式如表 2-11 所示。

表 2-11 技术特性表示例

压力容器技术条件及数据			PRESS. VESSEL TECHNICAL SPECIFICATION & DATA		
SUPERVISE RULE 监察规程	国家质量监督检验检疫总局 压力容器安全技术监察规程		MANUFACTURE SPEC. 制造技术条件	GB 150　钢制压力容器 NB/T 47041　钢制塔式容器	
DESIGN CODE 设计规范	GB 150　钢制压力容器 NB/T 47041　钢制塔式容器		WELDING SPEC. 焊接规程	JB/T 4709—2007 钢制压力容器焊接规程	
VESSEL CLASS BY RULE 容器类别	一类		NDT. STAND. 无损检测标准	NB/T 47013 承压设备无损检测	
	SHELL SIDE 壳侧	TUBE(JACKET) SIDE 管(夹套)侧		SHELL SIDE 壳侧	TUBE(JACKET) SIDE 管(夹套)侧
DESIGN PRES. 设计压力/MPa(G)	0.8		DESIGN TEMP. 设计温度/℃	140	
OPERATING PRES. 工作压力/MPa(G)	0.461~ 0.462		OPERATING TEMP. 操作温度/℃	48.6~ 98.7	
SAFETY-VALVE OPEN. PRES. 安全阀开启压力/MPa(G)	0.6		MEDIUM NAME & CHARACTER. (TOXIC. FLAM) 介质名称 及特性(毒性,易燃)	C3~C6 组分 易燃,易爆	
RUPT. DISC EXPLO. PRES. 爆破片设计爆破压力/MPa(G)					
SAFE EXT. PRES. 安全外压/MPa(G)			CORR. COMPONENTS 腐蚀介质		
HYD TEST PRES. 液压试验/MPa(G)	HOR. 卧试	1.33	CORROSION ALLOWANCE 腐蚀裕量/mm	2	
	VER. 立试	1	JOINT EFFICIENCY 焊接接头系数 φ	0.85	
PNEU. TEST PRES. 气压试验/MPa(G)			HEAT TRANS. SURFACE 传热面积/m²		
GAS TIGHT TEST PRES. 气密性试验/MPa(G)	0.8		FULL VOLUME 全容积/m³	11	
UT FOR EACH SHELL HEADPLATE 壳体钢板逐张 UT 检测			INSULAT. THICKNESS 绝热层厚度/mm	80/50	
MAIN MATERAL & STAND. 主体材料标准与供货状态	Q345R GB 3531		RECOM. WELDING ROD 推荐焊条	Q345R & Q345R J507 Q345R & 20 J427	
PICKL & PASSIVAT. 酸洗钝化处理					
塔体直线度允差/mm		26	P. W. H. T 焊后热处理		
安装垂直度允差/mm		20	FILL EFFICIENCY 装料系数		
EQUIP. CHARACTER 设备特性			EARTHQUAKE INTENSITY 地震烈度	7	
EMPTY WEIGHT 设备净重/kg	7615		HEATIRANS BASIC WIND LOAD 基本风压值/(N/m²)		
	WT. OF SS PART 其中不锈钢重		INSIDE SURF. PROTECT 内表面防护与标准		

压力容器技术条件及数据	PRESS. VESSEL TECHNICAL SPECIFICATION & DATA		
FILLER WEIGHT 填充物质量/kg		OUTSIDE SURF. PROTECT 外表面防护与标准	底漆 层	JB/T 4711
			面漆 层	
MAX. LIFTIHG WEIGHT 最大起吊质量/kg		EARTHING BOSS 接地要求	要求	
TOTAL OPERATING WT. 操作总质量/kg		NOZZLE ORIENTATION 铭牌,管口,支座及接地板方位	见管口方位图	
TOTAL FULL OF WATER WT. 充水后总质量/kg	18615	DESIGN LIFE-SPAN 设计寿命		

技术特性表的内容主要有：对于一般化工设备，应包括设计压力、工作压力（MPa）（指表压如为低绝压应注明"绝压"）、设计温度、工作温度（℃）、焊接接头系数 ϕ、腐蚀裕度（mm）以及容器类别。

此外，根据设备类型不同还应填写下列内容。

（1）容器类

全容器（m³），盛装系数，必要时还应填写工作容积，对于具有夹套或蛇管的容器可参照换热器填写。

（2）换热器类

上述内容应按壳程、管程分别填写，同时还应填写换热面积（以换热管外直径为基准计算）。

（3）搅拌器类

全容积（必要时应填写操作容积）、搅拌转速（r/min）、驱动电动机的功率（kW）等。

（4）塔器类

设计风压值（N/m²）、地震设防烈度。对专用塔尚需填写气量、喷淋量、填料比表面积和填料体积等。

（5）其他类型

对于其他类型的设备根据具体情况填写。对专用化工设备应填写主要物料名称。如系有毒、易燃或腐蚀性较强的物料应详细填写。

2.4.2.5 管口表

化工设备设计中，管口表主要格式如表 2-12 所示。

管口公称尺寸按公称直径填写，无公称直径时，按实际内径填写（矩形孔填"长×宽"，椭圆孔填"椭长轴×短轴"）。带衬管的接管，按衬管的实际内径填写；带薄衬里的钢接管，按钢接管的公称直径填写，如无公称直径按内径填写。管口符号按 a、b、c、…顺序由上而下填写，当管口规格、连接标准、用途完全相同时，可合并成一项填写如 $l_{1\sim2}$。一些不对外连接的管口，在连接标准和密封面型式两栏内用斜细实线表示，如排气口、检查口等。螺纹连接的管口，公称尺寸栏内按管口尺寸填写，连接标准栏内填写螺纹规格如 M24、G3/4″、ZG3/4″，密封面型式栏内填写内螺纹或外螺纹。标准图或通用图中对外连接的管口，在用途或名称栏内用斜细实线表示。

2.4.2.6 其他表达方式

尺寸标注基准面一般从设计要求的结构基准面开始，并应考虑所注尺寸便于检查。

化工设备的结构基准面一般应取筒体和封头的结合处、设备法兰的端面、裙座或其他支座的底面等，如图 2-29 所示。

表 2-12　管口表示例

管口表 NOZZLE SCHEDULE

MARK 符号	PATING PN	DN	CONNECT. STD. 连接标准	FACING 密封面	FACE FROM CL 密封面至设备 中心线距离	NOZZLE. SPEC. 接管尺寸	SEPVICE 名称或用途	REMARK 备注
a	2.5	80	HG 20592	WN/RF	见图	$\phi89\times7$	塔顶气相出口	
b	2.5	32	HG 20592	WN/RF	见图	$\phi38\times4.5$	安全阀口	
c	2.5	40/80	HG 20592	WN/RF	592/458	$\phi45\times4.5/\phi89\times7$	液相回流口	
d	2.5	40/80	HG 20592	WN/RF	592/458	$\phi45\times4.5/\phi89\times7$	进料口	
e	2.5	200	HG 20592	WN/RF	708	$\phi219\times8$	再沸器气相返塔口	
$l_{1\sim2}$	2.0	80	HG 20615	WN/RF	708	$\phi89\times7$	自控液面计口	
g	2.5	40	HG 20592	WN/RF	708	$\phi45\times4.5$	吹扫氮气入口	
h	2.5	40	HG 20592	WN/RF	710	$\phi45\times4.5$	物料抽出口	
k	2.5	100	HG 20592	WN/RF	710	$\phi108\times5$	液相入再沸器气口	
$t_{1\sim2}$	2.5	25	HG 20592	WN/RF	658	$\phi32\times4.5$	温度计口	
$p_{1\sim2}$	2.5	25	HG 20592	WN/RF	658	$\phi32\times4.5$	压力计口	
$l_{3\sim4}$	2.5	20	HG 20592	WN/RF	708	$\phi25\times4.5$	就地液面计口	
m	2.5	450	HG 21521	WN/RF	758	$\phi480\times12$	人孔	
$n_{1\sim2}$		80	/	/		$\phi89\times4$	排气口	
$u_{1\sim2}$		450	/	/		$\phi450\times10$	检查口	

注：法兰连接标准，暂按现行法兰标准的标记方法填写。

接管伸出长度以接管中心线和相接零件的外表面的交点为基准标注，如图 2-30 所示。

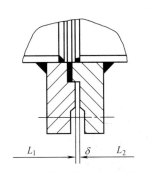 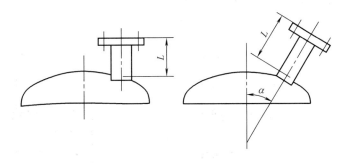

图 2-29　化工设备标注示例一　　　　图 2-30　化工设备标注示例二

不允许注封闭尺寸，参考尺寸、外形尺寸例外。尺寸线应尽量安排在视图的右侧和下方。当个别尺寸不按比例时，应在尺寸数字下方画一细线，如图 2-31 所示。

图 2-31　化工设备标注示例三

2.4.3　化工设备设计图样的简化画法

2.4.3.1　设备涂层、衬里剖面的画法

薄涂层（指搪瓷、涂漆、喷镀金属及喷涂塑料等）的表示，在图样中不编件号，仅在涂层表面侧画与表面平行的粗点画线，并标注涂层的内容，见图 2-32。

详细要求可写入技术要求薄衬层（指衬橡胶、衬石棉板、衬聚氯乙烯薄膜、衬铅、衬金属板等）的表示方法如图 2-33 所示。

過程设备工程设计概论

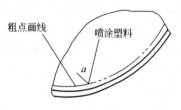

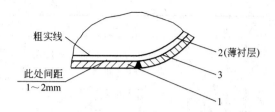

图 2-32 薄涂层表面标注示例 　　图 2-33 薄衬层表示方法

　　如衬有两层或两层以上相同或不相同材料的薄衬层时，仍可按上图表示，只画一根细实线。当衬层材料相同时，需在明细栏的备注栏内注明厚度和层数，只编一个件号。当衬层材料不相同时应分别编件号，在放大图中表示其结构，在明细栏的备注栏内注明每种衬层材料的厚度和层数。

　　厚涂层（指涂各种胶泥、混凝土等）的表示方法在装配图的剖视图中，必须用局部放大图详细表示其结构和尺寸（其中包括增强结合力所需的铁线网或挂钉等的结构和尺寸），如图 2-34 所示。

　　厚衬层（指衬耐火砖、耐酸板、辉绿岩板和塑料板等）的表示方法在装配图的剖视图中，如图 2-35 所示。厚衬层也必须用局部放大图详细表示其结构和尺寸。图中一般结构的灰缝以单线（粗实线）表示，特殊要求的灰缝应用双线表示，如图 2-36 所示。

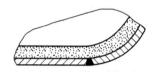  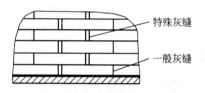

图 2-34 厚涂层表示方法 　　图 2-35 厚衬层表示方法 　　图 2-36 灰缝表示方法

2.4.3.2 装配图中接管法兰的画法

　　一般法兰的连接面形式如图 2-37 所示。

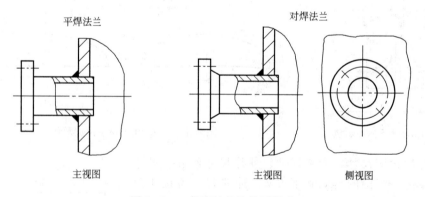

图 2-37 一般法兰的连接面形式

　　对于特殊形式的接管法兰（如带有薄衬层的接管法兰），需以局部剖视图表示，如图 2-38 所示。

2.4.3.3 装配图中螺栓孔及法兰连接螺栓等的画法

　　螺栓孔在图形上如图 2-39 用中心线表示。一般法兰的连接螺栓、螺母、垫片的表示如图 2-40 所示。

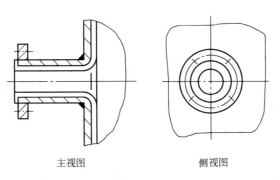

主视图　　　　　　　　侧视图

图 2-38　特殊形式的接管法兰

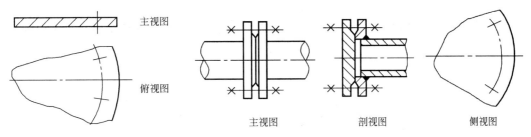

图 2-39　螺栓孔的表示方法　　　图 2-40　一般法兰的连接螺栓、螺母、垫片的表示

同一种螺栓孔或螺栓连接，在俯视图中至少画两个，以表示方位（跨中或对中）。

2.4.3.4　多孔板孔眼的画法

按规则排列的管板、折流板或塔板上的孔眼，如图 2-41 所示。孔眼的倒角和开槽、排列方式、间距、加工情况应用局部放大图表示。图中"＋"为粗实线，表示管板上定距杆螺孔的位置，该螺孔与周围孔眼的相对位置、排列方式、孔间距、螺孔深度等尺寸和加工情况等，均应用局部放大图表示。

按同心圆排列的管板、折流板或塔板的孔眼，如图 2-42 所示。

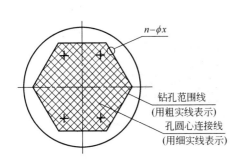

图 2-41　多孔板的画法

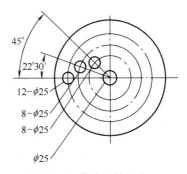

图 2-42　多孔眼的画法一

对孔数要求不严的多孔板（如隔板、筛板等），不必画出孔眼，如图 2-43 所示。

此时，必须用局部放大图表示孔眼的尺寸、排列方法及间距。剖视图中多孔板孔眼的轮廓线可不画出，如图 2-44 所示。

2.4.3.5　化工设备装配中的密集管束的画法

在化工设备装配图中可用细点划线表示密集的管束（如换热器等）。在化工设备装配图

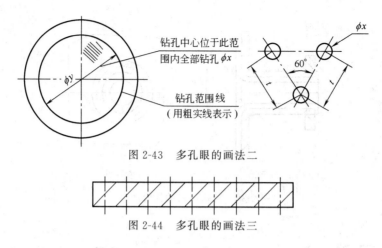

图 2-43　多孔眼的画法二

图 2-44　多孔眼的画法三

中，如果连接管口等结构的方位已在其他图形表示清楚时，可以将这些结构分别旋转到与投影面平行再进行投影，但必须标注其标注形式，如图 2-45 所示。

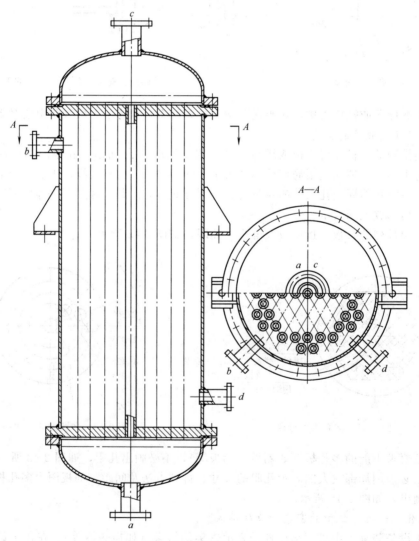

图 2-45　密集管束的画法

2.4.3.6 装配图中液面计的画法

带有两组或两组以上液面计时的画法，如图 2-46、图 2-47 所示。

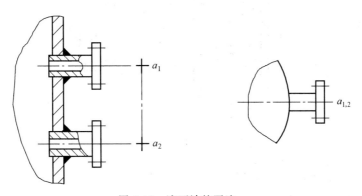

图 2-46 液面计的画法一

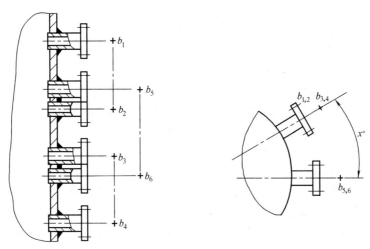

图 2-47 液面计的画法二

2.4.3.7 剖视图中填料、填充物的画法

同一规格、材料和同一堆放方法的填充物（如瓷环、木格条、玻璃棉、卵石和沙砾等）的画法，如图 2-48 所示。

装有不同规格或同一规格不同堆放方法的填充物，如图 2-49 所示。

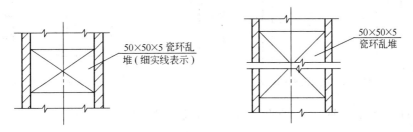

图 2-48 填充物画法一

2.4.3.8 标准图、复用图或外购件

减速机、浮球液面计、搅拌桨叶、填料箱、电动机、油杯、人孔、手孔等，可按主要尺

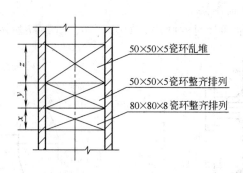

图 2-49 填充物画法二

寸和比例画出表示其特性的外形轮廓线（粗实线）。

2.4.3.9 总图或装配图的省略画法

总图或装配图中，在已有一俯视图的情况下，如欲再用剖视图表示设备中间某一部分结构时，允许只画出需要表示的部分，其余部分可省。如高塔设备已有一俯视图表示了各管口、人孔及支座等，而在另一剖视图中则可只画出欲表示的部分装置，而将按投影关系所应绘出的管口支座等省略。

2.4.3.10 装配图中的有关图形的简化画法

在已有部件图、零件图、剖视图、局部放大图等能清楚表示出结构的情况下，装配图中的下列图形可按比例简化为单线（粗实线）表示。如筛板塔、浮阀塔、泡罩塔的塔盘；换热器的折流板、挡板、拉杆、定距管、膨胀节；悬臂吊钩等。

2.4.3.11 焊缝画法

当焊缝宽度或焊脚高度经缩小比例后，图形线间距离的实际尺寸≥3mm 时，焊缝轮廓线（粗线）应按实际焊缝形状画出。剖面线用交叉的细实线或涂色法表示，如图 2-50 所示。

当焊缝宽度或焊脚高度经缩小比例后，图形线间距离的实际尺寸＜3mm 时，对于对接焊缝图形线用一条粗线表示。对于角焊缝，因一般已有母体金属轮廓线，焊缝可不画出。焊缝剖面用涂色法表示，如图 2-51 所示。

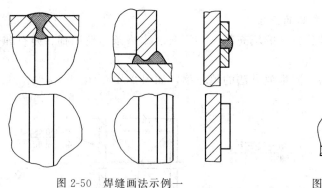

图 2-50 焊缝画法示例一

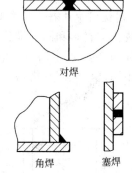

图 2-51 焊缝画法示例二

型钢之间和类似型钢件之间的焊接表示方法，如图 2-52 所示。必要时，如图 2-53 所示。

2.4.3.12 动密封圈简化画法

用简化画法绘制动密封圈时，可采用通用画法或特征画法。在同一张图样中一般采用一种画法。

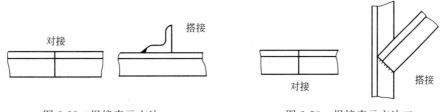

图 2-52　焊接表示方法一　　　　　　　图 2-53　焊接表示方法二

（1）通用画法

在剖视图中，如不需要确切地表示密封圈的外形轮廓和内部结构（包括唇、骨架、弹簧等）时，可采用在矩形线框的中央画出十字交叉的对角线符号的方法表示，如图 2-54（a）所示。交叉线符号不应与矩形线框的轮廓线接触。

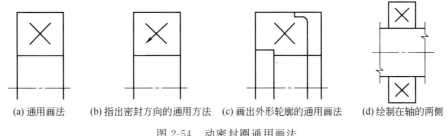

(a) 通用画法　　(b) 指出密封方向的通用方法　(c) 画出外形轮廓的通用画法　(d) 绘制在轴的两侧

图 2-54　动密封圈通用画法

如需要表示密封的方向，则应在对角线符号的一端画出一个箭头，指向密封的一侧，如图 2-54（b）所示。

如需要确切表示密封圈的外形轮廓，则应画出其较详细的剖面轮廓，并在其中央画出对角线符号，如图 2-54（c）所示。

通用画法应绘制在轴的两侧，如图 2-54（d）所示。

（2）特征画法

在剖视图中如需要比较形象地表示出密封圈的密封结构特征时，可采用在矩形线框的中间画出密封要素符号的方法表示。特征画法应绘制在轴的两侧。

（3）规定画法

必要时，可在密封圈的产品图样、产品样本、用户手册和使用说明书等中采用规定画法绘制密封圈。这种画法可绘制在轴的两侧，也可绘制在轴的一侧，另一侧按通用画法绘制。

（4）说明

① 图线的表达　绘制密封圈时，采用国家标准中的通用画法、特征画法及规定画法，其中各种符号、矩形线框和轮廓线均用粗实线绘制。

② 尺寸及比例的表达　采用简化画法绘制的密封圈，其矩形线框和轮廓应与有关标准规定的密封圈尺寸及其安装沟槽尺寸协调一致，并与所属图样采用同一比例绘制。

③ 剖面符号的表达　在剖视和剖面图中，用简化画法绘制的密封圈一律不画剖面符号；用规定画法绘制密封圈时，仅在金属的骨架等嵌入元件上画出剖面符号或涂黑，如图 2-55 所示。

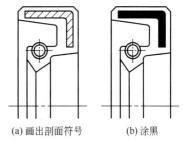

(a) 画出剖面符号　　(b) 涂黑

图 2-55　嵌入元件画法

（5）应用示例

　　图 2-56 与图 2-57 分别表示了 Y 形橡胶密封圈、橡胶防尘圈及 V 形橡胶密封圈的应用示例。

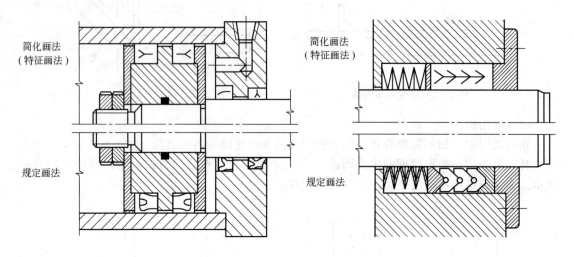

简化画法
（特征画法）

规定画法

简化画法
（特征画法）

规定画法

图 2-56　Y 形橡胶密封圈、橡胶防尘圈的应用　　　　图 2-57　V 形橡胶密封圈的应用

3 材料

  压力容器使用的材料品种很多,有黑色金属、有色金属、非金属材料以及复合材料等。本章重点介绍钢材的选用。

  压力容器用钢材的形状主要有钢板、钢管、钢棒、钢丝、铸锻件、各种型钢等。为控制和保证这些原材料产品的质量,国家制定了一系列标准。本书所编选的内容主要是涉及钢材选用的资料。

3.1　压力容器用材料的选择原则

  压力容器零件材料的选择,应综合考虑容器的使用条件、相容性、零件的功能和制造工艺、材料性能、材料使用经验、综合经济性和规范标准。

3.1.1　压力容器的使用条件

  使用条件包括设计温度、设计压力、介质特性和操作特点,材料选择主要由使用条件决定。例如,容器使用温度低于 0℃ 时,不得选用 Q235 系列钢板作为受压元件;对于高温、高压、临氢压力容器,材料必须满足高温下的热强性能(蠕变极限、持久极限)、抗高温氧化性能、抗氢腐蚀及氢脆性能,应选用抗氢钢,如 15CrMoR,2.25Cr-1Mo 等。用碳素钢或珠光体耐热钢作为抗氢钢时,应按 Nelson 设计曲线选用。

  流体高速流动会产生冲蚀或气蚀。流体速度也会影响材料的选择。流体中含有固体颗粒时,冲蚀速度有可能显著增加。

  对于压力很高的容器,常选用高或超高强度钢。由于钢的韧性往往随着强度的提高而降低,此时应特别注意强度和韧性的匹配,在满足强度要求的前提下,尽量采用塑性和韧性好的材料。这是因为塑性、韧性好的高强度钢,能降低脆性破坏的概率。在承受交变载荷时,可将失效形式改变为未爆先漏,提高运行安全性。

3.1.2　相容性

  相容性一般是指材料必须与其相接触的介质或其他材料相容。对于腐蚀性介质,应选用耐腐蚀材料。当压力容器零部件由多种材料制造时,各种材料必须相容,特别是需要焊接连接的材料。当不相似的金属在电介质溶液中时,金属接触会加快腐蚀速率。例如,钢在海水中与铜合金接触时,腐蚀速率明显加快。

3.1.3　零件的功能和制造工艺

  明确零件的功能和制造工艺,以提出相应的材料性能要求,如强度、耐腐蚀性等。例如,筒体和封头的功能主要是形成所需要的承压空间,属于受压元件,且与介质直接接触,对于介质腐蚀性很强的中、低压压力容器,它们应选用耐腐蚀的压力容器专用钢板;而支座的主要功能是支承容器并将其固定在基础上，属于非受压元件，且不与介质接触，除垫板外，可选用一般结构钢，如普通碳素钢。

选材时还应考虑制造工艺的影响。例如，主要用于强腐蚀场合的搪玻璃压力容器，其耐腐蚀性能主要靠搪玻璃层来保证，由于含碳量超过 0.19% 时玻璃层不易搪牢，且沸腾钢的搪玻璃效果比镇静钢好，可选用沸腾钢。

3.1.4　材料的使用经验

对成功的材料使用实例，应搞清楚所用材料化学成分（特别是硫和磷等有害元素）的控制要求、载荷作用下的应力水平和状态、操作规程和最长使用时间。因为这些因素，会影响材料的性能。即使使用相同钢号的材料，由于上述因素的改变，也会使材料具有不同的力学性能。对不成功的材料使用实例，应查阅有关的失效分析报告，根据失效原因，采取有针对性的措施。

3.1.5　综合经济性

影响材料价格的因素主要有冶炼要求（如化学成分、检验项目和要求等）、尺寸要求（厚度及其偏差、长度等）和可获得性等。

一般情况下，相同规格的碳素钢的价格低于低合金钢，不锈钢的价格高于低合金钢。当所需不锈钢的厚度较大时，应尽量采用复合板、衬里、堆焊或多层结构。与介质接触的复层、衬里、堆焊层或内层用耐腐蚀材料，而外层用一般压力容器用钢。

有的场合虽然有色金属的价格高，但由于耐腐蚀性强，使用寿命长，采用有色金属可能更加经济。

3.1.6　规范标准

和一般结构钢相比，压力容器用钢有不少特殊要求，应符合相应国家标准和行业标准的规定。钢材使用温度上限和下限、使用条件应满足标准要求。在中国，钢材的使用温度下限，除奥氏体钢或另有规定外，均高于 -20℃。许用应力也应按标准选取或计算。

采用国外材料时，应选用国外压力容器规范允许使用，且国外已有成功使用实例的材料，其使用范围应符合材料生产国相应规范和标准的规定。

3.2　压力容器用钢的基本要求

压力容器用钢的基本要求是有较高的强度，良好的塑性、韧性、制造性能和介质相容性。改善钢材性能的途径主要有化学成分的设计、组织结构的改变和零件表面改性。现对压力容器用钢的基本要求作进一步分析。

3.2.1　化学成分

钢材化学成分对其性能和热处理有较大的影响。提高碳含量可能使强度增加，但可焊性变差，焊接时易在热影响区出现裂纹。因此，压力容器用钢的含碳量一般不应大于 0.25%。在钢中加入钒、钛、铌等元素，可提高钢的强度和韧性。

硫和磷是钢中最主要的有害元素。硫能促进非金属夹杂物的形成，使塑性和韧性降低。磷能提高钢的强度，但会增加钢的脆性，特别是低温脆性。将硫和磷等有害元素含量控制在很低水平，即大大提高钢材的纯净度，可提高钢材的韧性、抗中子辐照脆化能力，改善抗应变失效性能、抗回火脆化性能和耐腐蚀性能。因此，与一般结构钢相比，压力容器用钢对硫、磷、氢等有害杂质元素含量的控制更加严格。

我国《固定式压力容器安全技术监察规程》规定如下。

ⅰ. 用于焊接的碳素钢和低合金钢，$w_C \leqslant 0.25\%$、$w_P \leqslant 0.035\%$、$w_S \leqslant 0.035\%$。

ⅱ. 压力容器专用钢中的碳素钢和低合金钢钢材（钢板、钢管和钢锻件），其硫、磷含量应当符合以下要求：

ⅰ 碳素钢和低合金钢钢材基本要求，$w_P \leqslant 0.030\%$、$w_S \leqslant 0.020\%$；

ⅱ 标准抗拉强度下限值大于或等于 540MPa 的钢材，$w_P \leqslant 0.025\%$、$w_S \leqslant 0.015\%$；

ⅲ 用于设计温度低于 $-20℃$ 并且标准抗拉强度下限值小于 540MPa 的钢材，$w_P \leqslant 0.025\%$、$w_S \leqslant 0.012\%$；

ⅳ 用于设计温度低于 $-20℃$ 并且标准抗拉强度下限值大于或者等于 540MPa 的钢材，$w_P \leqslant 0.020\%$、$w_S \leqslant 0.010\%$。

随着冶炼水平的提高，目前已可将硫的含量控制在 0.002% 以内。

另外，化学成分对热处理也有决定性的影响，如果对成分控制不严，就达不到预期的热处理效果。

3.2.2　力学性能

由于载荷（如载荷种类、作用方式等）和应力状态的不同，以及钢材在受力状态下所处的工作环境的不同，钢材受力后所表现出的不同行为，称为材料的力学性能。例如，低碳钢拉伸试件缩颈中心部位处于三向应力状态，出现的是大体上与载荷方向垂直的纤维状断口，而边缘区域接近平面应力状态，产生的是与载荷成 $45°$ 的剪切唇。因此，钢材的力学行为，不仅与钢材的化学成分、组织结构有关，而且与材料所处的应力状态和环境有密切的关系。

钢材的力学性能主要是表征强度、韧性和塑性变形能力的判据，是机械设计时选材和强度计算的主要依据。压力容器设计中，常用的强度判据包括抗拉强度 R_m、屈服强度 R_{eL}、持久极限 R_D、蠕变极限 R_n 和疲劳极限 σ_{-1}。塑性判据包括延伸率 δ_5、断面收缩率 $\varPsi$；韧性判据包括冲击吸收功 KV_2、韧脆转变温度、断裂韧性等。

韧性对压力容器安全运行具有重要意义。在载荷作用下，压力容器中的缺陷常会扩展，当裂纹扩展到某一临界尺寸时将会引起断裂事故，此临界裂纹尺寸的大小主要取决于钢的韧性。如果钢的韧性高，压力容器所容许的临界裂纹尺寸就越大，安全性也越高。因此，为防止发生脆性断裂和裂纹快速扩展，压力容器常选用韧性好的钢材。

夏比 V 形缺口冲击吸收功 KV_2 对温度变化很敏感，能较好地反映材料的韧性，与断裂韧性也有较好的数值联系。世界各国压力容器规范标准都对 KV_2 提出了要求，如 Q345R 钢板，要求在 $0℃$ 时的横向（指冲击试件的取样方向）KV_2 不小于 31J。当使用温度低于或等于 $-20℃$ 时，需要考虑低温冲击韧性，并根据应力水平、设计温度和厚度，确定夏比 V 形缺口冲击试验温度和 KV_2 指标。

在一般设计中，力学性能判据数值可从相关的规范标准中查到。但这些数据仅为规定的必须保证值，实际使用的材料是否满足要求，除要查看质量证明书外，有时还要对材料进行复检；必要时，还应模拟使用环境进行测试。现行的最基本试验方法是拉伸试验和冲击试验，其目的是测量钢材的抗拉强度 R_m、屈服强度 R_{eL}、延伸率 δ_5、断面收缩率 $\varPsi$、冲击吸收功 KV_2。

为测定钢材的化学成分和金相组织，对比分析化学成分、金相组织和力学性能的关系，有时还要进行化学分析和金相检验。

3.2.3　制造工艺性能

材料制造工艺性能的要求与容器结构形式和使用条件紧密相关。制造过程中进行冷卷、冷冲压加工的零部件，要求钢材有良好的冷加工成形性能和塑性。其延伸率 δ_5 应在 $15\%\sim20\%$ 以上。为检验钢板承受弯曲变形能力，一般应根据钢板的厚度，选用合适的弯心直径，在常温下做弯曲角度为 $180°$ 的弯曲实验。试样外表面无裂纹的钢材方可用于压力容器制造。

压力容器各零件间主要采用焊接连接，良好的可焊性是压力容器用钢一项极重要的指标。可焊性是指在一定焊接工艺条件下，获得优质焊接接头的难易程度。钢材的可焊性主要取决于它的化学成分，其中影响最大的是含碳量。含碳量愈低，愈不易产生裂纹，可焊性愈好。各种合金元素对可焊性亦有不同程度的影响，这种影响通常是用碳当量 C_{eq} 来表示。碳当量的估算公式较多，国际焊接学会所推荐的公式为

$$C_{eq}=C+\frac{Mn}{6}+\frac{Ni+Cu}{15}+\frac{Cr+Mo+V}{5}$$

式中的元素符号表示该元素在钢中的百分含量。一般认为，C_{eq} 小于 0.4％时，可焊性优良，C_{eq} 大于 0.6％时，可焊性差。中国"锅炉压力容器制造许可条件"中，碳当量的计算公式为

$$C_{eq}=C+\frac{Mn}{6}+\frac{Si}{24}+\frac{Ni}{40}+\frac{Cr}{5}+\frac{Mo}{4}+\frac{V}{14}$$

按上式计算的碳当量不得大于 0.45％。

3.2.4 物理性能

压力容器材料的物理性能也是选材要考虑的。压力容器使用在不同的场合，对材料的物理性能也有不同的要求。如高温容器要用熔点高的材料，熔点高的材料再结晶软化温度较高；要进行换热的容器要用热导率较高的材料，如此可节省材料；带衬里的容器则要求衬里材料与基体材料的线膨胀系数比较接近，否则有温度变化时，由于两种材料的膨胀量不一致，衬里经常会开裂。

压力容器用材要考虑的物理性能参数通常是弹性模量 E、重度 γ、熔点 T_m、比热容 c、热导率 λ、线膨胀系数 α 等。表 3-1 所列为压力容器几种常用金属材料的物理性能数据。

表 3-1 几种常用金属材料的物理性能

性能 / 金属	密度 ρ /(g/cm³)	熔点 T_m/℃	比热容 c /[J/(kg·K)]	导热系数 λ /[W/(m·K)]	线膨胀系数 $\alpha \times 10^6$ /(1/℃)	电阻率 ρ /(Ω·mm²/m)	弹性模量 $E \times 10^{-5}$ /MPa	泊松比 μ
低碳钢及低合金钢	7.8	1400~1500	460.57	46.52~58.15	11~12	0.11~0.13	2.0~2.1	0.24~0.28
铬镍奥氏体钢	7.9	1370~1430	502.44	13.96~18.61	16~17	0.70~0.75	2.0	0.25~0.3
紫铜	8.9	1083	385.20	384.95	16.5	0.017	1.12	0.31~0.34
纯铝	2.7	660	900.20	220.97	23.6	0.027	0.75	0.32~0.36
纯铅	11.3	327	129.80	34.89	29.3	0.188	0.15	0.42
纯钛	4.5	1688	577.81	15.12	8.5	0.45	1.09	

3.3 钢板

钢板是制造压力容器的主要材料。按其轧制方法，有冷轧薄板与热轧厚板；按材料种类，有碳素钢钢板、低合金钢钢板、高合金钢钢板、不锈钢与碳素钢或低合金钢的复合钢钢板以及铜、铝、钛等有色金属板；按材料用途有一般板、容器板、锅炉板、船用板等。

3.3.1 碳素钢钢板

（1）碳素结构钢（GB/T 700—2006）

该标准共规定了五个强度等级的钢材牌号，即 Q195、Q215、Q235、Q255 和 Q275。牌号中的 Q 是钢材屈服点"屈"字汉语拼音首位字母，后面的数字是钢材厚度小于等于 16mm 时最低屈服极限的数值。

按照对钢材化学成分的控制、脱氧的程度、力学性能的检验项目和要求，钢材有 A、B、C、D 四个质量等级，其中 A 级最低，D 级最高。Q235 有四个质量等级，Q215 与 Q255 只有 A、B 两个质量等级，Q195 和 Q275 则不分质量级别。按脱氧方式，钢材有沸腾钢、半镇静钢、镇静钢和

特殊镇静钢，分别用 F、b、Z、TZ 示于钢材牌号的尾部。通常 Z 与 TZ 省略不标。

在压力容器中正式列入钢制压力容器国家标准（GB 150）规定使用的材料牌号只有 Q235-B 和 Q235-C，它们的化学成分和力学性能分别列于表 3-2 和表 3-3。购置这两种钢板用于压力容器时，必须索取材料质量证明书，证明书上的化学成分与力学性能符合表 3-2 和表 3-3 规定。

（2）优质碳素结构钢热轧厚钢板和宽钢带（GB/T 711—2008）

该标准适用于厚度大于 4～60mm 的优质碳素结构钢热轧厚钢板和宽钢带。

标准规定了 26 种钢号的化学成分和 25 种钢号的力学性能。

沸腾钢有 05F（不提供力学性能）、08F、10F、15F、20F、25F 共 6 个。

普通含锰量的钢板钢号为 10、15、20、…、70 共 13 个。

较高含锰量的钢号为 20Mn、25Mn、…、65Mn 共 7 个。

《压力容器安全技术监察规程》规定，焊制压力容器上使用的碳素钢和低合金钢，其含碳量不应大于 0.25%，据此，GB 150 规定在上述 25 个钢号中，用于压力容器的只有 10、15、20 三种钢号的钢板，而且对它们的使用施加了与 Q235-B 板同样的限制。10、15、20 三种钢号的钢板的化学成分和力学性能也汇总于表 3-2 和表 3-3 中。钢板使用前的验收应符合表中规定。

表 3-2　碳素钢钢板的化学成分

序号	牌号	标准号	化学成分/%							
			C	Si	Mn	P	S	Cr	Ni	Cu
						不 大 于				
1	Q235-B	GB/T 700—2006	0.12～0.2	0.12～0.3	0.3～0.7	0.045	0.045	0.3	0.3	0.3
2	Q235-C	GB/T 912—2008 GB/T 3274—2007	≤0.18	0.12～0.3	0.35～0.8	0.04	0.04	0.3	0.3	0.3
3	10		0.07～0.14	0.17～0.37	0.35～0.65	0.035	0.040	0.15	0.25	0.25
4	15	GB/T 711—2008	0.12～0.19	0.17～0.37	0.35～0.65	0.035	0.040	0.25	0.25	0.25
5	20		0.17～0.24	0.17～0.37	0.35～0.65	0.035	0.040	0.25	0.25	0.25
6	B	GB/T 712—2011	≤0.21	≤0.35	0.8～1.2	0.035	0.035			

表 3-3　碳素钢钢板的力学性能

序号	牌号	供货状态	钢板厚度 /mm	屈服点 σ_s/MPa	抗拉强度 σ_b/MPa	伸长率 δ_5/%	冲击试验	冷弯试验 $b=2a$ $\alpha=180°$
				不 小 于				
1,2	Q235 (B,C)	热轧或正火	≤16	235	375～460	26	Q235-B常温 KV_2≥27J Q235-C0℃ KV_2≥27J	a≤60 纵向取样 $d=a$ 横向取样 $d=1.5a$ 60<a≤100 纵 $d=2a$　横 $d=2.5a$
			>16～40	225		25		
			>40～60	215		24		
			>60～100	205		23		
			>100～150	195		22		
			>150	185		21		
3	10	热轧或热处理	≤20		335	32	常温　KV_2≥27J −20℃　KV_2≥21J	$d=0,(a)$
4	15				370	30		$d=0.5a,(1.5a)$
5	20				410	28	常温　KV_2≥27J	$d=a,(2a)$

碳素钢钢板用于压力容器时应遵从以下规定。

ⅰ. 不同质量等级的 Q235 钢板的使用范围应符合表 3-4 的规定。

表 3-4　Q235 钢板用于压力容器时的使用规定

限　制　项　目	钢　号			
	Q235-AF	Q235-A	Q235-B	Q235-C
容器设计压力/MPa	2002 年 7 月 1 日起停止用于压力容器受压元件上		≤1.6	≤1.6
容器设计温度/℃			20~300	0~300
钢板用于壳体厚度/mm			≤16	≤16
盛装介质的限制			不得用于盛装毒性为极度或高度危害的介质	没有限制

ⅱ. 10、15 和 20 钢板允许使用，其使用范围按 Q235-B 钢板规定。

3.3.2　锅炉和压力容器用钢板（GB 713—2014）

GB 713—2014 中，共有 12 种锅炉压力容器专用钢板，除 Q245R 外，其余均为低合金钢板。除 Q420R 和 07Cr2AlMoR 外，其余 10 种均被纳入 GB 150.2—2011 中。其力学性能和工艺性能见表 3-5。

表 3-5　力学性能和工艺性能（摘自 GB 713—2014）

牌号	交货状态	钢板厚度/mm	拉伸试验			冲击试验		弯曲试验
			R_m/MPa	R_{eL}/MPa	A/%	温度/℃	KV_2/J	180° $b=2a$
			不小于				不小于	
Q245R	热轧、控轧或正火	3~16	400~520	245	25	0	34	$d=1.5a$
		>16~36		235				
		>36~60		225				
		>60~100	390~510	205	24			$d=2a$
		>100~150	380~500	185				
		>150~250	370~490	175				
Q345R		3~16	510~640	345	21	0	41	$d=2a$
		>16~36	500~630	325				
		>36~60	490~620	305				$d=3a$
		>60~100	490~620	305	20			
		>100~150	480~610	285				
		>150~250	470~600	265				
Q370R	正火	10~16	530~630	370	20	-20	47	$d=2a$
		>16~36		360				
		>36~60	520~620	340				$d=3a$
		>60~100	510~610	330				
Q420R		10~20	590~720	420	18	-20	60	$d=3a$
		>20~30	570~700	400				

牌号	交货状态	钢板厚度 /mm	拉伸试验			冲击试验		弯曲试验
			R_m /MPa	R_{eL} /MPa	$A/\%$	温度 /℃	KV_2 /J	180° $b=2a$
			不小于				不小于	
18MnMoNbR	正火加回火	30～60	570～720	400	18	0	47	$d=3a$
		＞60～100		390				
13MnNiMoR		30～100	570～720	390	18	0	47	$d=3a$
		＞100～150		380				
15CrMoR		6～60	450～590	295	19	20	47	$d=3a$
		＞60～100		275				
		＞100～200	440～580	255				
14Cr1MoR		6～100	520～680	310	19	20	47	$d=3a$
		＞100～200	510～670	300				
12Cr2Mo1R		6～200	520～680	310	19	20	47	$d=3a$
12Cr1MoVR	正火加回火	6～60	440～590	245	19	20	47	$d=3a$
		＞60～100	430～580	235				
12Cr2Mo1VR		6～200	590～760	415	17	－20	60	$d=3a$
07Cr2AlMoR	正火加回火	6～36	420～580	260	21	20	47	$d=3a$
		＞36～60	410～570	250				

3.3.3 低温压力容器用低合金钢板（GB 3531—2014）

GB 3531—2014 中共有 6 种低温压力容器专用钢板，且全部纳入 GB 150.2—2011 中，6 种材料中除 2 种高合金材料外，其余均为低合金材料。另外 GB 150.2 中还纳入了 2 种 GB 19189—2011《压力容器用调质高强度钢板》标准中的低温压力容器用低合金钢板，即 07MnNiVDR 和 07MnNiMoDR。化学成分和力学性能与工艺性能见表 3-6、表 3-7。

表 3-6 化学成分（摘自 GB 3531—2014）

牌号	化学成分(质量分数)/%								P	S
	C	Si	Mn	Ni	Mo	V	Nb	Alt[a]	不大于	
16MnDR	≤0.20	0.15～0.50	1.20～1.60	≤0.40	—	—	—	≥0.020	0.020	0.010
15MnNiDR	≤0.18	0.15～0.50	1.20～1.60	0.20～0.60	—	≤0.05	—	≥0.020	0.020	0.008
15MnNiNbDR	≤0.18	0.15～0.50	1.20～1.60	0.30～0.70	—	—	0.015～0.040	≥0.020	0.020	0.008
09MnNiDR	≤0.12	0.15～0.50	1.20～1.60	0.30～0.80	—	—	≤0.040	≥0.020	0.020	0.008
08Ni3DR	≤0.10	0.15～0.35	0.30～0.80	3.25～3.70	≤0.12	≤0.05	—		0.015	0.005
06Ni9DR	≤0.08	0.15～0.35	0.30～0.80	8.50～10.00	≤0.10	≤0.01	—		0.008	0.004

[a] 可以用测定 Als 代替 Alt，此时 Als 含量应不小于 0.015%；当钢中 Nb＋V＋Ti 的含量≥0.015%时，Al 含量不作验收要求。

表 3-7　力学性能与工艺性能（摘自 GB 3531—2014）

牌号	交货状态	钢板公称厚度/mm	拉伸试验			冲击试验		弯曲试验c
			抗拉强度 R_m/MPa	屈服强度[a] R_{eL}/MPa	断后伸长率 A/%	温度/℃	冲击吸收能量 KV_2/J	80° $b=2a$
				不小于			不小于	
16MnDR	正火或正火+回火	6～16	490～620	315	21	−40	47	$d=2a$
		>16～36	470～600	295				
		>36～60	460～590	285				$d=3a$
		>60～100	450～580	275		−30	47	
		>100～120	440～570	265				
15MnNiDR		6～16	490～620	325	20	−45	60	$d=3a$
		>16～36	480～610	315				
		>36～60	470～600	305				
15MnNiNbDR		10～16	530～630	370	20	−50	60	$d=3a$
		>16～36	530～630	360				
		>36～60	520～620	350				
09MnNiDR		6～16	440～570	300	23	−70	60	$d=2a$
		>16～36	430～560	280				
		>36～60	430～560	270				
		>60～120	420～550	260				
08Ni3DR	正火或正火+回火或淬火+回火	6～60	490～620	320	21	−100	60	$d=3a$
		>60～100	480～610	300				
06Ni9DR	淬火加回火[b]	5～30	680～820	560	18	−196	100	$d=3a$
		>30～50		550				

[a] 当屈服现象不明显时，采用 R_{eL}；

[b] 对于厚度不大于 12mm 的钢板可两次正火加回火状态交货；

[c] a 为试样厚度；d 为弯心直径。

16MnDR、15MnNiDR 和 09MnNiDR 三种钢板是工作在−20℃及更低温度的压力容器专用钢板，即低温压力容器用钢。16MnDR 是制造−40℃级压力容器经济又成熟的钢种，可用于制造液氨储罐等设备。在 16MnDR 的基础上，降低碳含量并加镍和微量钒而研制成功的 15MnNiDR，提高了低温韧性，常用于制造−40℃级低温球形容器。09MnNiDR 是一种−70℃级低温压力容器用钢，用于制造液态丙烯（−47.7℃）、液态硫化氢（−61℃）等的设备。

3.3.4　压力容器用高合金钢板

压力容器用高合金钢板主要是指不锈钢钢板和耐热钢板（具有高温抗氧化性和热强性）。GB 150.2—2011 中的高合金钢板全部来自 GB 24511—2009《承压用不锈钢钢板及钢带》，其中本标准共列入 17 个钢号。

铁素体型 3 个钢号：S11306、S11348、S11972。性能参数见表 3-8；

奥氏体型 11 个钢号：S30408、S30403、S30409、S31008、S31608、S31603、S31668、S31708、S31703、S32168、S39042。性能参数见表 3-9；

奥氏体-铁素体型 3 个钢号：S21953、S22253、S22053。性能参数见表 3-10。

表 3-8　经退火处理的铁素体型钢室温下的力学性能和工艺性能

统一数字代号	牌号	各类型产品的最大厚度		拉伸试验			硬度试验			弯曲试验
				规定非比例延伸强度 $R_{p0.2}$ /MPa	抗拉强度 R_m /MPa	断后伸长率 A /%	HBW	HRB	HV	180° $b=2a$
				不小于			不大于			
S11348	06Cr13Al	C	8	170	415	20	179	88	200	$d=2a$
		H	14							
		P	25							
S11972	019Cr19-Mo2NbTi	C	8	275	415	20	217	96	230	$d=2a$
S11306	06Cr13	C	8	205	415	20	183	89	200	$d=2a$
		H	14							
		P	25							

表 3-9　经固溶处理的奥氏体型钢室温下的力学性能

统一数字代号	牌号	各类型产品的最大厚度 /mm		规定非比例延伸强度 $R_{p0.2}$ /MPa	规定非比例延伸强度 $R_{p1.0}$ /MPa	抗拉强度 R_m /MPa	断后伸长率 A /%	硬度值		
								HBW	HRB	HV
				不小于				不大于		
S30408	06Cr19Ni10	C	8	205	250	520	40	201	92	210
		H	14							
		P	80							
S30403	022Cr19Ni10	C	8	180	230	490	40	201	92	210
		H	14							
		P	80							
S30409	07Cr19Ni10	C	8	205	250	520	40	201	92	210
		H	14							
		P	80							
S31008	06Cr25Ni20	C	8	205	240	520	40	217	95	220
		H	14							
		P	80							
S31608	06Cr17Ni12Mo2	C	8	205	260	520	40	217	95	220
		H	14							
		P	80							
S31603	022Cr17Ni12Mo2	C	8	180	260	490	40	217	95	220
		H	14							
		P	80							
S31668	06Cr17Ni12Mo2Ti	C	8	205	260	520	40	217	95	220
		H	14							
		P	80							

统一数字代号	牌号	各类型产品的最大厚度/mm		规定非比例延伸强度 $R_{p0.2}$/MPa	规定非比例延伸强度 $R_{p1.0}$/MPa	抗拉强度 R_m/MPa	断后伸长率 A/%	硬度值		
								HBW	HRB	HV
				不小于				不大于		
S39042	015Cr21Ni26Mo5Cu2	C	8	220	260	490	35	—	90	—
		H	14							
		P	80							
S31708	06Cr19Ni13Mo3	C	8	205	260	520	35	217	95	220
		H	14							
		P	80							
S31703	022Cr19Ni13Mo3	C	8	205	260	520	40	217	95	220
		H	14							
		P	80							
S32168	06Cr18Ni11Ti	C	8	205	250	520	40	217	95	220
		H	14							
		P	80							

表 3-10　经热处理奥氏体-铁素体型钢的室温力学性能

统一数字代号	牌号	各类型产品的最大厚度/mm		拉伸试验			硬度试验	
				规定非比例延伸强度 $R_{p0.2}$/MPa	抗拉强度 R_m/MPa	断后伸长率 A/%	HBW	HRC
				不小于			不大于	
S21953	022Cr19Ni5Mo3Si2N	C	8	440	630	25	290	31
		H	14					
		P	80					
S22253	022Cr22Ni5Mo3N	C	8	450	620	25	293	31
		H	14					
		P	80					
S22053	022Cr23Ni5Mo3N	C	8	450	620	25	293	31
		H	14					
		P	80					

3.3.5　不锈钢复合钢板

(1) 按 GB 8165—2008《不锈钢复合钢板和钢带》的规定

基层用钢为压力容器用碳素钢及低合金钢。

按 GB 150—2011 的规定，不锈钢复合板的基层用钢与复层用钢均应为该标准所选用的钢板或锻件。因此，建议用于压力容器时不要选用那些虽列入了 GB 8165 但未被 GB 150 选用的钢板（或锻件）钢号。

(2) 按 NB/T47002《压力容器爆炸焊复合钢板》标准规定：

NB/T 47002.1 压力容器爆炸焊复合钢板　第一部分：不锈钢-钢复合板；

NB/T 47002.2 压力容器爆炸焊复合钢板　第一部分：镍-钢复合板；

NB/T 47002.3 压力容器爆炸焊复合钢板　第一部分：钛-钢复合板；

NB/T 47002.4 压力容器爆炸焊复合钢板　第一部分：铜-钢复合板。

3.3.6　钢板的常用厚度

钢板的常用厚度见表 3-11。

表 3-11　钢板的常用厚度　　　　　mm

2、	3、	4、	4.5、	(5)、	6、	8、	10、	12、	14、	16、	18、	20、	22、	25、
28、	30、	32、	34、	36、	38、	40、	42、	46、	50、	55、	60、	65、	70、	75、
80、	85、	90、	95、	100、	105、	110、	115、	120						

3.4　钢管

钢管分为有缝的焊接钢管和热轧或冷拔的无缝钢管两类。

有缝钢管国家标准主要有：

GB/T 3091《低压流体输送用镀锌焊接钢管》；

GB/T 3092《低压流体输送用焊接钢管》；

GB/T 12770《机械结构用不锈钢焊接钢管》；

GB/T 12771《流体输送用不锈钢焊接钢管》；

GB/T 14291《流体输送用电焊钢管》；

GB/T 21832《奥氏体-铁素体型双相不锈钢焊接钢管》；

GB/T 24593《锅炉和热交换器用奥氏体不锈钢焊接钢管》。

无缝钢管国家标准就有：

GB 5310《高压锅炉用无缝钢管》；

GB/T 8163《流体输送用无缝钢管》；

GB/T 6479《高压化肥设备用缝钢管》；

GB/T 9948《石油裂化用无缝钢管》；

GB 3087《低中压锅炉用无缝钢管》；

GB/T 13296《锅炉、热交换器用不锈钢无缝钢管》；

GB/T 14976《流体输送用不锈钢无缝钢管》；

GB/T 21833《奥氏体-铁素体型双相不锈钢无缝钢管》；

GB 8162《结构用无缝钢管》。

以上这些钢管标准所规定的内容主要包括：

ⅰ. 钢管的尺寸规格、精度要求；

ⅱ. 钢管所用钢材的牌号及各种牌号钢管在化学成分、力学和工艺性能方面所应达到的要求；

ⅲ. 试验方法与检验规则。

对于钢管产品的使用者来说，主要关心的是钢管的常用规格和各种牌号钢管的化学成分和力学、工艺性能。

3.5　锻件

（1）锻件的标准

按照锻件材料的不同，压力容器用锻件共有 3 个标准。

① JB/T 4726—2000　压力容器用碳素钢和低合金钢锻件共 11 种（20、35、16Mn、1Cr5Mo、14Cr1Mo、20MnMo、20MnMoNb、15CrMo、35CrMo、12Cr1MoV、12Cr2Mo1）；

② JB/T 4727—2000　低温压力容器用碳素钢和低合金钢锻件共 5 种（16MnD、09MnNiD、20MnMoD、08MnNiCrMoVD、10Ni3MoVD）；

③ JB/T 4728—2000　压力容器用不锈钢锻件 8 种（铁素体型：0Cr13；奥氏体型：0Cr18Ni9、00Cr18Ni10、0Cr17Ni12Mo2、1Cr18Ni9Ti、0Cr18Ni10Ti、0Cr18Ni12Mo2Ti；

奥氏体-铁素体型：00Cr18Ni5Mo3Si2）。

（2）锻件的形状、名称及其公称厚度

① 筒形锻件 轴向长度 L 大于其外径 D 的轴对称空心锻件，如图 3-1（a）所示。t 为公称厚度。

② 环形锻件 轴向长度 L 小于或等于其外径 D 的轴对称空心锻件，如图 3-1（b）所示。L 和 t 中的小者为公称厚度。

③ 饼形锻件 轴向长 t 小于或等于其外径 D 的轴对称实心锻件，如图 3-1（c）所示。t 为公称厚度。

④ 碗形锻件 截面呈凹形且长度 H 小于或等于其外径 D 的轴对称锻件，如图 3-1（d）所示。t_1 和 t_2 中的大者为公称厚度。

⑤ 长颈法兰锻件 长颈法兰锻件如图 3-1（e）所示。t_1、t_2 中的大者为公称厚度。

⑥ 条形锻件 当截面为圆形，轴向长度 L 大于其直径 D 的实心锻件，如图 3-1（f）所示，D 为公称厚度；当截面为矩形，长度 L 均大于其两边长 a、b 的锻件，如图 3-1（g）所示，a 和 b 中的小者为公称厚度。

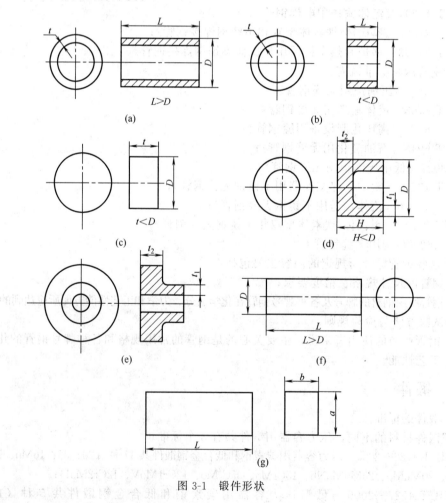

图 3-1 锻件形状

（3）锻件的级别

锻件分为 Ⅰ、Ⅱ、Ⅲ、Ⅳ 四个级别，Ⅰ 级最低，Ⅳ 级最高。低温压力容器用的碳素钢和低合金钢的锻件没有 Ⅰ 级，只有 Ⅱ、Ⅲ、Ⅳ 三个级别。

3.6　紧固件

3.6.1　紧固件分类

紧固件分为专用级紧固件和商品级紧固件（本节主要介绍专用级的有关性能）。

① 专用级紧固件　对于专用级紧固件的设计和制造，需要了解用于制造螺栓、螺柱和螺母材料的刚度、化学成分、力学性能、工艺性能以及许用应力。

② 商品级紧固件　不是借助于紧固件所用的材料来规范其力学性能，而是用紧固件所具备的部分力学性能来标记紧固件的性能等级。不同的性能等级的紧固件有不同的力学性能要求。这种规定被称为紧固件的性能等级标定制度。

3.6.2　紧固件材料

螺柱、螺母用钢的组合见表 3-12。

表 3-12　螺柱、螺母用钢的组合

序号	螺柱钢号	螺 母 用 钢			
		钢　号	钢材标准	使用状态	使用温度范围/℃
1	Q235-A	Q215-A,Q235-A	GB 700	热轧	>-20~300
2	35	Q235-A	GB 700	热轧	>-20~300
		20,25	GB 699	正火	>-20~350
3	40MnB	35,40Mn,45	GB 699	正火	>-20~400
4	40MnVB	35,40Mn,45	GB 699	正火	>-20~400
5	40Cr	35,40Mn,45	GB 699	正火	>-20~400
6	30CrMoA	40Mn,45	GB 699	正火	>-20~400
		30CrMoA	GB 3077	调质	>-100~500
7	35CrMoA	40Mn,45	GB 699	正火	>-20~400
		30CrMoA,35CrMoA	GB 3077	调质	-100~500
8	35CrMoVA	35CrMoA,35CrMoVA	GB 3077	调质	>-20~425
9	25Cr2MoVA	30CrMoA,35CrMoA	GB 3077	调质	>-20~500
		25Cr2MoVA	GB 3077	调质	>-20~550
10	40CrNiMoA	35CrMoA,40CrNiMoA	GB 3077	调质	-70~350
11	1Cr5Mo	1Cr5Mo	GB 1221	调质	>-20~600
12	2Cr13	1Cr13,2Cr13	GB 1220	调质	>-20~400
13	0Cr18Ni9	1Cr13	GB 1220	退火	>-20~600
		0Cr18Ni9	GB 1220	固溶	-253~700
14	0Cr18Ni10Ti	0Cr18Ni10Ti	GB 1220	固溶	-196~700
15	0Cr17Ni2Mo2	0Cr17Ni12Mo2	GB 1220	固溶	-253~700

3.7　许用应力

钢板、钢管、锻件和螺柱的许用应力见表 3-13～表 3-20。

表 3-13　碳素钢和低合金钢钢板许用应力

钢号	钢板标准	使用状态	厚度/mm	R_m/MPa	R_{eL}/MPa	≤20	100	150	200	250	300	350	400	425	450	475	500	525	550	575	600
										在下列温度（℃）下的许用应力/MPa											
Q245	GB 713	热轧、控轧、正火	3~16	400	245	148	147	140	131	117	108	98	91	85	61	41					
			>16~36	400	235	148	140	133	124	111	102	93	86	84	61	41					
			>36~60	400	225	148	133	127	119	107	98	89	82	80	61	41					
			>60~100	390	205	137	123	117	109	98	90	82	75	73	61	41					
			>100~150	380	185	123	112	107	100	90	80	73	70	67	61	41					
Q345R	GB 713	热轧、控轧、正火	3~16	510	345	189	189	189	183	167	153	143	125	93	66	43					
			>16~36	500	325	185	185	183	170	157	143	133	125	93	66	43					
			>36~60	490	315	181	181	173	160	147	133	123	117	93	66	43					
			>60~100	490	305	181	181	167	150	137	123	117	110	93	66	43					
			>100~150	480	285	178	173	160	147	133	120	113	107	93	66	43					
			>150~200	470	265	174	163	153	143	130	117	110	103	93	66	43					
Q370R	GB 713	正火	10~16	530	370	196	196	196	196	190	180	170									
			>16~36	530	360	196	196	196	193	183	173	163									
			>36~60	520	340	193	193	193	180	170	160	150									
18MnMoNbR	GB 713	正火加回火	30~60	570	400	211	211	211	211	211	211	211	207	195	177	117					
			>60~100	570	390	211	211	211	211	211	211	211	203	192	177	117					
16MnDR	GB 3531	正火，正火加回火	6~16	490	315	181	181	180	167	153	140	130									
			>16~36	470	295	174	174	167	157	143	130	120									
			>36~60	460	285	170	170	160	150	137	123	117									
			>60~100	450	275	167	167	157	147	133	120	113									
			>100~120	440	265	163	163	153	143	130	117	110									
09MnNiDR	GB 3531	正火，正火加回火	6~16	440	300	163	163	163	163	163	157	147									
			>16~36	440	280	163	163	163	160	153	147	137									
			>36~60	430	270	159	159	159	153	147	140	130									
			>60~120	420	260	156	156	156	150	143	137	127									
08Ni3DR	—	正火，正火加回火，	6~60	490	320	181	181														
			>60~100	480	300	178	178														
06Ni9DR	—	调质	5~30	680	575	252	252														
			>30~40	680	565	252	252														

表 3-14 高合金钢钢板许用应力

钢号	钢板标准	厚度/mm	在下列温度（℃）下的许用应力/MPa																				
			≤20	100	150	200	250	300	350	400	450	500	525	550	575	600	625	650	675	700	725	750	775	800
S11306	GB 24511	1.5~25	137	126	123	120	119	117	112	109														
S11348	GB 24511	1.5~25	113	104	101	100	99	97	95	90														
S30408	GB 24511	1.5~80	①137	137	137	130	122	114	111	107	103	100	98	91	79	64	52	42	32	27				
			137	114	103	96	90	85	82	79	76	74	73	71	67	62	52	42	32	27				
S30403	GB 24511	1.5~80	①120	120	118	110	103	98	94	91	88													
			120	98	87	81	76	73	69	67	65													
S30409	GB 24511	1.5~80	①137	137	137	130	122	114	111	107	103	100	98	91	79	64	52	42	32	27				
			137	114	103	96	90	85	82	79	76	74	73	71	67	62	52	42	32	27				
S31008	GB 24511	1.5~80	①137	137	137	137	134	130	125	122	119	115	113	105	84	61	43	31	23	19	15	12	10	8
			137	137	111	105	99	96	93	90	88	85	84	83	81	61	43	31	23	19	15	12	10	8
S31608	GB 24511	1.5~80	①137	137	137	134	125	118	113	111	109	107	106	105	96	81	65	50	38	30				
			137	117	107	99	93	87	84	82	81	79	78	78	76	73	65	50	38	30				
S31603	GB 24511	1.5~80	①120	120	117	108	100	95	90	86	84													
			120	98	87	80	74	70	67	64	62													

① 该许用应力仅适用于允许产生微量永久变形的元件，对于法兰或其他有微量永久变形就引起泄漏或故障的场合不能采用。

表 3-15 碳素钢和低合金钢管许用应力

钢号	钢板标准	使用状态	室温强度指标		壁厚/mm	在下列温度（℃）下的许用应力/MPa															
			R_m/MPa	R_{eL}/MPa		≤20	100	150	200	250	300	350	400	425	450	475	500	525	550	575	600
10	GB/T 8163	热轧	335	205	≤8	124	121	115	108	98	89	82	75	70	61	41					
10	GB 9948	正火	335	205	≤16	124	121	115	108	98	89	82	75	70	61	41					
			335	195	>16~30	124	117	111	105	95	85	79	73	67	61	41					
20	GB/T 8163	热轧	410	245	≤8	152	147	140	131	117	108	98	88	83	61	41					
20	GB 9948	正火	410	245	≤16	152	147	140	131	117	108	98	88	83	61	41					
			410	235	>16~30	152	140	133	124	111	102	93	83	78	61	41					

续表

钢号	钢板标准	使用状态	壁厚/mm	室温强度指标		在下列温度（℃）下的许用应力/MPa															
				R_m/MPa	R_{eL}/MPa	≤20	100	150	200	250	300	350	400	425	450	475	500	525	550	575	600
12CrMo	GB 9948	正火加回火	≤16	410	205	137	121	115	108	101	95	88	82	80	79	77	74	50			
			>16~30	410	195	130	117	111	105	98	91	85	79	77	75	74	72	50			
15CrMo	GB 9948	正火加回火	≤16	440	235	157	140	131	124	117	108	101	95	93	91	90	88	58	37		
			>16~30	440	225	150	133	124	117	111	103	97	91	89	87	86	85	58	37		
			>30~50	440	215	143	127	117	111	105	97	92	87	85	84	83	81	58	37		
12Cr2Mo1	—	正火加回火	≤30	450	280	167	167	163	157	153	150	147	143	140	137	119	89	61	46	37	

表3-16 高合金钢钢管许用应力

钢号	钢板标准	厚度/mm	在下列温度（℃）下的许用应力/MPa																						
			≤20	100	150	200	250	300	350	400	450	500	525	550	575	600	625	650	675	700	725	750	775	800
0Cr18Ni9 (S30408)	GB 13296	≤14	①137	137	137	130	122	114	111	107	103	100	98	91	79	64	52	42	32	27				
		28	137	114	103	96	90	85	82	79	76	74	73	71	67	62	52	42	32	27				
0Cr18Ni9 (S30408)	GB/T 14976	≤14	①137	137	137	130	122	114	111	107	103	100	98	91	79	64	52	42	32	27				
		28	137	114	103	96	90	85	82	79	76	74	73	71	67	62	52	42	32	27				
00Cr19Ni10 (S30403)	GB 13296	≤14	①117	117	117	110	103	98	94	91	88													
		28	117	97	87	81	76	73	69	67	65													
00Cr19Ni10 (S30403)	GB/T 14976	≤14	①117	117	117	110	103	98	94	91	88													
		28	117	97	87	81	76	73	69	67	65													
0Cr18Ni10Ti (S32168)	GB 13296	≤14	①137	137	137	130	122	114	111	108	105	103	101	83	58	44	33	25	18	13				
		28	137	114	103	96	90	85	82	80	78	76	75	74	58	44	33	25	18	13				
0Cr18Ni10Ti (S32168)	GB/T 14976	≤14	①137	137	137	130	122	114	111	108	105	103	101	83	58	44	33	25	18	13				
		28	137	114	103	96	90	85	82	80	78	76	75	74	58	44	33	25	18	13				
0Cr17Ni12Mo2 (S31608)	GB 13296	≤14	①137	137	137	134	125	118	113	111	109	107	106	105	96	81	65	50	38	30				
		28	137	117	107	99	93	87	84	82	81	79	78	78	76	73	65	50	38	30				
0Cr17Ni12Mo2 (S31608)	GB/T 14976	≤14	①137	137	137	134	125	118	113	111	109	107	106	105	96	81	65	50	38	30				
		28	137	117	107	99	93	87	84	82	81	79	78	78	76	73	65	50	38	30				

① 该许用应力仅适用于允许产生微量永久变形之元件，对于法兰或其他有微量永久变形就引起泄漏或故障的场合不能采用。

表3-17　碳素钢和低合金钢钢锻件许用应力

钢号	钢锻件标准	使用状态	公称厚度/mm	室温强度指标		在下列温度(℃)下的许用应力/MPa															
				R_m/MPa	R_{eL}/MPa	≤20	100	150	200	250	300	350	400	425	450	475	500	525	550	575	600
20	NB/T 47008	正火、正火加回火	≤100	410	235	152	140	133	124	111	102	93	86	84	61	41					
			>100~200	400	225	148	133	127	119	107	98	89	82	80	61	41					
			>200~300	380	205	137	123	117	109	98	90	82	75	73	61	41					
35	NB/T 47008	正火、正火加回火①	≤100	510	265	177	157	150	137	124	115	105	98	85	61	41					
			>100~300	490	245	163	150	143	133	121	111	101	95	85	61	41					
16Mn	NB/T 47008	正火、正火加回火、调质	≤100	480	305	178	178	167	150	137	123	117	110	93	66	43					
			>100~200	470	295	174	174	163	147	133	120	113	107	93	66	43					
			>200~300	450	275	167	167	157	143	130	117	110	103	93	66	43					
20MnMo	NB/T 47008	调质	≤300	530	370	196	196	196	196	196	190	183	173	167	131	84	49				
			>300~500	510	350	189	189	189	189	187	180	173	163	157	131	84	49				
			>500~700	490	330	181	181	181	181	180	173	167	157	150	131	84	49				
20MnMoNb	NB/T 47008	调质	≤300	620	470	230	230	230	230	230	230	230	230	230	177	117					
			>300~500	610	460	226	226	226	226	226	226	226	226	226	177	117					
20MnNiMo	NB/T 47008	调质①	≤300	620	450	230	230	230	230	230	230	230	230	230	177	117					
35CrMo	NB/T 47008	调质	≤300	620	440	230	230	230	230	230	230	223	213	197	150	111	79	50	37		
			>300~500	610	430	226	226	226	226	226	226	223	213	197	150	111	79	50	37		
15CrMo	NB/T 47008	正火加回火、调质	≤300	480	280	178	170	160	150	143	133	127	120	117	113	110	88	58			
			>300~500	470	270	174	163	153	143	137	127	120	113	110	107	103	88	58			
12Cr2Mo1	NB/T 47008	正火加回火、调质	≤300	510	310	189	187	180	173	170	167	163	160	157	153	119	89	61	46	37	
			>300~500	500	300	185	183	177	170	167	163	160	157	153	150	119	89	61	46	37	
12Cr1MoV	NB/T 47008	正火加回火、调质	≤300	470	280	174	170	160	153	147	140	133	127	123	120	117	113	82	57	35	
			>300~500	460	270	170	163	153	147	140	133	127	120	117	113	110	107	82	57	35	
16MnD	NB/T 47009	调质	≤100	480	305	178	178	167	150	137	123	117									
			>100~200	470	295	174	174	163	147	133	120	113									
			>200~300	450	275	167	167	157	143	130	117	110									

续表

钢号	钢锻件标准	使用状态	公称厚度/mm	室温强度指标 Rm/MPa	ReL/MPa	≤20	100	150	200	250	300	350	400	425	450	475	500	525	550	575	600
20MnMoD	NB/T 47009	调质	≤300	530	370	196	196	196	196	196	190	183									
			>300~500	510	350	189	189	189	189	187	180	173									
			>500~700	490	330	181	181	181	181	180	173	167									

① 该钢锻件不得用于焊接结构。

表3-18 高合金钢钢锻件许用应力

钢号	钢锻件标准	公称厚度/mm	在下列温度（℃）下的许用应力/MPa																					
			≤20	100	150	200	250	300	350	400	450	500	525	550	575	600	625	650	675	700	725	750	775	800
S11306	NB/T 47010	≤150	137	126	123	120	119	117	112	109														
S30408	NB/T 47010	≤300	①137	137	137	130	122	117	111	107	103	100	98	91	79	64	52	42	32	27				
			137	114	103	96	90	85	82	79	76	74	73	71	67	62	52	42	32	27				
S30403	NB/T 47010	≤300	①117	117	117	110	103	98	94	91	88													
			117	98	87	81	76	73	69	67	65													
S30409	NB/T 47010	≤300	①137	137	137	130	122	114	111	107	103	100	98	91	79	64	52	42	32	27				
			137	114	103	96	90	85	82	79	76	74	73	71	67	62	52	42	32	27				
S31008	NB/T 47010	≤300	①137	137	137	137	134	130	125	122	119	115	113	105	84	61	43	31	23	19	15	12	10	8
			137	121	111	105	99	96	93	90	88	85	84	83	81	61	43	31	23	19	15	12	10	8
S31608	NB/T 47010	≤300	①137	137	137	134	125	118	113	111	109	107	106	105	96	81	65	50	38	30				
			137	117	107	99	93	87	84	82	81	79	78	78	76	73	65	50	38	30				
S31603	NB/T 47010	≤300	117	98	87	80	74	70	67	64	62													
S31668	NB/T 47010	≤300	①137	137	137	134	125	118	113	111	109	107												
			137	117	107	99	93	87	84	82	81	79												
S31703	NB/T 47010	≤300	①130	130	130	130	125	118	113	111	109													
			130	117	107	99	93	87	84	82	81													

① 该许用应力仅适用于允许产生微量永久变形之元件，对于法兰或其他有微量永久变形就引起泄漏或故障的场合不能采用。

表 3-19　碳素钢和低合金钢螺柱许用应力

钢号	钢棒标准	使用状态	螺柱规格/mm	室温强度指标		在下列温度下（℃）下的许用应力/MPa														
				R_m/MPa	R_{eL}/MPa	≤20	100	150	200	250	300	350	400	425	450	475	500	525	550	575	600
20	GB/T 699	正火	≤M22	410	245	91	81	78	73	65	60	54									
20	GB/T 699	正火	M24~M27	400	235	94	84	80	74	67	61	56									
35	GB/T 699	正火	≤M22	530	315	117	105	98	91	82	74	69									
35	GB/T 699	正火	M24~M27	510	295	118	106	100	92	84	76	70									
40MnB	GB/T 3077	调质	≤M22	805	685	196	176	171	165	162	154	143	126								
40MnB	GB/T 3077	调质	M24~M36	765	635	212	189	183	180	176	167	154	137								
40MnVB	GB/T 3077	调质	≤M22	835	735	210	190	185	179	176	168	157	140								
40MnVB	GB/T 3077	调质	M24~M36	9805	685	228	206	199	196	193	183	170	154								
40Cr	GB/T 3077	调质	≤M22	805	685	196	176	171	165	162	157	148	134								
40Cr	GB/T 3077	调质	M24~M36	765	635	212	189	183	180	176	170	160	147								
30CrMoA	GB/T 3077	调质	≤M22	700	550	157	141	137	134	131	129	124	116	111	107	103	79				
30CrMoA	GB/T 3077	调质	M24~M48	660	500	167	150	145	142	140	137	132	123	118	113	108	79				
30CrMoA	GB/T 3077	调质	M52~M56	660	500	185	167	161	157	156	152	146	137	131	126	111	79				

表 3-20　高合金钢螺柱许用应力

钢号	钢棒标准	使用状态	螺柱规格/mm	室温强度指标		在下列温度（℃）下的许用应力/MPa														
				R_m/MPa	$R_{p0.2}$/MPa	≤20	100	150	200	250	300	350	400	450	500	550	600	650	700	750	800
S42020（2Cr13）	GB/T 1220	调质	≤M22	640	440	126	117	111	106	103	100	97	91								
S42020（2Cr13）	GB/T 1220	调质	M24~M27	640	440	147	137	130	123	120	117	113	107								
S30408	GB/T 1220	固溶	≤M22	520	205	128	107	97	90	84	79	77	74	71	69	66	58	42	27	12	8
S30408	GB/T 1220	固溶	M24~M48	520	205	137	114	103	96	90	85	82	79	76	74	71	62	42	27	12	8
S31008	GB/T 1220	固溶	≤M22	520	205	128	113	104	98	93	90	87	84	83	80	78	61	31	19		
S31008	GB/T 1220	固溶	M24~M48	520	205	137	121	111	105	99	96	93	90	88	85	83	61	31	19		
S31608	GB/T 1220	固溶	≤M22	520	205	128	109	101	93	87	82	79	77	76	75	73	68	50	30		
S31608	GB/T 1220	固溶	M24~M48	520	205	137	117	107	99	93	87	84	82	81	79	78	73	50	30		
S32168	GB/T 1220	固溶	≤M22	520	205	128	107	97	90	84	79	77	75	73	71	69	44	25	13		
S32168	GB/T 1220	固溶	M24~M48	520	205	137	114	103	96	90	85	82	80	78	76	74	44	25	13		

注：括号中为旧钢号。

3.8 高合金钢钢板近似对照

高合金钢钢板近似对照见表 3-21。

表 3-21 高合金钢钢板的钢号近似对照

序号	GB 24511—2009		GB/T 4237—1992	ASME(2007)SA240	
	统一数字代号	新牌号	旧牌号	UNS代号	型号
1	S11306	06Cr13	0Cr13	S41008	410S
2	S11348	06Cr13A1	0Cr13A1	S40500	405
3	S11972	019Cr19Mo2NbTi	00Cr18Mo2	S44400	444
4	S30408	06Cr19Ni10	0Cr18Ni9	S30400	304
5	S30403	022Cr19Ni10	00Cr19Ni10	S30403	304L
6	S30409	07Cr19Ni10	—	S30409	304H
7	S31008	06Cr25Ni20	0Cr25Ni20	S31008	310S
8	S31608	06Cr17Ni12Mo2	0Cr17Ni12Mo2	S31600	316
9	S31603	022Cr17Ni12Mo2	00Cr17Ni14Mo2	S31603	316L
10	S31668	06Cr17Ni12Mo2Ti	0Cr18Ni12Mo2Ti	S31635	316Ti
11	S31708	06Cr19Ni13Mo3	0Cr19Ni13Mo3	S31700	317
12	S31703	022Cr19Ni13Mo3	00Cr19Ni13Mo3	S31703	317L
13	S32168	06Cr18Ni11Ti	0Cr18Ni10Ti	S32100	321
14	S39042	015Cr21Ni26Mo5Cu2	—	N08904	904L
15	S21953	022Cr19Ni5Mo3Si2N	00Cr18Ni5Mo3Si2	—	—
16	S22253	022Cr22Ni5Mo3N		S31803	—
17	S22053	022Cr23Ni5Mo3N		S32205	2205

4 结构设计与焊接

4.1 过程设备的结构特点

过程设备的种类繁多，按其使用功能分为储存设备、换热设备、塔设备和反应设备四种类型。而这些设备是典型的由容器（板、壳组合而成的焊接结构）与其内件共同组合成的结构。从形体上分析，设备的壳体多由回转体组成，如圆柱壳、球壳（球形封头）、椭圆形封头、碟形封头、圆锥形封头、球冠形封头、锥形封头和膨胀节等。板包括平盖（或平封头）、环形板、法兰、管板等。再加上密封元件、支座、安全附件、人（手）孔、接管等就构成了一台完整的压力容器。

设备上的开孔和接管较多。为满足化工工艺要求（如进出物料、仪表接口、必要的放空、导流口），在设备的壳体和封头上，往往设有较多的开孔和管口，以备安装各种零部件和连接接管。

大多数采用焊接结构。绝大多数过程设备都是承压设备（内压或外压），除力学上有严格要求外，还有严格的气密性要求，焊接结构是满足这两者的最理想的结构，另外。焊接结构生产效率高，成本低，因此过程设备各部分的连接大多采用焊接结构。

过程设备应广泛采用标准化、通用化、系列化的零部件。因为过程设备上的一些零部件具有通用性。所以，大都由有关部门制订了标准和尺寸系列。如设备的简体、封头、人孔、法兰、液面计等，都有相应的尺寸系列标准或其他相关的标准。

进行过程设备结构设计时，应严格遵循国家、行业的有关标准、规范、规定等，否则将造成严重的技术性错误而导致设计失败。过程设备进行结构设计时应遵循的规范有 GB 150《压力容器》、HG 20583《钢制化工容器结构设计规定》及已有专门标准的各类容器的特殊规范，如 GB 151 等。

4.2 简体、封头及其连接

4.2.1 简体

简体按其结构可分为单层式和组合式两类（图 4-1）。

图 4-1 简体的分类

筒体或夹套通常采用钢板卷焊而成，直径较小（一般小于 1000mm）时一般采用无缝钢管，其公称直径应符合 GB/T 9019—2001 标准规定。压力容器公称直径以容器圆筒直径表示，分两个系列——内径为基准和外径为基准，分别如表 4-1 和表 4-2 所示。

表 4-1　以内径为基准的压力容器公称直径　　　　　　　　　　　mm

300	350	400	450	500	550	600	650	700	750
800	850	900	950	1000	1100	1200	1300	1400	1500
1600	1700	1800	1900	2000	2100	2200	2300	2400	2500
2600	2700	2800	2900	3000	3100	3200	3300	3400	3500
3600	3700	3800	3900	4000	4100	4200	4300	4400	4500
4600	4700	4800	4900	5000	5100	5200	5300	5400	5500
5600	5700	5800	5900	6000	—	—	—	—	—

注：本标准并不限制直径在 6000mm 以上的圆筒的使用。

表 4-2　以外径为基准的压力容器公称直径　　　　　　　　　　　mm

159	219	273	325	377	426

例 4-1　外径 159mm 的管子做筒体的压力容器公称直径：

公称直径 DN159　GB/T 9019—2001

确定筒体直径时应考虑如下因素：

ⅰ. 工艺过程对筒体直径的要求；

ⅱ. 在满足容积要求的前提下，尽量选择比较适宜的长径比，以降低制造成本、减少布置空间；

ⅲ. 尽量选择标准直径，以便采用标准封头、标准法兰；

ⅳ. 满足设备的内件安装、方便制造、检验和运输等方面的要求。

4.2.2　封头

钢制压力容器用封头主要有凸形封头和平板封头两种。凸形封头有半球形封头、椭圆形封头、碟形封头、球冠形封头、锥形封头。由于它们具有自身的特点，所以均在容器设计中得到较多的应用。就其受力状态而言，半球形最好，其次为椭圆形、碟形、锥形，平板最差；从制造难易程度而言，平板最容易，其次为锥形、碟形、椭圆形、半球形；锥形封头虽然受力状态不佳，但有利于物料的均匀分布和排料；因此，设计时应根据各种因素综合进行考虑。JB/T 4746—2002 标准给出了常用标准凸形封头，如表 4-3 所示。

表 4-3　常用标准凸形封头

名称	断面形状	类型代号	型式参数关系
椭圆形封头 以内径为基准		EHA	$\dfrac{D_i}{2(H-h)}=2$ $DN=D_i$
以外径为基准		EHB	$\dfrac{D_o}{2(H-h)}=2$ $DN=D_o$

续表

名称	断面形状	类型代号	型式参数关系
碟形封头	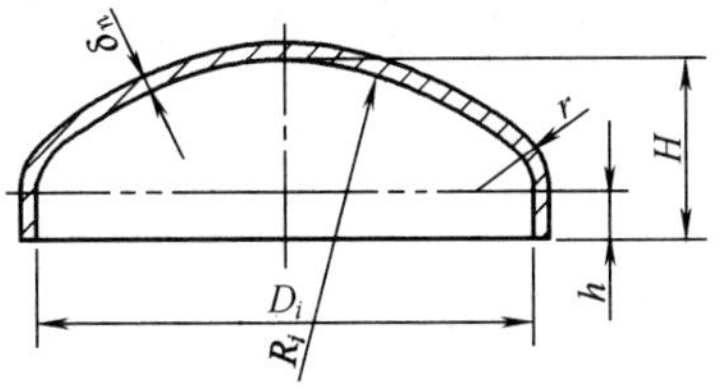	DHA	$R_i = 1.0D_i$ $r = 0.15D_i$ $DN = D_i$
		DHB	$R_i = 1.0D_i$ $r = 0.10D_i$ $DN = D_i$
折边锥形封头	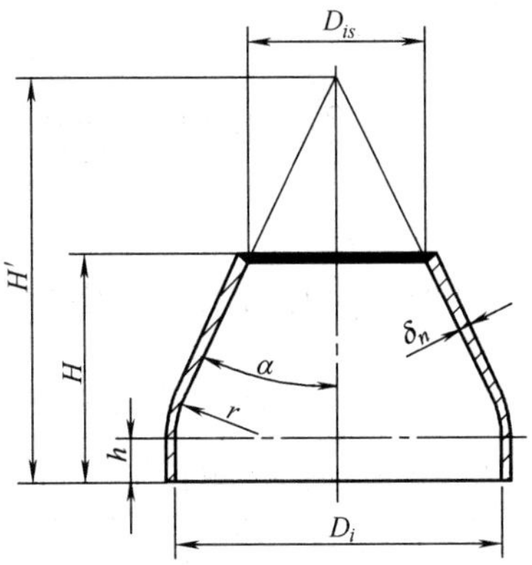	CHA	$r = 0.15D_i$ $\alpha = 30°$ $DN = D_i$
		CHB	$r = 0.15D_i$ $\alpha = 45°$ $DN = D_i$
	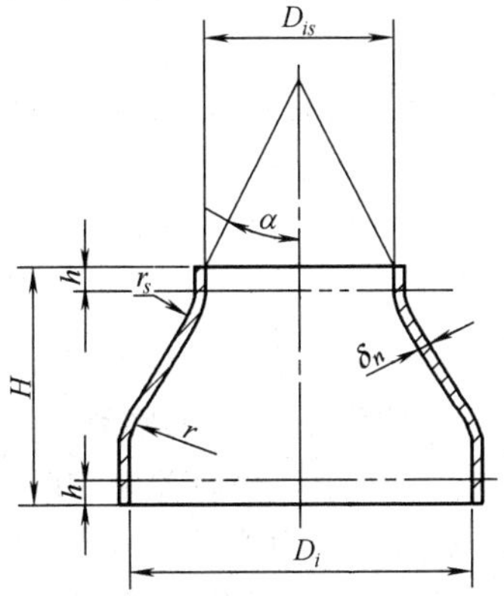	CHC	$r = 0.15D_i$ $\alpha = 60°$ $r_s = 0.10D_{is}$ $DN = D_i$
球冠形封头	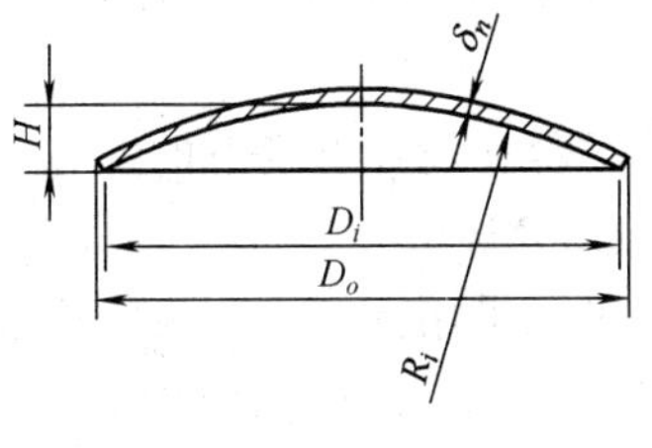	PSH	$R_i = 1.0D_i$ $DN = D_o$

59

封头的名称、断面形状、类型代号及型式参数关系见表 4-3。

封头标记按如下规定：

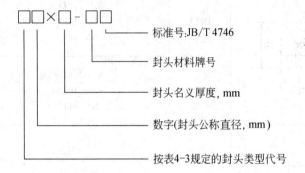

标准号:JB/T 4746

封头材料牌号

封头名义厚度,mm

数字(封头公称直径,mm)

按表4-3规定的封头类型代号

例 4-2　公称直径 2400mm、名义厚度 20mm，$R_i = 1.0D_i$、$r = 0.15D_i$、材质为 0Cr18Ni9 的碟形封头标记如下：

DHA 2400×20-0Cr18Ni9　JB/T 4746

例 4-3　公称直径 325mm、名义厚度 12mm、材质为 Q235R，以外径为基准的椭圆形封头标记如下：

EHB 325×12-16MnR　JB/T 4746

注：半球形封头和平板封头无标准号，设计时需要提供相关的图纸资料。

4.2.3　筒体与封头的连接

受压的球冠形封头、无折边锥形封头与筒体或法兰的连接角焊缝，必须采用全焊透结构。当碟形封头与筒体或法兰连接时，角焊缝的边缘至封头切线间的距离应大于等于 2 倍封头的壁厚，且不小于 12mm，如果标准封头不能满足此要求时，可采取如下措施。

ⅰ. 增加直边高度，但最大不得大于标准封头直边高度的 1.5 倍（非标准的直边高度值在设计图样及其明细表中应注明）；

ⅱ. 封头与法兰之间增加短节。

4.3　容器法兰、垫片和螺栓

无密闭要求的常压容器，可采用角钢作法兰。角钢法兰上的螺栓个数一般应是 4 的倍数。中低压压力容器法兰应按 JB 4700～4707 标准选用，该标准适用于公称压力 0.25～6.40MPa，工作温度−70～450℃的碳钢、低合金钢制压力容器法兰。对于压力容器法兰，国内均是以 16Mn 钢板、200℃工作温度为基准，当采用其他钢板或锻件和工作温度时，最大允许操作压力将发生改变。

选择并确定容器法兰的压力等级时应考虑材料的类别和介质的性质及其操作条件，主要考虑：

ⅰ. 选用容器法兰的压力等级应不低于法兰材料在设计温度下的允许工作压力；

ⅱ. 真空容器法兰的压力等级一般不应小于 0.6MPa；

ⅲ. 当操作介质为易燃、易爆或有毒时应尽可能采用高一个等级的法兰；

ⅳ. 采用凹凸面或榫槽面容器法兰时，立式容器法兰的凹面或槽面必须向上，卧式容器法兰的凹面或槽面应位于筒体上。

4.3.1　容器法兰的分类及参数

容器法兰的分类及参数见表4-4。

表4-4　容器法兰的分类及参数

类型	平焊法兰										对焊法兰					
	甲型				乙型						长颈					
标准号	JB/T 4701				JB/T 4702						JB/T 4703					
简图																
公称压力 PN/MPa　公称直径 DN/mm	0.25	0.60	1.00	1.60	0.25	0.60	1.00	1.60	2.50	4.00	0.60	1.00	1.60	2.50	4.00	6.40
300	按 PN=1.00															
350																
400																
450	按 PN=0.60				—											
500																
550					—											
600																
650											—					
700																
800																
900					—											
1000																
1100																
1200																
1300				—												
1400																
1500														—		
1600																
1700	—								—							
1800																
1900																
2000								—								
2200	—			按 PN=0.60			—									
2400																
2600						—										
2800																
3000																

4.3.2 法兰、垫片、螺柱、螺母材料匹配

法兰、垫片、螺柱、螺母材料匹配见表4-5。

表4-5 法兰、垫片、螺柱、螺母材料匹配

法兰类型	垫片种类	垫片适用温度范围/℃	匹配	法兰材料	法兰适用温度范围/℃	匹配	螺柱材料	螺母材料	适用温度范围/℃
甲型法兰	非金属软垫片	GB/T 539 耐油石棉橡胶板 >-20~200	可选配右列法兰材料	板材 GB/T 3274 Q235-A、B、C	0~350	可选配右列螺柱、螺母材料	GB/T 700 Q235-A	GB/T 700 Q235-A	>-20~300
				板材 GB 6654 20R 16MnR	-20~450		GB/T 699 35	Q235-A	>-20~300
		GB/T 3985 石棉橡胶板 >-20~350						GB/T 699 25	>-20~350
乙型法兰与长颈法兰	非金属软垫片	GB/T 539 耐油石棉橡胶板 >-20~200	可选配右列法兰材料	板材 GB/T 3274 Q235-A、B、C	0~350	按 JB/T 4700—2000 标准中表3选定右列螺柱材料后选定螺母材料	35	Q235-A	>-20~300
				GB 6654 20R 16MnR	-20~450			25	>-20~350
		GB/T 3985 石棉橡胶板 >-20~350		锻件 JB 4726 20 16Mn	-20~450		GB/T 3077 40MnB 40Cr 40MnVB	35 45 40Mn	>-20~400
	缠绕垫片	石棉或石墨填充带 -70~450		板材 GB 6654 20R 16MnR	-20~450	按 JB/T 4700—2000 标准中表4选定右列螺柱材料后选定螺母材料	40MnB 40Cr 40MnVB		
				锻件 JB 4726 20 16Mn	-20~450			45 40Mn	>-20~400
				15CrMo	0~450		GB/T 3077 35CrMoA		
	聚四氟乙烯填充带	-70~260		锻件 JB 4727 16MnD	-40~350	选配右列螺柱、螺母材料		GB/T 3077 30CrMoA 35CrMoA	-70~450
				09MnNiD	-70~350				
	金属包垫片	铜、铝包覆材料 -70~400		锻件 JB 4726 12Cr2Mo1	0~450	按 JB/T 4700—2000 标准中表5选定右列螺柱材料后选定螺母材料	40MnVB	35、45 40Mn	>-20~400
							35CrMoA	45、40Mn	>-20~400
								30CrMoA 35CrMoA	-70~450
							GB/T 3077 25Cr2MoVA	30CrMoA 25Cr2MoVA	>-20~450
	低碳钢、不锈钢包覆材料	-70~450		锻件 JB 4726 20MnMo	0~450	PN≥2.5	25Cr2MoVA	30CrMoA 25Cr2MoVA	>-20~450
						PN<2.5	35CrMoA	30CrMoA	-70~450

注:1. 乙型法兰材料按表列板材及锻件选用,但不宜采用Cr-Mo钢制作,相匹配的螺柱、螺母材料按表列规定。

2. 长颈法兰材料按表列锻件选用,相匹配的螺柱、螺母材料按表列规定。

4.3.3 甲型、乙型法兰适用材料及最大容许工作压力

甲型、乙型法兰适用材料及最大容许工作压力见表4-6。

表 4-6 甲型、乙型法兰适用材料及最大容许工作压力

公称压力 PN /MPa	法兰材料		工作温度/℃				备 注
			＞－20～200	250	300	350	
0.25	板材	Q235-A、B	0.16	0.15	0.14	0.13	工作温度下限 0℃ 工作温度下限 0℃
		Q235-C	0.18	0.17	0.15	0.14	
		20R	0.19	0.17	0.15	0.14	
		16MnR	0.25	0.24	0.21	0.20	
	锻件	20	0.19	0.17	0.15	0.14	
		16Mn	0.26	0.24	0.22	0.21	
		20MnMo	0.27	0.27	0.26	0.25	
0.60	板材	Q235-A、B	0.40	0.36	0.33	0.30	工作温度下限 0℃ 工作温度下限 0℃
		Q235-C	0.44	0.40	0.37	0.33	
		20R	0.45	0.40	0.36	0.34	
		16MnR	0.60	0.57	0.51	0.49	
	锻件	20	0.45	0.40	0.36	0.34	
		16Mn	0.61	0.59	0.53	0.50	
		20MnMo	0.65	0.64	0.63	0.60	
1.00	板材	Q235-A、B	0.66	0.61	0.55	0.50	工作温度下限 0℃ 工作温度下限 0℃
		Q235-C	0.73	0.67	0.61	0.55	
		20R	0.74	0.67	0.60	0.56	
		16MnR	1.00	0.95	0.86	0.82	
	锻件	20	0.74	0.67	0.60	0.56	
		16Mn	1.02	0.98	0.88	0.83	
		20MnMo	1.09	1.07	1.05	1.00	
1.60	板材	Q235-B	1.06	0.97	0.89	0.80	工作温度下限 0℃ 工作温度下限 0℃
		Q235-C	1.17	1.08	0.98	0.89	
		20R	1.19	1.08	0.96	0.90	
		16MnR	1.60	1.53	1.37	1.31	
	锻件	20	1.19	1.08	0.96	0.90	
		16Mn	1.64	1.56	1.41	1.33	
		20MnMo	1.74	1.72	1.68	1.60	
2.50	板材	Q235-C	1.83	1.68	1.53	1.38	工作温度下限 0℃ $DN<1400$ $DN≥1400$
		20R	1.86	1.69	1.50	1.40	
		16MnR	2.50	2.39	2.14	2.05	
	锻件	20	1.86	1.69	1.50	1.40	
		16Mn	2.56	2.44	2.20	2.08	
		20MnMo	2.92	2.86	2.82	2.73	
		20MnMo	2.67	2.63	2.59	2.50	
4.00	板材	20R	2.97	2.70	2.39	2.24	$DN<1500$ $DN≥1500$
		16MnR	4.00	3.82	3.42	3.27	
	锻件	20	2.97	2.70	2.39	2.24	
		16Mn	4.09	3.91	3.52	3.33	
		20MnMo	4.64	4.56	4.51	4.36	
		20MnMo	4.27	4.20	4.14	4.00	

4.3.4 长颈对焊法兰适用材料及最大容许工作压力

长颈对焊法兰适用材料及最大容许工作压力见表 4-7。

表 4-7 长颈对焊法兰适用材料及最大容许工作压力

公称压力 PN /MPa	法兰材料（锻件）	工作温度/℃								备注
		−70～<−40	−40～−20	>−20～200	250	300	350	400	450	
0.60	20			0.44	0.40	0.35	0.33	0.30	0.27	
	16Mn			0.60	0.57	0.52	0.49	0.46	0.29	
	20MnMo			0.65	0.64	0.63	0.60	0.57	0.50	
	15CrMo			0.61	0.59	0.55	0.52	0.49	0.46	
	12Cr2Mo1			0.65	0.63	0.60	0.56	0.53	0.50	
	16MnD		0.60	0.60	0.57	0.52	0.49			
	09MnNiD	0.60	0.60	0.60	0.60	0.57	0.53			
1.00	20			0.73	0.66	0.59	0.55	0.50	0.45	
	16Mn			1.00	0.96	0.86	0.81	0.77	0.49	
	20MnMo			1.09	1.07	1.05	1.00	0.94	0.83	
	15CrMo			1.02	0.98	0.91	0.86	0.81	0.77	
	12Cr2Mo1			1.09	1.04	1.00	0.93	0.88	0.83	
	16MnD		1.00	1.00	0.96	0.86	0.81			
	09MnNiD	1.00	1.00	1.00	1.00	0.95	0.88			
1.60	20			1.16	1.05	0.94	0.88	0.81	0.72	
	16Mn			1.60	1.53	1.37	1.30	1.23	0.78	
	20MnMo			1.74	1.72	1.68	1.60	1.51	1.33	
	15CrMo			1.64	1.56	1.46	1.37	1.30	1.23	
	12Cr2Mo1			1.74	1.67	1.60	1.49	1.41	1.33	
	16MnD		1.60	1.60	1.53	1.37	1.30			
	09MnNiD	1.60	1.60	1.60	1.60	1.51	1.41			
2.50	20			1.81	1.65	1.46	1.37	1.26	1.13	
	16Mn			2.50	2.39	2.15	2.04	1.93	1.22	
	20MnMo			2.92	2.86	2.82	2.73	2.58	2.45	DN<1400
	20MnMo			2.67	2.63	2.59	2.50	2.37	2.24	DN≥1400
	15CrMo			2.56	2.44	2.28	2.15	2.04	1.93	
	12Cr2Mo1			2.67	2.61	2.50	2.33	2.20	2.09	
	16MnD		2.50	2.50	2.39	2.15	2.04			
	09MnNiD	2.50	2.50	2.50	2.50	2.37	2.20			
4.00	20			2.90	2.64	2.34	2.19	2.01	1.81	
	16Mn			4.00	3.82	3.44	3.26	3.08	1.96	
	20MnMo			4.64	4.56	4.51	4.36	4.13	3.92	DN<1500
	20MnMo			4.27	4.20	4.14	4.00	3.80	3.59	DN≥1500
	15CrMo			4.09	3.91	3.64	3.44	3.26	3.08	
	12Cr2Mo1			4.26	4.18	4.00	3.73	3.53	3.35	
	16MnD		4.00	4.00	3.82	3.44	3.26			
	09MnNiD	4.00	4.00	4.00	4.00	3.79	3.52			
6.40	20			4.65	4.22	3.75	3.51	3.22	2.89	
	16Mn			6.40	6.12	5.50	5.21	4.93	3.13	
	20MnMo			7.42	7.30	7.22	6.98	6.61	6.27	DN<400
	20MnMo			6.82	6.73	6.63	6.40	6.07	5.75	DN≥400
	15CrMo			6.54	6.26	5.83	5.50	5.21	4.93	
	12Cr2Mo1			6.82	6.68	6.40	5.97	5.64	5.36	
	16MnD		6.40	6.40	6.12	5.50	5.21			
	09MnNiD	6.40	6.40	6.40	6.40	6.06	5.64			

4.3.5　法兰名称及代号

法兰名称及代号见表 4-8。

表 4-8　法兰名称及代号

法兰类型	名称及代号	法兰类型	名称及代号
一般法兰	法兰	衬环法兰	法兰 C

4.3.6　法兰密封面代号

法兰密封面代号见表 4-9。

表 4-9　法兰密封面代号

密封面型式		代号	密封面型式		代号
平面密封面	平密封面	RF	榫槽密封面	榫密封面	T
凹凸密封面	凹密封面	FM		槽密封面	G
	凸密封面	M			

4.3.7　法兰标记

法兰标记由七部分组成，如下图所示：

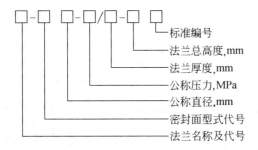

```
□-□ □-□/□-□ □ ── 标准编号
                 ── 法兰总高度,mm
                 ── 法兰厚度,mm
                 ── 公称压力,MPa
                 ── 公称直径,mm
                 ── 密封面型式代号
                 ── 法兰名称及代号
```

当法兰厚度及法兰总高度均采用标准值时，此两部分标记可省略。

为扩充应用标准法兰，允许修改法兰厚度 δ、法兰总高度 H，但必须满足 GB 150 中的法兰强度计算要求。如有修改，两尺寸均应在法兰标记中标明。

4.3.8　标记示例

（1）标准法兰

公称压力 1.6MPa、公称直径 800mm 的衬环榫槽密封面乙型平焊法兰的榫面法兰，且考虑腐蚀裕量为 3mm［即应增加短节厚度（δ_t）2mm，δ_t 改为 18mm］：

标记：法兰 C-T　800-1.60　JB/T 4702—2000，并在图样明细表备注栏中注明 $\delta_t = 18$。

（2）修改尺寸的标准法兰

公称压力 2.5MPa、公称直径 1000mm 的平面密封面长颈对焊法兰，其中法兰厚度改为 78mm，法兰总高度仍为 155mm：

标记：法兰 RF　1000-2.5/78-155　JB/T 4703—2000。

（3）法兰衬环材料由设计者决定。衬环材料应用括号标注在法兰材料后或图样明细表备注栏中，如 16Mn（环 0Cr18Ni9）。

（4）乙型法兰的短节材料应与法兰材料相同。如不相同，其强度级别应不低于法兰材料，且应与法兰材料间有良好的焊接性，并在图样明细栏中注明，标注方法同（3）的规定，如 20R（16MnR）。短节长度允许加长。加长后，法兰厚度 δ 及法兰总高度 H 均在法兰标记中标明。

4.3.9　容器法兰的结构形式

（1）甲型平焊法兰

甲型平焊法兰如图 4-2 所示。

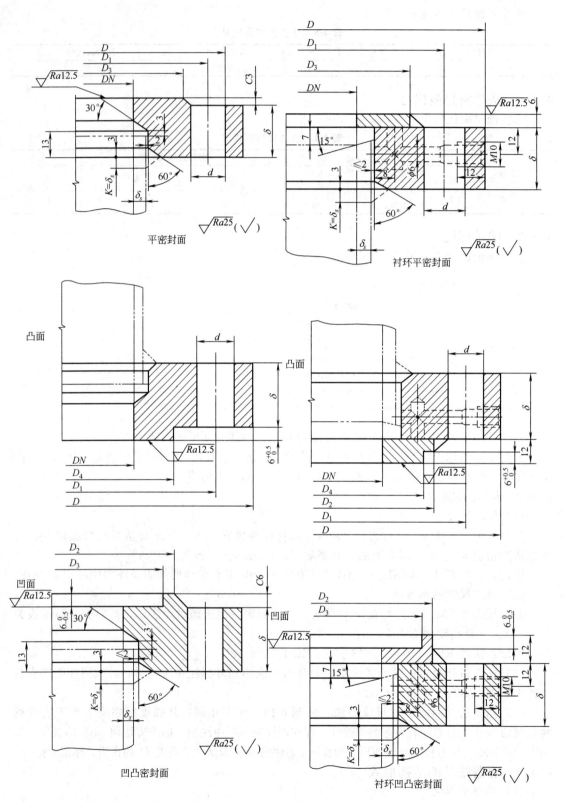

图 4-2 甲型平焊法兰结构

过程设备工程设计概论

平密封面

衬环平密封面

凸面

凸面

凹面

凹面

凹凸密封面

衬环凹凸密封面

66

（2）乙型平焊法兰（带衬环结构略）

乙型平焊法兰如图 4-3 所示。

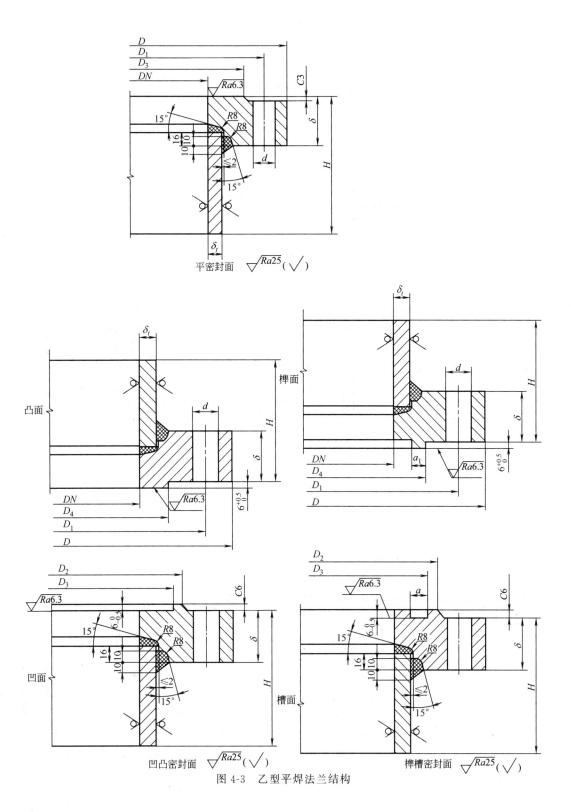

图 4-3 乙型平焊法兰结构

（3）长颈对焊法兰（带衬环结构略）

长颈对焊法兰如图 4-4 所示。

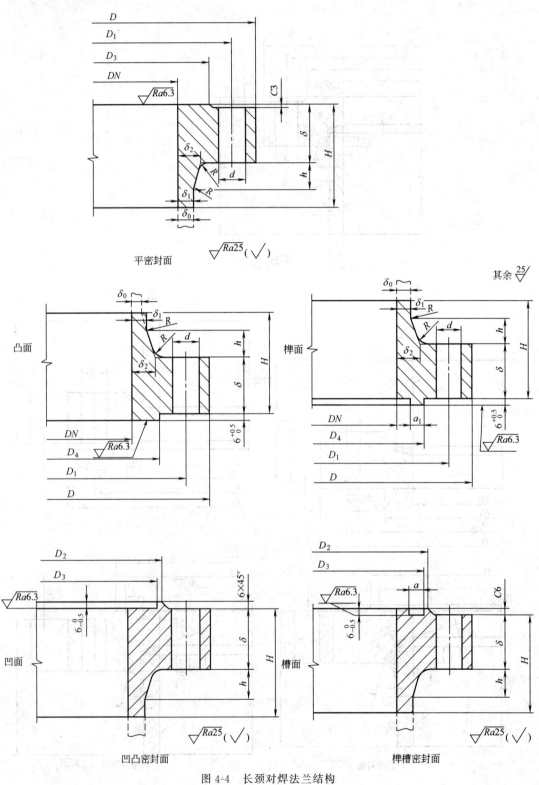

图 4-4　长颈对焊法兰结构

4.3.10 垫片

4.3.10.1 垫片的型式及分类

垫片型式多种多样，按照形状分为圆形、矩形、椭圆形以及压缩机、机动设备上专用垫片的各种形状。按其材料分类，可分为非金属垫片、半金属垫片和金属垫片，具体分类见图4-5。

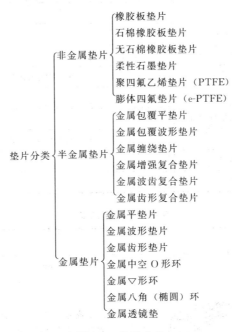

图 4-5 垫片分类

4.3.10.2 垫片的选用

选择垫片的材料和类型时应从被密封介质的物理化学性质、使用压力和温度以及操作时压力、温度的稳定情况综合考虑。常见材料的垫片的适用范围及条件如表4-10～表4-13所示。

表 4-10 常用非金属软（平）垫片

类 型	适 用 条 件		
	最高温度/℃	最大压力/MPa	介 质
纸质垫片	100	0.1	燃料油、润滑油等
软木垫片	120	0.3	油、水、溶剂
天然橡胶	100	1.0	水、海水、空气、惰性气体、盐溶液、中等酸、碱等
丁腈橡胶(NBR)	100	1.0	石油产品、脂、水、盐溶液、空气、中等酸、碱、芳烃等
氯丁橡胶(CR)	100	1.0	水、盐溶液、空气、石油产品、脂、制冷剂、中等酸、碱等
丁苯橡胶(SBR)	100	1.0	水、盐溶液、饱和蒸汽、空气、惰性气体、中等酸、碱等
乙丙橡胶(EPDM)	175	1.0	水、盐溶液、饱和蒸汽、中等酸、碱等
硅橡胶(MQ)	230	1.0	水、脂、酸等
氟橡胶(FKM)	260	1.0	水、石油产品、酸等
石棉橡胶垫片	150	4.8	水、蒸汽、空气、惰性气体、盐溶液、油类、溶剂、中等酸、碱等
聚四氟乙烯垫片	—	—	强酸、碱、水、蒸汽、溶剂、烃类等

类 型	适 用 条 件		
	最高温度/℃	最大压力/MPa	介 质
纯车削板	260(限150)	10.0	
填充板	260	8.3	
膨胀带	260(限200)	9.5	
金属增强	260	17.2	
柔性石墨垫片	650(蒸汽)	5.0	酸(非强氧化性)、碱、蒸汽、溶剂、油类等
	450(氧化性介质)		
	2500(还原性、惰性介质)		
无石棉橡胶垫片		14	视黏结剂(SBR、NBR、CR、EPDM等)而定
有机纤维增强	370(连续205)		
无机纤维增强	425(连续290)		

表 4-11　半金属垫片

类 型	断面形状	使 用 条 件	
		最高温度/℃	最大压力/MPa
金属缠绕垫片		取金属带或非金属填充带材料的使用温度。下列温度是非金属材料使用温度	42(有约束) 21(无约束)
填充PTFE:			
有约束		290	
无约束		150	
填充柔性石墨:			
蒸汽介质		650	
氧化性介质		500	
填充白石棉纸		600	
填充陶瓷(硅酸铝)		1090	
金属包覆垫片			6
内石棉板		400	
内石墨板		500	
金属包覆波形垫片		同上	4

表 4-12 金属缠绕垫片常用金属材料的使用温度

材　　料	最低温度/℃	最高温度/℃	材　　料	最低温度/℃	最高温度/℃
304(0Cr19Ni9)	−195	760	Nickel 200	−195	760
316L(00Cr17Ni14Mo2)	−100	760	Titanium	−195	1090
321(0Cr18Ni11Ti)	−195	760	Incoloy 600	−100	1090
347	−195	925	Incoloy 800	−100	870
碳钢	−40	540	Hastelloy B2	−185	1090
Monel 400	−150	820	Hastelloy C276	−185	1090

表 4-13 金属垫片及使用条件

类　型	断面形状	使用条件 最高温度/℃	使用条件 最大压力/MPa	类　型	断面形状	使用条件 最高温度/℃	使用条件 最大压力/MPa
金属平垫片			50	0Cr23Ni13(309S)		930	
铝		430		金属波形垫片		同上	7
碳钢		540					
铜		320					
镍基合金		1040		金属齿形垫片		同上	15
铅：							
有约束		200					
无约束		100					
蒙乃尔合金：				金属环形密封环 （八角形或椭圆形环）		同上	70
蒸汽工况		430					
其他工况		820					
银		430					
不锈钢：				金属中空 O 形密封环		815	280
0Cr19Ni9(304)		510					
0Cr17Ni12Mo2(316)		680					

4.3.10.3　垫片的标记方法

（1）非金属软垫片标记及标记示例（JB/T 4704—2000）

本标准适用于甲型平焊法兰、乙型平焊法兰和长颈对焊法兰。

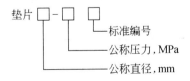

```
垫片 □－□ □
              └── 标准编号
           └── 公称压力，MPa
        └── 公称直径，mm
```

例 4-4　公称直径 1000mm、公称压力 2.50MPa 用非金属软垫片：

垫片 1000-2.50　JB/T 4704—2000

（2）缠绕垫片的代号、标记及标记示例（JB/T 4705—2000）

本标准适用于乙型平焊法兰和长颈对焊法兰。

其代号如表 4-14～表 4-16 所示。

表 4-14 金属带材料和代号

金属带材料	代　号	金属带材料	代　号
08F	1	0Cr13	5
0Cr18Ni9	2	0Cr18Ni10Ti	6
0Cr17Ni12Mo2	3	0Cr18Ni12Mo2Ti	7
00Cr17Ni14Mo2	4	00Cr19Ni10	8

表 4-15 非金属带材料和代号

非金属带材料	代　号
特制石墨	1
柔性石墨	2
聚四氟乙烯	3

表 4-16 垫片型式和代号

垫片型式	代　号
基本型	A
带内加强环	B
带外加强环	C
带内、外加强环	D

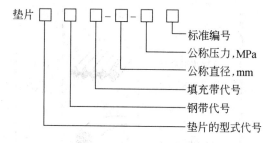

例 4-5 公称直径 1000mm，公称压力 2.50MPa，钢带 0Cr19Ni9，填充带为柔性石墨的带内加强环的缠绕垫片：

垫片 B22-1000-2.50 JB/T 4705

（3）金属包垫片的代号、标记及标记示例（JB/T 4706—2000）

本标准适用于乙型平焊法兰和长颈对焊法兰。

其代号如表 4-17 所示。

表 4-17 金属板材的标准和代号

金属板材	材料标准	代号	金属板材	材料标准	代号
镀锡薄钢板	GB/T 2520	A	1060(铝 2)	GB/T 23880	E
镀锌薄钢板	GB/T 2518	B	0Gr13	GB/T 3280	F
08F	GB/T 710	C	0Gr18Ni9	GB/T 3280	G
铜 T2	GB/T 2040	D	—	—	—

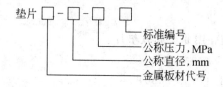

例 4-6　公称直径 1000mm、公称压力 2.50MPa，金属板材为 0Cr19Ni9 的包垫片：

垫片 G-1000-2.50　JB/T 4706—2000

（4）管壳式换热器专用垫片

垫片名称代号如表 4-18 所示。

表 4-18　垫片名称代号

垫片名称	管箱垫片	浮头垫片	管箱侧垫片	外头盖垫片	头盖垫片
代号	G	F	C	W	T

ⅰ. 管箱垫片：管箱法兰与管板或平盖连接处的密封垫片。

ⅱ. 浮头垫片：浮头式换热器的浮头法兰与浮头管板连接处的密封垫片。

ⅲ. 管箱侧垫片：浮头式换热器，U 形管式换热器管板与壳体法兰连接处的密封垫片。

ⅳ. 外头盖垫片：浮头式换热器的外头盖侧法兰与外头盖法兰连接处的密封垫片。

ⅴ. 头盖垫片：固定管板式换热器的头盖与管板连接处的密封垫片。

垫片所在的位置见图 4-6。

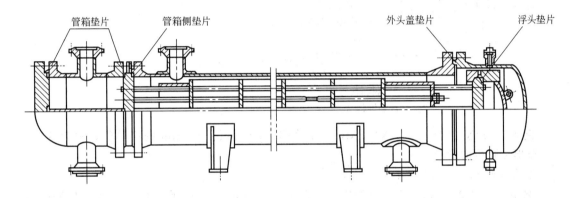

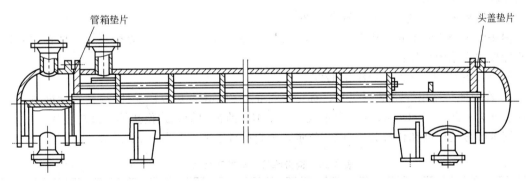

图 4-6　垫片的位置图

管箱侧垫片、浮头垫片及头盖垫片应标注管程数（本标准只有 1、2、4、6 管程）。

6 管程换热器的管箱垫片、浮头垫片及头盖垫片还应标注换热管规格。换热管规格代号为：

A 表示外径×壁厚为 $\phi 19mm \times 2mm$ 的无缝钢管；

B 表示外径×壁厚为 $\phi 25mm \times 2.5mm$ 的无缝钢管。

① 管程换热器用非金属垫片代号、标记及标记示例（JB/T 4720—1992）　本标准适用

于设计温度为 $-20\sim350℃$，设计压力不大于 $4.0MPa$ 的钢制管壳式换热器用非金属垫片。

其代号如表 4-19 所示。

表 4-19　垫片材料代号

垫 片 材 料	材料标准	代　号	使用温度/℃
XB200 石棉橡胶板	GB 3985	1	$>-20\sim150$
XB350 石棉橡胶板	GB 3985	2	$>-20\sim250$
XB450 石棉橡胶板	GB 3985	3	$>-20\sim350$
耐油石棉橡胶板	GB 539	4	$>-20\sim200$
400 耐油石棉橡胶板	JC 203	5	$>-20\sim350$
石棉板	建标 11	6	$>-20\sim350$
聚四氟乙烯板	ZBG 33002	7	$>-20\sim200$
其他	相应标准	8	按图样或合同要求

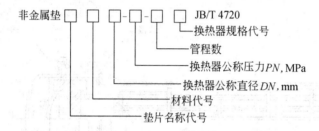

例 4-7　$DN1100mm$，$PN2.5MPa$，4 管程，$\phi25mm\times2.5mm$ 的换热管，材料为 XB 350 石棉橡胶板的管箱垫片：

非金属垫 G2-1100-2.5-4　JB/T 4720

例 4-8　$DN900mm$，$PN1.6MPa$，6 管程，$\phi19mm\times2mm$ 的换热管，材料为 XB 450 石棉橡胶板的浮头垫片：

非金属垫 F3-900-1.6-6A　JB/T 4720

例 4-9　$DN1000mm$，$PN2.5MPa$，6 管程，$\phi25mm\times2.5mm$ 的换热管，材料为聚四氟乙烯板的管箱侧垫片：

非金属垫 C7-1000-2.5　JB/T 4720

② 管程换热器用缠绕垫片代号、标记及标记示例（JB/T 4719—1992）　本标准适用于设计温度为 $-20\sim450℃$，设计压力不大于 $6.4MPa$ 的钢制管壳式换热器用缠绕垫片。

钢带牌号的标准和代号如表 4-20 所示，填料的标准和代号如 4-21 所示。

表 4-20　钢带牌号的标准和代号

金属带材料	钢带标准	代　号	硬度 HB(最大值)
0Cr19Ni9	GB 4329	1	
0Cr18Ni11Ti	GB 4329	2	
00Cr19Ni11	GB 4329	3	187
00Cr17Ni14Mo2	GB 4329	4	
08F	GB 3526	5	90
其他	相应标准	6	—

表 4-21　填料的标准和代号

填　料	填料标准	代　号	使用温度/℃
石棉	建标 11	1	＞－20～450
聚四氟乙烯	ZBG 33005	2	＞－20～260
柔性石墨	ZBJ 22019	3	＞－20～450
其他	相应标准	4	按图样或合同要求

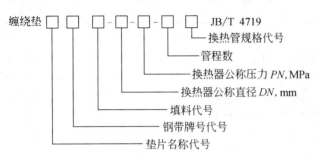

例 4-10　$DN800mm$，$PN2.5MPa$，4 管程，$\phi25mm \times 2.5mm$ 的换热管，钢带为 0Cr19Ni9，填料为石棉的管箱垫片：

缠绕垫 G11-800-2.5-4　JB/T 4719

例 4-11　$DN1000mm$，$PN4.0MPa$，6 管程，$\phi19mm \times 2mm$ 的换热管，钢带为 00Cr17Ni14Mo2，填料为聚四氟乙烯的浮头垫片：

缠绕垫 F42-1000-4.0-6A　JB/T 4719

例 4-12　$DN900mm$，$PN1.6MPa$，6 管程，$\phi19mm \times 2mm$ 的换热管，钢带为 0Cr19Ni9，填料为柔性石墨的外头盖垫片：

缠绕垫 WI3-900-1.6　JB/T 4719

例 4-13　$DN1100mm$，$PN6.4MPa$，4 管程，$\phi19mm \times 2mm$ 的换热管，钢带为 1Cr19Ni9，填料为柔性石墨的管箱垫片：

缠绕垫 G63-1100-6.4-4　1Cr19Ni9　JB/T 4719

③ 管程换热器用金属包垫片代号、标记及标记示例（JB/T 4718—1992）　其代号如表 4-22，表 4-23 所示。

表 4-22　金属材料的标准和代号

金属材料	材料标准	代　号	硬度 HB(最大值)
L2	GB 3880	1	40
08F	GB 710	2	90
镀锌薄钢板	GB 2518	3	90
0Cr13	GB 3280	4	183
0Cr19Ni9	GB 3280	5	
0Cr18Ni11Ti	GB 3280	6	187
00Cr17Ni14Mo2	GB 3280	7	
其他	相应标准	8	

表 4-23 填料的标准和代号

填 料	填料标准	代号	使用温度/℃
石棉板	建标 11	1	>－20～400
石棉橡胶板	GB 3985	2	>－20～400
耐油石棉橡胶板	GB 539	3	>20～350
柔性石墨	ZBJ 22019	4	>－20～450
普通硅酸铝耐火纤维毡	GB 3003	5	>－20～450
其他	相应标准	6	按图样或合同要求

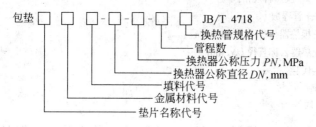

例 4-14 $DN800mm$，$PN2.5MPa$，4 管程 $\phi25mm\times2.5mm$ 的换热管，金属材料为 0Cr19Ni9，填料为石棉橡胶板的管箱垫片：

包垫 G52-800-2.5-4　JB/T 4718

例 4-15 $DN1000mm$，$PN4.0MPa$，6 管程，$\phi19mm\times2mm$ 的换热管，金属材料为 0Cr19Ni11Ti，填料为石棉板的浮头垫片：

包垫 F61-1000-4.0-6A　JB/T 4718

例 4-16 $DN1100mm$，$PN1.6MPa$，6 管程，$\phi19mm\times2mm$ 的换热管，金属材料为 0Cr19Ni9，填料为石棉橡胶板的外头盖垫片：

包垫 W52-1100-1.6　JB/T 4718

例 4-17 $DN900mm$，$PN1.6MPa$，4 管程，$\phi25mm\times2.5mm$ 的换热管，金属材料为 1Cr19Ni9，填料为石棉橡胶板的头盖垫片：

包垫 T81-900-1.6-4　1Cr19Ni9　JB/T 4718

4.4　检查孔

《压力容器安全技术监察规程》对压力容器设置检查孔提出了具体的规定和要求。

（1）开设检查孔的目的

为检查压力容器在使用过程中是否产生裂纹、变形、腐蚀等缺陷，压力容器应开设检查孔。检查孔包括人孔、手孔。

（2）检查孔的数量

检查孔的最少数量与最小尺寸应符合表 4-24 的要求。

（3）检查孔的位置

检查孔的开设位置要求如下：

ⅰ. 检查孔的开设应合理、恰当，便于观察或清理内部；

ⅱ. 手孔应开设在封头上或封头附近的筒体上。

（4）球形储罐开设检查孔

球形储罐（简称球罐）应在上、下极板上各开设一个人孔（或制造工艺孔）。

表 4-24 检查孔的最少数量与最小尺寸

内径 D_i/mm	检查孔最少数量	检查孔最小尺寸/mm×mm		备 注
		人孔	手孔	
$300 < D_i \leqslant 500$	手孔 2 个		$\phi 75$ 或长圆孔 75×50	
$500 < D_i \leqslant 1000$	人孔 1 个或手孔 2 个（当容器无法开人孔时）	$\phi 400$ 或长圆孔 400×250 380×280	$\phi 100$ 或长圆孔 100×80	
$D_i > 1000$	人孔 1 个或手孔 2 个（当容器无法开人孔时）	同上	$\phi 150$ 或长圆孔 150×100	球形储罐人孔最小 500mm

（5）不开设检查孔的情况

符合下列条件之一的压力容器可不开设检查孔：

ⅰ. 筒体内径小于等于 300mm 的压力容器；

ⅱ. 压力容器上设有可以拆卸的封头、盖板等或其他能够开关的盖子，其封头、盖板或盖子的尺寸不小于所规定检查孔的尺寸；

ⅲ. 无腐蚀或轻微腐蚀，无需做内部检查和清理的压力容器；

ⅳ. 制冷装置用压力容器；

ⅴ. 换热器。

（6）钢制人孔和手孔标准

HG/T 21514—2005 钢制人孔和手孔的类型与技术条件

HG/T 21515—2005 常压人孔

HG/T 21516—2005 回转盖板式平焊法兰人孔

HG/T 21517—2005 回转盖带颈平焊法兰人孔

HG/T 21518—2005 回转盖带颈对焊法兰人孔

HG/T 21519—2005 垂直吊盖板式平焊法兰人孔

HG/T 21520—2005 垂直吊盖带颈平焊法兰人孔

HG/T 21521—2005 垂直吊盖带颈对焊法兰人孔

HG/T 21522—2005 水平吊盖板式平焊法兰人孔

HG/T 21523—2005 水平吊盖带颈平焊法兰人孔

HG/T 21524—2005 水平吊盖带颈对焊法兰人孔

HG/T 21525—2005 常压旋柄快开人孔

HG/T 21526—2005 椭圆形回转盖快开人孔

HG/T 21527—2005 回转拱盖快开人孔

HG/T 21528—2005 常压手孔

HG/T 21529—2005 板式平焊法兰手孔

HG/T 21530—2005 带颈平焊法兰手孔

HG/T 21531—2005 带颈对焊法兰手孔

HG/T 21532—2005 回转盖带颈对焊法兰手孔

HG/T 21533—2005 常压快开手孔

HG/T 21534—2005 旋柄快开手孔

HG/T 21535—2005 回转盖快开手孔

HG/T 21514～21535—2005《钢制人孔和手孔》编制说明

HG/T 21514～21535—2005《钢制人孔和手孔》施工图图纸目录

4.5 钢制管法兰、垫片、紧固件

4.5.1 结构形式、尺寸

ⅰ. 容器的工艺管口，其连接方式、连接法兰标准、密封面型式、公称尺寸、数量、方位等一般应按"设备设计条件表"确定。

ⅱ. 温度、压力和液位等检测器管口的结构形式和尺寸，应按自控专业（或工艺专业）要求确定。

4.5.2 管法兰

管法兰是受压设备与管道相互连接的标准件、通用件，其涉及的领域很广，主要有压力容器、锅炉、管道、机械设备，如泵、阀门、压缩机、冷冻机、仪表等行业。因此管法兰标准的选用必须考虑各相关行业的协调，并与国际接轨。管法兰标准涉及的内容十分广泛，除了管法兰本身以外，还与钢管系列（外径、壁厚）、公称压力等级、垫片材料及尺寸、紧固件（六角、双头螺栓、螺母）、螺纹（管螺纹、紧固件螺纹）等密切相关。

国际上（包括国内）管法兰标准主要有两大体系，即欧洲体系（以 DIN 标准为代表）以及美洲体系（以 ASME B16.5、B16.47 标准为代表）。同一体系内各国的管法兰标准基本上是可以互相配用的（指连接尺寸和密封面尺寸），两个不同体系的法兰是不能互相配用的。

（1）法兰类型及类型代号

法兰类型及类型代号见图 4-7、表 4-25、表 4-26。

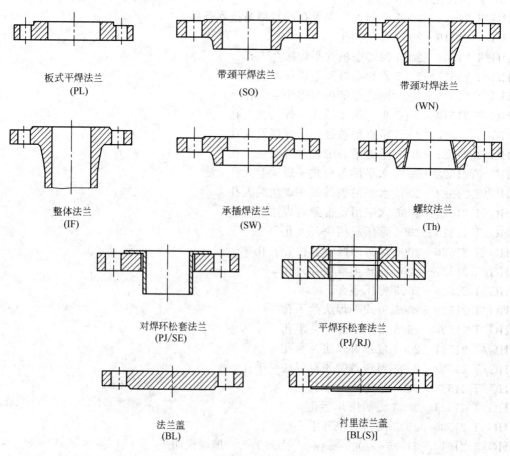

板式平焊法兰
(PL)

带颈平焊法兰
(SO)

带颈对焊法兰
(WN)

整体法兰
(IF)

承插焊法兰
(SW)

螺纹法兰
(Th)

对焊环松套法兰
(PJ/SE)

平焊环松套法兰
(PJ/RJ)

法兰盖
(BL)

衬里法兰盖
[BL(S)]

图 4-7 法兰类型

表 4-25　法兰类型及类型代号（欧洲体系）

法兰类型	法兰类型代号	标准号	法兰类型	法兰类型代号	标准号
板式平焊法兰	PL	HG 20593	螺纹法兰	Th	HG 20598
带颈平焊法兰	SO	HG 20594	对焊环松套法兰	PJ/SE	HG 20599
带颈对焊法兰	WN	HG 20595	平焊环松套法兰	PJ/RJ	HG 20600
整体法兰	IF	HG 20596	法兰盖	BL	HG 20601
承插焊法兰	SW	HG 20597	衬里法兰盖	BL(S)	HG 20602

表 4-26　法兰类型及类型代号（美洲体系）

法兰类型	法兰类型代号	标准号	法兰类型	法兰类型代号	标准号
带颈平焊法兰	SO	HG 20616	螺纹法兰	Th	HG 20620
带颈对焊法兰	WN	HG 20617	对焊环松套法兰	LF/SE	HG 20621
整体法兰	IF	HG 20618	法兰盖	BL	HG 20622
承插焊法兰	SW	HG 20619	大直径管法兰	WN	HG 20623

（2）密封面型式

密封面型式见图 4-8，表 4-27，表 4-28。

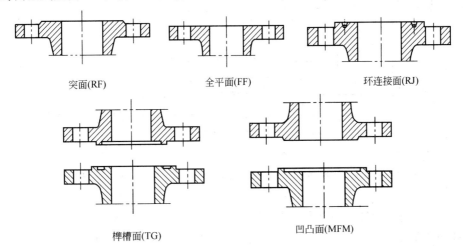

突面(RF)　　全平面(FF)　　环连接面(RJ)

榫槽面(TG)　　凹凸面(MFM)

图 4-8　密封面型式

表 4-27　密封面型式（欧洲体系）

密封面型式	代号	公称压力 PN/MPa									
		0.25	0.6	1.0	1.6	2.5	4.0	6.3	10.0	16.0	25.0
突面	RF[①]	DN10～2000				DN10～1200	DN10～600	DN10～400		DN10～300	
凹凸面 凹面 凸面	MFM FM M	—	DN10～600					DN10～400		DN10～300	—
榫槽面 榫面 槽面	TG T G	—	DN10～600					DN10～400		DN10～300	
全平面	FF	DN10～600	DN10～2000			—					
环连接面	RJ	—						DN15～400		DN15～300	

① PN≤4.0MPa 的突面法兰采用非金属平垫片、聚四氟乙烯包覆垫片和柔性石墨复合垫片时，可车制密纹水线，密封面代号为 RF（A）。

表 4-28 密封面型式（美洲体系）

密封面型式	代号	公称压力 PN/MPa(Class)					
		2.0 (Class 150)	5.0 (Class 300)	11.0 (Class 600)	15.0 (Class 900)	26.0 (Class 1500)	42.0 (Class 2500)
突面	RF①	DN15～1500				DN15～600	DN15～300
					DN15～900		
全平面	FF	DN15～600	—				
环连接面	RJ	DN25～600	DN15～600				DN15～300
凹凸面	MFM	—	DN15～600				DN15～300
榫槽面	TG	—	DN15～600				DN15～300

① PN≤5.0MPa 的突面法兰，采用非金属平垫片，聚四氟乙烯包覆垫片和柔性石墨复合垫片时，可车制密纹水线，密封面代号为 RF（A）。

（3）标记及标记示例

法兰应按下列规定标记

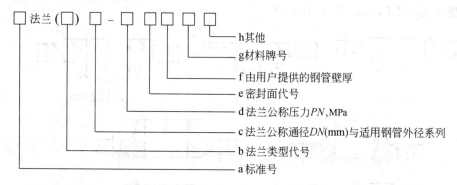

- h 其他
- g 材料牌号
- f 由用户提供的钢管壁厚
- e 密封面代号
- d 法兰公称压力 PN,MPa
- c 法兰公称通径 DN(mm) 与适用钢管外径系列
- b 法兰类型代号
- a 标准号

a 表示标准号。各种类型管法兰均以本标准的标准号统一标记：HG 20592［HG 20615］。

b 表示法兰类型代号。法兰类型代号按表 4-25［表 4-26］的规定。

螺纹法兰采用按 GB/T 7306 规定的锥管螺纹时，标记为"Th（Rc）"或"Th（Rp）""［Th（Rc）］"；

螺纹法兰采用按 GB/T 12716 规定的锥管螺纹时，标记为"Th（NPT）""［Th（NPT）］"；

螺纹法兰如未标记螺纹代号，则为 Rp（GB/T 7306.1）。

c 表示法兰公称通径 DN（mm）与适用钢管外径系列［美洲标准无下列说明］。

整体法兰、法兰盖、衬里法兰盖、螺纹法兰，适用钢管外径系列的标记可省略；

适用于国际通用系列钢管（俗称英制管）的法兰，适用钢管外径系列的标记可省略；

适用于国内沿用系列钢管（俗称公制管）的法兰，标记为"DN（B）"。

d 表示法兰公称压力 PN，MPa。

e 表示密封面型式代号按表 4-27［表 4-28］的规定，突面法兰如车制密纹水线，则标记为"RF（A）"。

f 表示应由用户提供的钢管壁厚。

带颈对焊法兰、对焊环松套法兰［以及 PN≥11.0MPa（Class 600）的承插式法兰］应标注钢管壁厚。

g 表示材料牌号。

h 表示其他。采用与本标准系列规定不一致的要求或附加要求，如密封面的表面粗糙度等（见 HG 20603 表 4.0.2-2）［见 HG 20624 表 4.0.2-2］。

注：［］中表示美洲体系说明，未另作说明的表示相同。

例 4-18　公称通径 1200mm、公称压力 0.6MPa、配用公制管的突面板式平焊钢制管法兰，材料为 Q235-A，其标记为：

HG 20592 法兰　PL1200（B）-0.6RF Q235A

例 4-19　公称通径 300mm、公称压力 2.5MPa、配用英制管的凸面带颈平焊钢制管法兰，材料为 20 钢，其标记为：

HG 20592 法兰　SO300-2.5　M　20

例 4-20　公称通径 100mm、公称压力 10.0MPa、配用公制管的凹面带颈对焊钢制管法兰，材料为 16Mn，钢管壁厚为 8mm，其标记为：

HG 20592 法兰　WN100（B）-10.0　FM　$S=8mm$ 16Mn

例 4-21　公称通径 150mm、公称压力 16.0MPa、配用英制管的环连接面带颈对焊钢制管法兰，材料为 16Mn，钢管壁厚为 10mm，其标记为：

HG 20592 法兰　WN150（B）-16.0　RJ　$S=8mm$ 16Mn

例 4-22　公称通径 150mm、公称压力 16.0MPa、榫面钢制管法兰，材料为 WCB，密封面表面粗糙度为 $Ra0.8\sim1.6$，其标记为：

HG 20592 法兰　IF500-1.6　T　WCB　$Ra0.8\sim1.6$

例 4-23　公称通径 200mm、公称压力 1.0MPa、配用公制管的突面对焊环松套钢制管法兰，材料为：法兰 20 钢、对焊环 316，钢管壁厚为 4mm，其标记为：

HG 20592　法兰　PJ/SE200（B）-1.0　RF　$S=4mm$ 20/316

例 4-24　公称通径 400mm、公称压力 1.6MPa 突面衬里钢制管法兰盖，材料为：衬里 321，法兰盖本体 20 钢，其标记为：

HG 20592 法兰盖　BL（S）400（B）-1.6　RF　20/321

4.5.3　接管

（1）容器接管的一般要求

ⅰ. 容器接管一般应采用无缝钢管。

ⅱ. 容器接管若采用低压流体输送用焊接钢管，且用螺纹连接时，应受下列规定的限制：

①　压力不得大于 0.6MPa；

②　公称直径不得大于 50mm；

③　不得用于有毒、易燃及腐蚀性介质。

ⅲ. 对于轴线垂直容器壳壁的接管，其接管的法兰面伸出容器外壁的长度 l，一般可按表 4-29 选取。

ⅳ. 采用对焊法兰的接管，在确定接管长度 l 时，还应保证接管上焊缝与焊缝之间的距离不小于 50mm。

ⅴ. 对于轴线不垂直于壳壁的接管，其伸出长度应使法兰外缘与保温层之间的垂直距离不小于 25mm。

ⅵ. 如要求各接管伸出长度一致并有此可能时，则各接管的法兰面可与最大接管的法兰面保持同一水平。

ⅶ. 自控仪表的接管，其伸出容器外壁的长度如无特殊要求，亦可按上述规定选取。

ⅷ. 在不影响生产使用及装卸内部构件的情况下，通常可采用接管插入容器内壁的结构，插入深度按图 4-9 所示。

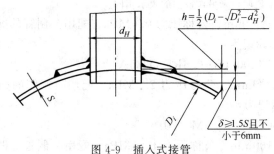

$$h = \frac{1}{2}\left(D_i - \sqrt{D_i^2 - d_H^2}\right)$$

$\delta \geq 1.5S$ 且不小于 6mm

图 4-9　插入式接管

ⅸ. 物料放净口接管以及接管插入容器内壁影响内部构件的布置或装卸时，应将接管端部设计成与容器内壁齐平。

ⅹ. 对于 $DN \leq 25$mm，伸出长度 $l \geq 150$mm 以及 $DN = 32 \sim 50$mm，伸出长度 $l \geq 200$mm 的任意方向接管，均应设置筋板予以支撑，其位置按图 4-10 要求。筋板断面尺寸可根据筋板长度按表 4-29 选取。

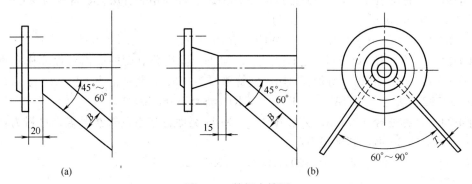

图 4-10　筋板支撑图

表 4-29　筋板尺寸表　　　　　　　　　　　　　　　　mm

筋 板 长 度	200～300	301～400
$B \times T$	30×3	40×5

（2）公称通径和钢管外径

钢管外径包括两个 A、B 系列。A 系列为国际通用系列（俗称英制管）；B 系列为国内沿用系列（俗称公制管）。其公称通径 DN 和钢管外径按表 4-30 规定。

表 4-30　公称通径和钢管外径

公称通径	NPS/in	—	1/2	3/4	1	11/4	11/2	2	21/2	3
	DN/mm	10	15	20	25	32	40	50	65	80
钢管外径	A 系列/mm	17.2	21.3	26.9	33.7	42.4	48.3	60.3	76.1	88.9
	B 系列/mm	14	18	25	32	38	45	57	76	89
公称通径	NPS/in	4	5	6	8	10	12	14	16	18	20
	DN/mm	100	125	150	200	250	300	350	400	450	500
钢管外径	A 系列/mm	114.3	139.7	168.3	219.1	273	323.9	355.6	406.4	457	508
	B 系列/mm	108	133	159	219	273	325	377	426	480	530

公称通径	NPS/in	24	28	32	36	40	48	56	—	—
	DN/mm	600	700	800	900	1000	1200	1400	1600	1800
钢管 外径	A系列/mm	610	711	813	914	1016	1219	1422	1626	1829
	B系列/mm	630	720	820	920	1020	1220	1420	1620	1820

4.5.4 管法兰用垫片及其紧固件

(1) 管法兰用垫片的主要类型及型式

ⅰ. 非金属垫片主要有非金属平垫片（图 4-11）、聚四氟乙烯包覆垫片（图 4-12）。

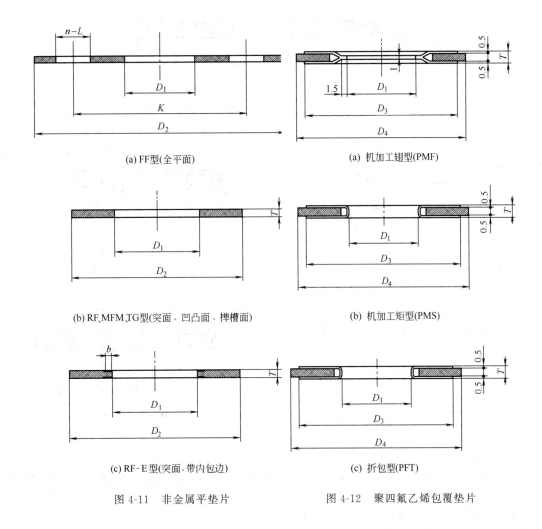

(a) FF型(全平面)

(a) 机加工翅型(PMF)

(b) RF、MFM、TG型(突面、凹凸面、榫槽面)

(b) 机加工矩型(PMS)

(c) RF-E型(突面,带内包边)

(c) 折包型(PFT)

图 4-11　非金属平垫片　　　　　　图 4-12　聚四氟乙烯包覆垫片

ⅱ. 半金属垫片主要有柔性石墨复合垫片（图 4-13）、金属包覆垫片（图 4-14）、金属缠绕垫片（图 4-15）、齿形组合垫片（图 4-16）、金属波齿垫片（图 4-18）。

ⅲ. 金属垫片主要有金属八角垫、金属椭圆垫，如图 4-17 所示。

(2) 缠绕垫片和波齿垫片的型式及材料

① 金属缠绕垫片　表 4-31 和表 4-32 为金属缠绕垫片型式和缠绕垫片材料及代号。

② 金属波齿垫片　表 4-33 和表 4-34 为金属波齿垫片型式和金属波齿垫片骨架材料及代号。

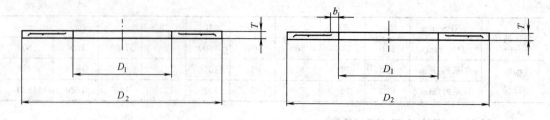

(a) RF型、MFM型、TG型垫片(突面、凹凸面、榫槽面)　　(b) RF-E型垫片(突面、带内包边)

图 4-13　柔性石墨复合垫片

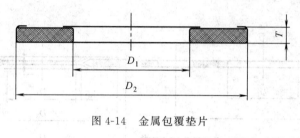

图 4-14　金属包覆垫片

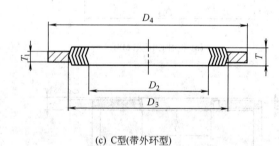

(a) A型(基本型)　　　　　　　　　　(b) B型(带内环型)

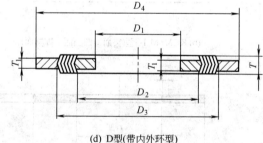

(c) C型(带外环型)　　　　　　　　　(d) D型(带内外环型)

图 4-15　金属缠绕垫片

（3）标记示例

例 4-25　公称通径 100mm、公称压力 2.5MPa（25bar）的突面法兰用 304 不锈钢包边的 XB450 石棉橡胶板垫片，其标记为：

　　HG 20606　垫片　RF-E 100-2.5　XB450/304

例 4-26　公称通径 100mm、公称压力 2.5MPa（25bar）的突面钢制管法兰用机加工翅型聚四氟乙烯包覆垫片，其标记为：

　　HG 20607　四氟包覆垫　PMF　100-2.5

例 4-27　公称通径 100mm、公称压力 2.5MPa（25bar）、芯板材料为低碳钢的榫槽面法兰用柔性石墨复合垫片，其标记为：

　　HG 20608　石墨复合垫　TG 100-2.5　St

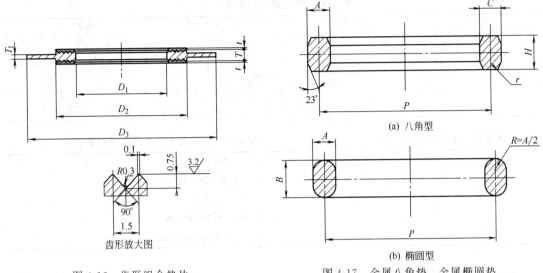

图 4-16 齿形组合垫片　　图 4-17 金属八角垫、金属椭圆垫

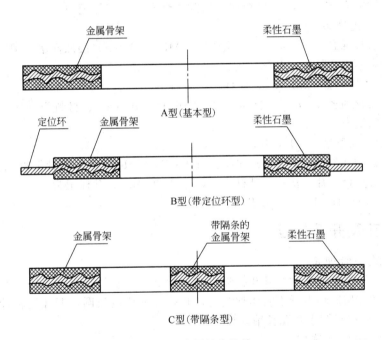

图 4-18 金属波齿垫片

表 4-31 金属缠绕垫片型式

型 式	代 号	适用密封面型式	型 式	代 号	适用密封面型式
基本型	A	榫槽面	带外环型	C	突面①
带内环型	B	凹凸面	带内外环型	D	

① 推荐使用带内外环型，当用于 $PN \geq 6.3MPa$（美洲体系 $PN \geq 11.0MPa$）法兰时，必须使用带内外环型。聚四氟乙烯缠绕垫片应采用 A、B 或 D 型（美洲体系 D 型）。

例 4-28 公称通径 100mm、公称压力 4.0MPa（40bar）、包覆层金属材料为铝的金属包覆垫片，其标记为：

HG 20609　金属包覆垫　100-4.0　L3

85

表 4-32　缠绕垫片材料及代号

外环材料		金属带材料		非金属带材料		内环材料	
名　称	代号	名　称	代号	名　称	代号	名　称	代号
无	0	0Cr18Ni9	2	特制石棉纸	1	无	0
低碳钢	1	0Cr17Ni12Mo2	3	柔性石墨带	2	低碳钢	1
0Cr18Ni9	2	00Cr17Ni14Mo2	4	聚四氟乙烯	3	0Cr18Ni9	2
				特制非石棉纸	4	0Cr17Ni12Mo2	3
						00Cr17Ni14Mo2	4

表 4-33　金属波齿垫片型式

垫片型式	代号
基本型	A
带定位环型	B
带隔条型	C

表 4-34　金属波齿垫片骨架材料及代号

金属波齿垫片骨架材料	代　号
08、10 或类似低碳钢	1
0Cr13 、1Cr13	2
0Cr19Ni9 或类似奥氏体不锈钢	3
蒙乃尔合金或其他特殊材料	4

例 4-29　公称通径100mm、公称压力4.0MPa（40bar）C 型缠绕垫片，外环材料为低碳钢，金属带材料为0Cr19Ni9，非金属材料为柔性石墨，其标记为：

　　HG 20610　缠绕垫　C100-4.0　1220

例 4-30　公称通径200mm、公称压力16.0MPa（160bar）凸凹面法兰用的0Cr19Ni9覆盖聚四氟乙烯齿形组合垫片，其标记为：

　　HG 20611　齿形垫　MFM　200-16.0　304F4

例 4-31　公称通径100mm、公称压力10.0MPa（100bar）、材料为0Cr19Ni9的八角形金属环垫，其标记为：

　　HG 20612　八角垫　　100-10.0　304

例 4-32　公称通径150mm、公称压力4.0MPa（40bar）、金属骨架材料为0Cr18Ni9，带定位环型波齿复合垫片，垫片尺寸标准：GB/T 19066.2，其标记为：

　　波齿垫　B3-DN150-PN4.0　GB/T 19066.2

4.6　开孔及开孔补强

4.6.1　开孔的一般规定

凸形封头上开设长圆孔时，开孔补强应按长圆形开孔长轴计算；筒体上开设长圆孔时，当长轴/短轴≤2，切短轴平行于筒体轴线时，开孔补强应按长圆形开孔短轴计算；当长轴/短轴＞2时，均应按长圆形开孔长轴计算。

4.6.2　补强结构及其选用

（1）局部补强结构

局部补强结构主要采用补强圈补强、厚壁接管补强和整锻件补强三种形式，如图4-19所示。

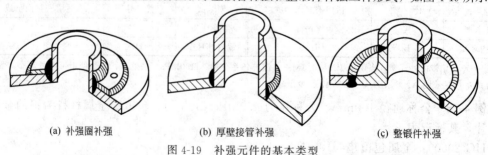

(a) 补强圈补强　　　　　　　　(b) 厚壁接管补强　　　　　　　　(c) 整锻件补强

图 4-19　补强元件的基本类型

（2）补强圈标准（JB/T 4736—2002）规定

钢制压力容器壳体开孔采用补强圈结构时，应同时具备下列条件：

ⅰ．容器设计压力小于 6.4MPa；

ⅱ．容器设计温度不大于 350℃；

ⅲ．容器壳体开孔处名义厚度 $\delta_n \leqslant 38mm$；

ⅳ．容器壳体钢材的标准抗拉强度下限不大于 540MPa；

ⅴ．补强圈的厚度应不大于 1.5 倍壳体开孔处的名义厚度。

（3）补强圈技术要求

ⅰ．补强圈厚度按 GB 150—1998 有关规定计算。

ⅱ．补强圈与壳体、接管相连的焊接接头应根据设计条件及结构要求，参见表 4-35 选用或自行设计。用于低温压力容器的焊接接头必须采用全焊透结构。

表 4-35　焊接接头形式

坡口形式	接 头 形 式	基 本 尺 寸	使 用 范 围
A		$\beta = 20° \pm 2°$ $b = 2 \pm 0.5$ $K_1 = 1.4\delta_{nt}$，且 $K_1 \geqslant 6$ $K_2 = \delta_c$（当 $\delta_c \leqslant 8$ 时） $K_2 = \max(0.7\delta_c, 8)$（当 $\delta_c > 8$ 时）	（1）非特殊工况（非疲劳、低温及大的温度梯度）的一类压力容器； （2）适用于在容器内有较好施焊条件的接管与设备的焊接
B		$\beta = 20° \pm 2°$ $b = 2 \pm 0.5$ $K_1 = 1.4\delta_{nt}$，且 $K_1 \geqslant 6$ $K_2 = \delta_c$（当 $\delta_c \leqslant 8$ 时） $K_2 = \max(0.7\delta_c, 8)$（当 $\delta_c > 8$ 时） $K_3 \geqslant 6$	（1）非特殊工况（非疲劳、低温及大的温度梯度）的一类压力容器； （2）适用于在容器内有较好施焊条件的接管与设备的焊接
C		$\beta_1 = 15° \pm 2°$ $\beta_2 = 45° \pm 5°$ $b = 2 \pm 0.5$ $P = 2 \pm 0.5$ $K_1 = \delta_{nt}/3$，且 $K_1 \geqslant 6$ $K_2 = \delta_c$（当 $\delta_c \leqslant 8$ 时） $K_2 = \max(0.7\delta_c, 8)$（当 $\delta_c > 8$ 时）	（1）多用于壳体内不具备施焊条件或进入壳体施焊不便的场合； （2）该全焊透结构适用于 $\delta_{nt} \geqslant \delta_n/2$（当 $\delta_n \leqslant 16$ 时）或 $\delta_{nt} \geqslant 8$（当 $\delta_n > 16$ 时）

坡口形式	接 头 形 式	基 本 尺 寸	使 用 范 围
D		$\beta_1 = 35° \pm 2°$ $\beta_2 = 50° \pm 5°$ $b_1 = 5 \pm 1$ $b_2 = 2 \pm 0.5$ $K_1 = \delta_n / 3$,且 $K_1 \geq 6$ $K_2 = \delta_c$（当 $\delta_c \leq 8$ 时） $K_2 = \max(0.7\delta_c, 8)$（当 $\delta_c > 8$ 时） $P = 2 \pm 0.5$	（1）可用于低温、储存有毒介质或腐蚀介质的容器； （2）适用于 $\delta_{nt} \geq \delta_n / 2$（当 $\delta_n \leq 16$ 时）或 $\delta_{nt} \geq 8$（当 $\delta_n > 16$ 时）
E		$\beta_1 = 50° \pm 5°$ $\beta_2 = 20° \pm 2°$ $b = 2 \pm 0.5$ $P = 0^{+2}_{0}$ $K_1 = \delta_n / 3$,且 $K_1 \geq 6$ $K_2 = \delta_c$（当 $\delta_c \leq 8$ 时） $K_2 = \max(0.7\delta_c, 8)$（当 $\delta_c > 8$ 时）	（1）可用于低温、中压容器及盛装腐蚀介质的容器； （2）适用于 $\delta_{nt} \geq \delta_n / 2$（当 $\delta_n \leq 16$ 时）或 $\delta_{nt} \geq 8$（当 $\delta_n > 16$ 时）； （3）一般用于接管直径 $dN \leq 150$
F		$\beta = 50° \pm 5°$ $b = 2 \pm 0.5$ $K_1 = \delta_{nt}$,且 $K_1 \geq 6$ $K_2 = \delta_c$（当 $\delta_c \leq 8$ 时） $K_2 = \max(0.7\delta_c, 8)$（当 $\delta_c > 8$ 时） $H = 0.7\delta_{nt}$	（1）可用于中、低压及有内部腐蚀的工况； （2）不适用于高温、低温、大的温度梯度及承受疲劳载荷的操作条件； （3）一般 $\delta_{nt} = \delta_n / 2$
G		$\beta = 50° \pm 5°$ $b = 2 \pm 0.5$ $K_1 = \delta_{nt}$,且 $K_1 \geq 6$ $K_2 = \delta_c$（当 $\delta_c \leq 8$ 时） $K_2 = \max(0.7\delta_c, 8)$（当 $\delta_c > 8$ 时） $H_1 = 0.7\delta_{nt}$ $H_2 = \delta_{nt}$	（1）可用于中、低压及有内部腐蚀的工况； （2）不适用于高温、低温、温度梯度大及承受疲劳载荷的操作条件； （3）一般 $\delta_{nt} = \delta_n / 2$

坡口形式	接 头 形 式	基 本 尺 寸	使 用 范 围
H	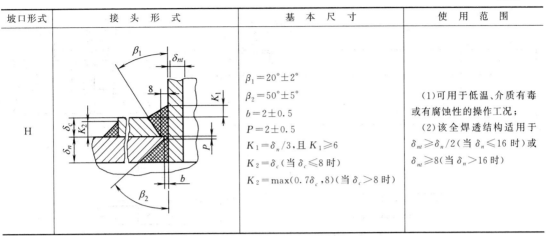	$\beta_1 = 20° \pm 2°$ $\beta_2 = 50° \pm 5°$ $b = 2 \pm 0.5$ $P = 2 \pm 0.5$ $K_1 = \delta_n/3,$ 且 $K_1 \geqslant 6$ $K_2 = \delta_c$ (当 $\delta_c \leqslant 8$ 时) $K_2 = \max(0.7\delta_c, 8)$ (当 $\delta_c > 8$ 时)	(1)可用于低温、介质有毒或有腐蚀性的操作工况; (2)该全焊透结构适用于 $\delta_{nt} \geqslant \delta_n/2$ (当 $\delta_n \leqslant 16$ 时) 或 $\delta_{nt} \geqslant 8$ (当 $\delta_n > 16$ 时)

注:本表中除 β 为角度外,其余单位均为 mm。

ⅲ. 补强圈的材料一般与壳体材料相同,并应符合相应材料标准的规定。

ⅳ. 补强圈可采用整板制造或径向分块拼接。径向分块拼接的补强圈,只允许用于整体补强圈无法安装的场合,拼接焊妥后焊缝表面应修磨光滑并与补强圈母材齐平,并按 JB 4730—1994 进行超声检测,Ⅱ级为合格。

ⅴ. 被补强圈覆盖的壳体对接焊接接头和壳体、接管相连的焊接接头,应在补强圈安装前打磨至与母材齐平,补强圈的形状亦应与被补强部分壳体相符,以保证补强圈与壳体紧密贴合。

ⅵ. 安装补强圈时,应注意使螺孔放置在壳体最低的位置,螺孔的加工精度按 GB/T 197—1981 中的 7H 级;补强圈其余部分的制造公差按 GR/T 1804—2000 中的 m 级。

ⅶ. 补强圈与壳体、接管的焊接,应采用经 JB 4708—2000 评定合格的焊接工艺进行施焊。施焊前应清除坡口内的铁锈、焊渣、油污、水汽等脏物。

ⅷ. 补强圈焊妥后,应对补强圈的焊缝进行检查,不得有裂纹、气孔、夹渣等缺陷;必要时应按 JB 4730—1994 做磁粉或渗透检测,Ⅰ级合格。焊缝的成形应圆滑过渡或打磨至圆滑过渡。

ⅸ. 由 M10 螺孔通入 $0.4 \sim 0.5$MPa 的压缩空气,检查补强圈连接焊缝的质量,角焊缝不得有渗漏现象。

ⅹ. 补强圈坡口形式,如图 4-20 所示(图中 d_o 为接管外径,δ_n 壳体开孔处名义厚度,单位 mm)。

(4) 补强圈标记

补强圈标记按如下规定:

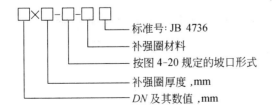

例 4-33 接管公称直径 $DN = 100$mm、补强圈厚度为 8mm、坡口形式为 D 型、材质为

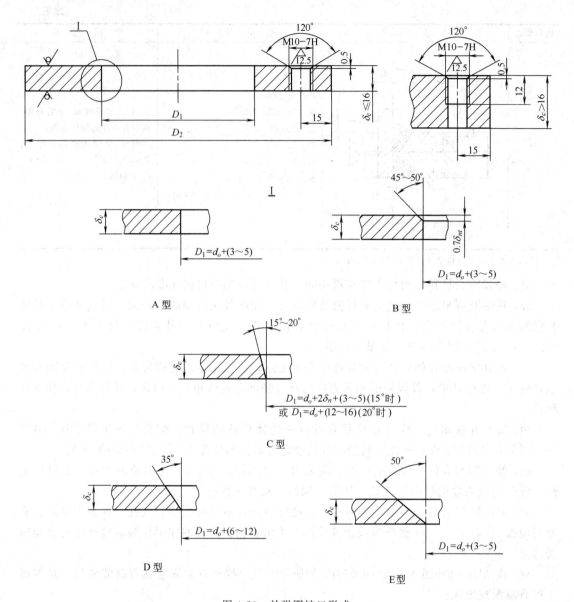

图 4-20 补强圈坡口形式

Q235-B 的补强圈,其标记为:

$DN100 \times 8$-D-Q235-B JB/T 4736

（5）遇下列情况之一时,应采用整体补强（即增加筒体或封头壁厚,或以整锻件、厚壁管与筒体或封头焊接。注：整锻件、厚壁管没有标准）

ⅰ. 高强度钢（$\sigma_b > 540MPa$）和铬钼钢（15CrMo、12Cr2Mo1）制造的容器。

ⅱ. 补强圈厚度超过被补强件 1.5 倍。

ⅲ. 设计压力 $\geq 6.4MPa$。

ⅳ. 设计温度 $> 350℃$。

ⅴ. 容器壳体壁厚 $> 38mm$。

ⅵ. 盛装毒性为极度危害或高度危害介质的容器。

ⅶ. 承受疲劳载荷的容器。

（6）不需另行补强的规定

壳体开孔满足下述全部要求时，可不另行补强：

ⅰ. 设计压力小于或等于 2.5MPa；

ⅱ. 两相邻开孔中心的间距（对曲面间距以弧长计算）应不小于两孔直径之和的两倍；

ⅲ. 接管公称外径小于或等于 89mm；

ⅵ. 接管最小壁厚满足表 4-36 要求。

表 4-36　接管最小壁厚　　　　　　　　　　　　　　　　　　mm

接管公称外径	25	32	38	45	48	57	65	76	89
最小壁厚		3.5			4.0		5.0		6.0

注：1. 钢材的标准抗拉强度下限 $\sigma_b > 540$MPa 时，接管与壳体的连接易采用全焊透的型式。

2. 接管的腐蚀裕量为 1mm。

4.7　液面计、视镜

4.7.1　液面计选用

选择液面计时应考虑介质的压力、温度和它的特性。通常按如下规定选用：

ⅰ. 当介质压力较低，$PN \leqslant 1.6$MPa，且介质的流动性较好时选用玻璃管液面计；

ⅱ. 当介质的操作压力较高，$PN \leqslant 6.4$MPa，且介质洁净，为无色透明液体时，宜选用透光玻璃板液面计；

ⅲ. 当介质压力较高，$PN \leqslant 4.0$MPa，且介质非常洁净，为稍带有色泽的液体时，宜选用反射式玻璃液面计；

ⅳ. 当介质压力很低时，$PN \leqslant 0.6$MPa 或常压容器上使用，宜选用视镜式玻璃板液面计；

ⅴ. 对盛有易燃、易爆或有毒介质的容器，应采用玻璃板液面计或自动液位指示器；

ⅵ. 当环境温度影响液体流动性时，应采用保温型玻璃管液面计或蒸汽夹套型玻璃板液面计；

ⅶ. 对压力较低（$PN \leqslant 4.0$MPa）的地下槽，宜用浮子液面计；

ⅷ. 对于高度大于 3m 的常压容器宜选用浮标液面计；

ⅸ. 对于 $PN \leqslant 4.0$MPa，介质温度低于 0℃ 的设备应选用防霜型液面计；

ⅹ. 当要求观察的液位变化范围很小时，可采用视镜指示液面。

4.7.2　玻璃板液面计和玻璃管液面计

液面计种类很多，本节只介绍常用的两种液面计——玻璃板液面计和玻璃管液面计。

4.7.2.1　玻璃板液面计系列标准

玻璃板液面计系列标准见表 4-37。

表 4-37　玻璃板液面计系列标准

名称	型号	公称压力 PN /MPa	使用温度 /℃	结构特征		公称长度（按上、下阀中心线间距离）/mm						标准号	备注
				结构形式	液面计主体材料	$L=304$①	$L=550$	$L=850$	$L=1150$	$L=1450$	$L=1750$		
透光式玻璃板液面计	T	2.5	0～250	普通型	Ⅰ（锻钢 16Mn）	△③	△	△	△	△		HG 21589.1—1995	
					Ⅱ（锻钢 1Cr18Ni9Ti）		△	△	△	△	△		
				保温型 W	Ⅰ（锻钢 16Mn）		△	△	△	△			
					Ⅱ（锻钢 1Cr18Ni9Ti）		△	△	△	△	△		

名称	型号	公称压力 PN /MPa	使用温度 /℃	结构形式	液面计主体材料	L=304①	L=550	L=850	L=1150	L=1450	L=1750	标准号	备注
透光式玻璃板液面计	T	6.3	0~250②	普通型	I（锻钢 16Mn）		△	△	△	△	△	HG 21589.2—1995	
					II（锻钢 1Cr18Ni9Ti）		△	△	△	△	△		
				保温型 W	I（锻钢 16Mn）		△	△	△	△	△		
					II（锻钢 1Cr18Ni9Ti）		△	△	△	△	△		
反射式玻璃板液面计	R	4.0	0~250②	普通型	I（锻钢 16Mn）		△	△	△	△	△	HG 21590—1995	
					II（锻钢 1Cr18Ni9Ti）		△	△	△	△	△		
				保温型 W	I（锻钢 16Mn）		△	△	△	△	△		
					II（锻钢 1Cr18Ni9Ti）		△	△	△	△	△		
视镜式玻璃板液面计	S	常压（0~<0.1）	0~250	带颈型 J	I（16MnR）	△						HG 21591.1—1995	
					II（0Cr18Ni9）	△							
					III（16MnR 带衬里）	△							
				嵌入连接型 Q	I（Q235-A）	△							
					II（0Cr18Ni9）	△							
					III（Q235-A 带衬里）	△							
		0.6	0~250	嵌入连接型 Q	I（16MnR）	△						HG 21591.2—1995	
					II（0Cr18Ni9）	△							
					III（16MnR 带衬里）	△							

① L=304 系指视镜式玻璃板液面计（S 型）的最大观察长度。

② 当使用温度超过 200℃时，应按规定降压使用，最高允许（无冲击）使用压力根据表 4-38 确定。

③ △表示适用范围。

表 4-38　PN6.3 与 PN4.0 液面计的最高许用压力　　　　　MPa

玻璃板液面计型式	在下列温度（℃）时液面计最高许用压力					
	200	210	220	230	240	250
透光式	6.3	6.1	5.9	5.7	5.5	5.4
反射式	4.0	—	3.8	3.7	—	3.6

4.7.2.2　玻璃板液面计的型号、代号、标记

（1）型号

T 型——透光式玻璃板液面计；

R 型——反射式玻璃板液面计；

S 型——视镜式玻璃板液面计。

（2）代号

ⅰ．法兰形式代号：

A 型——突面法兰（RF），按 HG 20595—1997（带颈对焊法兰）和 HG 20592—1997；

B 型——凸面法兰（M），按 HG 20595—1997 和 HG 20592—1997；

C 型——突面法兰（RF），按 HG 20615—1997，HG 20617—1997（美洲系列管法兰标准）。

ⅱ．材料代号：

Ⅰ——碳钢；

Ⅱ——不锈钢；

Ⅲ——碳钢带衬里，只用于 S 型。

ⅲ．结构形式代号：

用于 T 型和 R 型液面计中：

普通型——不标注代号；

保温型——W。

用于 S 型液面计中：

带颈型——J；

嵌入连接型（凸缘式）——Q。

ⅳ．排污口代号：

V——排污口配用的是阀门；

P——排污口配用的是螺塞。

（3）标记

在设计图样上应按下述规定将选定之玻璃板液面计予以标记。

ⅰ．对于透光式和反射式玻璃板液面计：

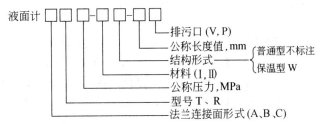

例 4-34　透光式，公称压力 2.5MPa，碳钢材料、保温型、排污口配阀门、突面密封连接、公称长度为 1450mm 的玻璃板液面计，其标记为：

液面计 AT2.5-ⅠW-1450 V

例 4-35　反射式，公称压力 4.0MPa，不锈钢材料、普通型、排污口配螺塞、凸面法兰连接，公称长度 850mm 的玻璃板液面计，其标记为：

液面计 BR4.0-Ⅱ-850P

ⅱ．对于视镜式玻璃板液面计：

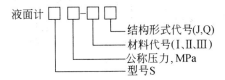

例 4-36　视镜式、常压、不锈钢材料、带颈型的玻璃板液面计，其标记为：

S-ⅡJ

例 4-37　视镜式、公称压力 0.6MPa，碳钢带衬里，嵌入连接型的玻璃板液面计，其标记为：

S 0.6-ⅢQ

4.7.2.3　玻璃管液面计（$PN1.6$）（HG 21592—1995）

盛装并显示液体高度的不再是开槽的金属块，而是一根用钢化硼硅玻璃制作的玻璃管，其他配件既可用碳钢制作（Ⅰ型）的，也可用不锈钢制作（Ⅱ型）的，所有材料都必须有质量合格证书。玻璃管液面计也有保温型和普通型两种。就对外的接口法兰而言，和透光式玻璃板液面计一样也分 A、S、C 三种型式，可见前述，不再重复。

玻璃管液面计的型号为 G，其基本参数和尺寸列于表 4-39。标记方法与透光式玻璃板液面计相同。

表 4-39　玻璃管液面计基本参数和尺寸　　　　　　　　　　　　　　　　　　　　　mm

公称长度 L	透光长度 L_1	加热蒸汽管接口间距 L_2	质量/kg		公称长度 L	透光长度 L_1	加热蒸汽管接口间距 L_2	质量/kg	
			普通型	保温型				普通型	保温型
500	345	305	7.0	8.2	1000	845	805	8.0	9.9
600	445	405	7.2	8.4	1200	1045	1005	8.3	10.5
800	645	605	7.6	9.2	1400	1245	1205	8.7	11.1

注：透光长度是指标尺的实际长度。

4.7.2.4　使用玻璃板和玻璃管液面计应注意的几个问题

ⅰ. 选用时应符合表 4-37～表 4-39 的规定。

ⅱ. 采用钢化硼硅玻璃时，玻璃板的耐热急变温度为 240℃，玻璃管的耐热急变温度差 180℃。

ⅲ. 所用垫片材料，透光式和反射式液面计用柔性石墨复合垫片；视镜式玻璃板液面计和玻璃管液面计用石棉橡胶板。

ⅳ. 购买液面计要有包括水压试验、气密试验、无损检测合格等内容的检验合格质量证书。

ⅴ. 根据需要观察的液面高度范围，有两种不同的液面计接口管的安置方法［图 4-21（a）和（b）］，图（a）结构可示出储罐全部高度范围内的液面变化，图（b）结构只能显示罐体中部的液面变化。对于大型储罐，其直径超过液面计的最大公称长度时，可按图（c）所示安排接口管。

ⅵ. 液面计选妥后，应将其标记注明在设计图样中。

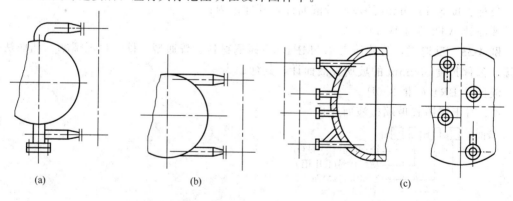

（a）　　　　　　　　　　　（b）　　　　　　　　　　　（c）

图 4-21　液面计接口管的安置

4.7.3　视镜

（1）视镜的结构与类型

视镜的主要类型有视镜（结构见图 4-22，HGJ 501—1986）、带颈视镜（结构见图 4-23，HGJ 502—1986）和钢与玻璃烧结视镜（结构见图 4-24，HG 21605—1995）。

（2）视镜材料

视镜材料见表 4-40。

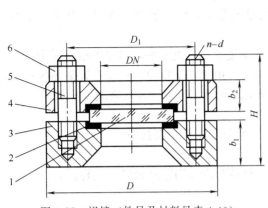

图 4-22 视镜（件号及材料见表 4-40）

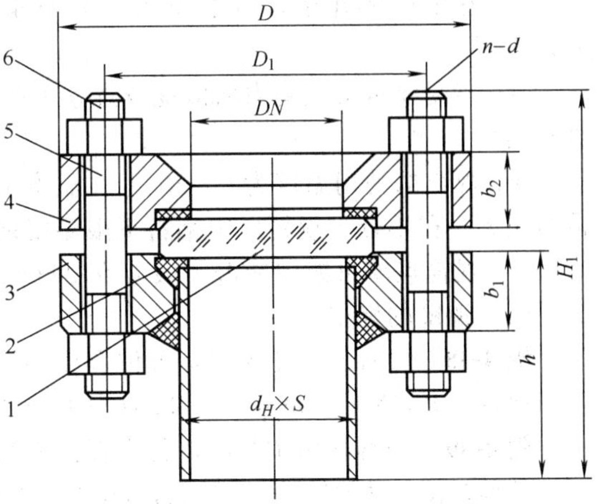

图 4-23 带颈视镜（件号及材料见表 4-40）

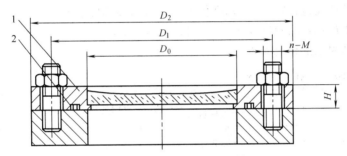

图 4-24 钢与玻璃烧结视镜

1—视镜本体（20、不锈钢/玻璃）；2—O 形密
封圈（丁腈橡胶、乙丙橡胶、硅橡胶）

表 4-40 视镜材料（视镜公称压力 PN，kgf/cm^2）

件 号	名 称	数量	材 料	
			碳 素 钢	不 锈 钢
			I	II
1	视镜玻璃	1	钢化硼硅玻璃（HGJ 501—86-0）	
2	衬垫	2	石棉橡胶板 （GB 3985—83）	
			$PN10$	XB200
			$PN16$、$PN25$	XB350
3	接缘	1	$PN10$　$PN16$　　$PN25$ Q235-B　　　Q235-C	1Cr18Ni9Ti
4	压紧环	1	$PN10$ Q235-A　$PN16$ Q235-B	$PN16$ Q235-C
5	螺柱	n	35	
6	螺母	n	25	

注：1. 密封用衬垫材质可根据操作条件及介质特性更换，但必须在设备装配图上说明。

2. 本标准接缘所采用材料有 Q235-A 和 1Cr18Ni9Ti 两种，若用别种材料，则必须在设备装配图上注明钢材牌号。

3. $1kgf/cm^2 = 0.0980665MPa$。

（3）视镜的选用

i．选用视镜时，应尽量采用不带颈视镜。只有当容器外部有保温层时才采用带颈视镜。

ⅱ. 在生产操作中，由于介质结晶或水蒸气冷凝等原因影响，观察时，应装设冲洗装置。

ⅲ. 当需要观察设备内部情况或观察不明显的液相分层，应配置两个视镜（其中一个作照明用）。

ⅳ. 视镜的使用温度为 0～200℃，温度上限是由玻璃材质决定的，温度下限主要考虑结霜的问题。在不低于视镜所用钢材下限温度前提下也可用于零下低温，但应设计防霜装置。

ⅴ. 视镜玻璃可能因冲击、振动或温度剧变发生破裂时，可采用双层玻璃安全视镜。

（4）视镜的标记

例 4-38 公称压力 $PN10$，公称直径 $DN100$，材料为不锈钢制视镜，其标记：

视镜 Ⅱ $PN10$ $DN100$，HGJ 501-86-17

例 4-39 公称压力 $PN16$，公称直径 $DN80$，材料为碳素钢带颈视镜，其标记：

带颈视镜 Ⅰ $PN16$ $DN80$，HGJ 502-86-5

若视镜高度 h 与标准值不同，应在标记中注明 h 值，例如：公称压力 $PN16$，公称直径 $DN80$ 的碳素钢带颈视镜，$h=80$（标准值 $h=70$），其标记：

带颈视镜 Ⅰ $PN16$，$DN80$，$h=80$，HGJ 502-86-5

钢与玻璃烧结视镜的标记如下：

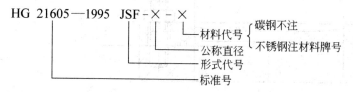

例 4-40 碳钢公称直径 $DN50$ 烧结视镜，其标记为：

HG 21605—1995 JSF-50

4.8 支座

支座是用来支承容器及设备重量，并使其固定在某一位置的压力容器附件。在某些场合还受到风载荷、地震载荷等动载荷的作用。压力容器支座分为两大类（图4-25）：立式容器支座和卧式容器支座。

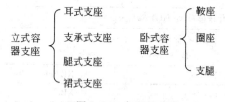

图 4-25 支座的分类

4.8.1 耳式支座（JB/T 4712.3《容器支座第3部分：耳式支座》）

JB/T 4712.3 标准适用于公称直径不大于 4000mm 的立式圆筒形容器。

耳式支座一般用于支承在钢架、墙架或穿越楼板的立式容器。支座按 JB/T 4712.3 标准选用。支座数量一般应采用 4 个均布，但容器直径≤700mm 时，支座数量允许采用 2 个。容器外部无保温层并搁置于钢架上时，一般应采用 A 型耳式支座。容器外部有保温层或支座需搁置于楼板上时，则应采用 B 型耳式支座。支座与筒体连接处是否加垫板，应根据容器材质与支座焊接部位的强度或稳定性决定。对低温容器的支座，一定要加垫板，需加垫板尺寸一般可按 JB/T 4712.3 标准选取。另外，支座垫板四角应倒圆（$R≥20mm$）。对有热处理要求的容器，垫板边缘焊缝应留出 20mm 以上不焊接。

（1）型式特征

耳式支座型式特征见表 4-41。

表 4-41 耳式支座型式特征

型　　式	支座号	垫板	蔽板	适用公称直径 DN/mm
短臂 A	1～5		无	300～2600
	6～8	有	有	1500～4000
长臂 B	1～5		无	300～2600
	6～8	有	有	1500～4000
加长臂 C	1～3	有	有	300～1400
	4～8			1000～4000

（2）结构形式与尺寸

结构形式与尺寸见图 4-26、图 4-27。

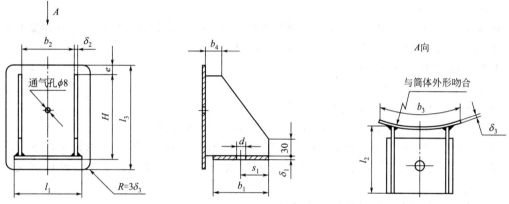

图 4-26　不带盖板型（A 型支座号 1～5、B 型支座号 1～5）

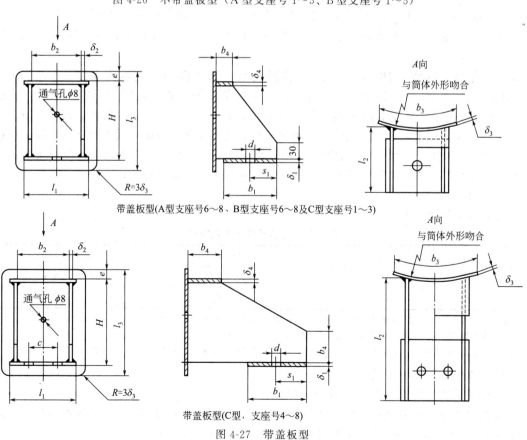

带盖板型(A型支座号6～8、B型支座号6～8及C型支座号1～3)

带盖板型(C型，支座号4～8)

图 4-27　带盖板型

（3）标记

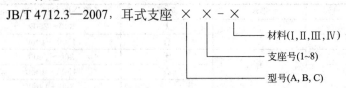

注：1. 若垫板厚度 δ_3 与标准尺寸不同，则在设备图纸零件名称或备注中注明。如 $\delta_3 = 12$。

2. 支座及垫板的材料应在设备图样的材料栏内标注，表示方法如下：支座材料/垫板材料。

例 4-41 A型，3号耳式支座，支座材料为 Q235A，垫板材料为 Q235A。

JB/T 4712.3—2007，耳式支座 A3-Ⅰ

材料：Q235-A·F

例 4-42 B型，3号耳式支座，支座材料为 Q345R，垫板材料为 0Cr18Ni9，垫板厚度 12mm。

JB/T 4712.3—2007，耳式支座 B3-Ⅱ，$\delta_3 = 12$

材料：Q345R/0Cr18Ni9

（4）耳式支座的选用

支座的选用应按以下步骤进行：

ⅰ. 设定支座型号与数目，计算出一个支座实际承受的载荷 Q。

ⅱ. 将所设定支座的允许载荷 $[Q]$ 在标准中查出。若 $Q \leqslant [Q]$，则所设定的支座，其承载能力可初步认可，但需继续进行下一步骤校核。反之，需重新设定支座或增加支座数目，重新计算。

ⅲ. 校核支座反力对器壁作用的外力矩 M。

ⅳ. 将计算所得 M 与许用 $[M]$ 比较，若 $M \leqslant [M]$，则在 ⅱ 中认定的支座可用。反之，选用大一号的支座或增加支座数目后，重新进行以上三个步骤（对于有衬里的容器要求 $M \leqslant [M]/1.5$）。

4.8.2 支承式支座（JB/T 4712.4《容器支座 第4部分：支承式支座》）

JB/T 4712.4—2007标准适用于同时具备下列条件的钢制立式圆筒形容器：公称直径 $DN800 \sim 4000$mm；圆筒长度 L 与公称直径 DN 之比 $L/DN \leqslant 5$；容器总高度 $H_0 \leqslant 10$m。

支承式支座用于安装在距地坪或基础面较近的具有椭圆形或碟形封头的立式容器。可按 JB/T 4712.4 选用。支承式支座的数量一般采用3个或4个均布。支承式支座与封头的连接处是否加垫板，应根据容器材质和容器与支座焊接部位的强度和稳定性决定。

（1）型式特征

型式特征见表 4-42。

表 4-42　支承式支座型式特征

型　式	支　座　号	适用公称直径/mm	结　构　特　征
A	1～6	$DN800 \sim 3000$	钢板焊制，带垫板
B	1～8	$DN800 \sim 4000$	钢管焊制，带垫板

注：1. 支座的垫板厚度一般与封头厚度相等，也可根据实际需要确定。

2. B型支座的高度可以改变，但应不大于支座高度上限值。

3. A型支座筋板和底板材料为 Q235-A·F；B型支座钢管材料钢号为10，底板材料均为 Q235-A·F。

（2）支座的结构、型式

支座的结构、型式见图 4-28 和图 4-29。

支承式支座可由数块钢板焊成（A型），也可用钢管制作（B型），均带垫板。A型适用于 $DN800 \sim 3000$mm 的容器，B型适用于 $DN800 \sim 4000$mm 的容器。

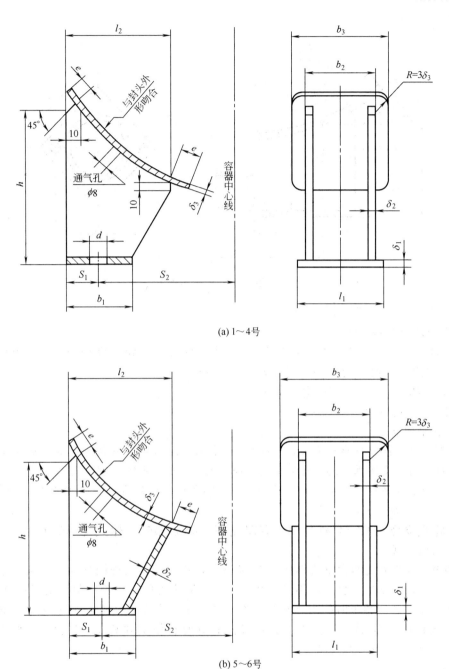

(a) 1～4号

(b) 5～6号

图 4-28　1～6 号 A 型支承式支座（JB/T 4724—1992）

（3）标记

JB/T 4712.4—2007支座，×　×

└── 支座号(1～8)

└── 支座型号(A，B)

注：1. 若支座高度 h，垫板厚度 δ_3 与标准尺寸不同，则应在设备图样零件名称或备注栏中注明。如 $h=450$，$\delta_3=14$。

2. 支座及垫板材料应在设备图样的材料栏内标注，表示方法如下：支座材料/垫板材料。

例 4-43　钢板焊制的 3 号支承式支座，支座材料均为 Q235A 和 Q235B。

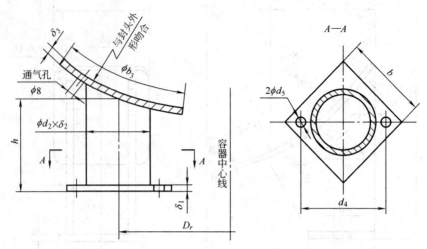

图 4-29　1～8 号 B 型支承式支座（JB/T 4724—1992）

JB/T 4712.4—2007，支座 A3

材料：Q235A/Q235B

例 4-44　钢管制作的 4 号支承式支座，支座高度为 600mm，垫板厚度为 12mm，钢管材料为 10 号钢，底板为 Q235A，垫板为 0Cr18Ni9。

JB/T 4712.4—2007，支座 B4，$h=600$，$\delta_3=12$

材料：10，Q235A/0Cr18Ni9

（4）支座的选用

ⅰ. 根据容器的公称直径 DN，在标准中选用相应的支座，并初步设定支座数目。

ⅱ. 计算每个支座承受的实际载荷 Q，应使 $Q \leqslant [Q]$，否则应增加支座数量。

ⅲ. 对于 B 型支座，还应校核容器封头限定的允许垂直载荷 $[F]$，要求 $Q<[F]$。如果容器内有衬里，则要求 $Q<[F]/2$。

4.8.3　腿式支座（JB/T 4712.2《容器支座　第 2 部分：腿式支座》）

（1）结构形式

所谓腿式支座就是将角钢或钢管或 H 型钢直接焊在筒体的外圆柱面上，在筒体与支腿之间可以设置加强垫板，也可以不设置加强垫板，简称支腿。用角钢制作支腿称 A 型支腿（图 4-30），不带加强垫板时称为 AN 型（图 4-31），用钢管制作支腿称 B 型支腿（图 4-32），不带加强垫板时称为 BN 型（图 4-33），用 H 型钢制作支腿称 C 型支腿。型式特征见表 4-43。

表 4-43　型式特征

型　式		支　座　号	垫板	适用公称直径 DN/mm
角钢支柱	AN	1～7	无	400～1600
	A		有	
钢管支柱	BN	1～5	无	400～1600
	B		有	
H 型钢支柱	CN	1～10	无	400～1600
	C		有	

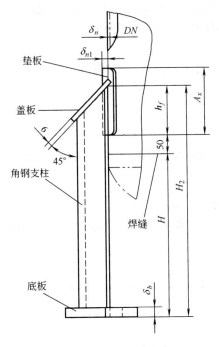

图 4-30　A 型腿式支座

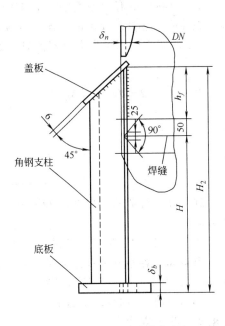

图 4-31　AN 型腿式支座

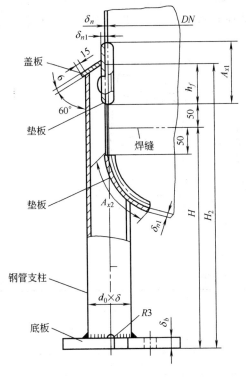

图 4-32　B 型腿式支座

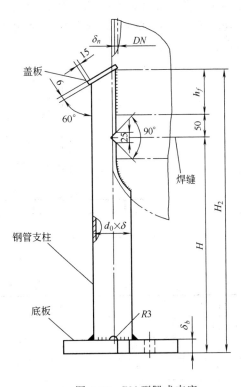

图 4-33　BN 型腿式支座

（2）腿式支座选用

ⅰ. 适用范围为 $DN400\sim1600\mathrm{mm}$；$L/DN<5$（L 是筒体长度），容器总高（包括支

腿）＜5000mm，且不得用于通过管线直接与产生脉动载荷的机器设备刚性连接的容器。

ⅱ．当圆筒的有效厚度小于表 4-43 中给出的最小厚度时应设置垫板。用高合金钢制的容器壳体或有热处理要求的壳体，也应设置垫板。

ⅲ．腿式支座用于带夹套容器时，如夹套不能承受整体重量，应将支腿焊于下封头上。

（3）标记：

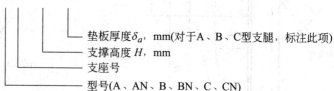

JB/T 4712.2—2007，支腿 ××-×-×

- 垫板厚度 δ_a，mm(对于A、B、C型支腿，标注此项)
- 支撑高度 H，mm
- 支座号
- 型号(A、AN、B、BN、C、CN)

例 4-45 容器的公称直径 $DN800$，角钢支柱支腿，不带垫板，支承高度 $H=900$mm，其标记为：

JB/T 4712.2—2007，支腿 AN3-900

例 4-46 容器公称直径 $DN1200$，钢管支柱支腿、带垫板，垫板厚度 δ_a 为 10mm，支承高度 H 为 1000mm，其标记为：

JB/T 4713—1992，支腿 B4-1000-10

4.8.4 裙式支座

裙式支座适用于大型及重型立式容器的支承。裙座与容器的连接一般应使裙座内径与容器封头内径相等（对接），并采用连续的圆滑过渡焊接结构。裙式支座的筒体壁厚不得小于 6mm。立式容器在自身足够稳定的情况下，基础环和盘板的结构尺寸按图 4-34 和表 4-44 选取。

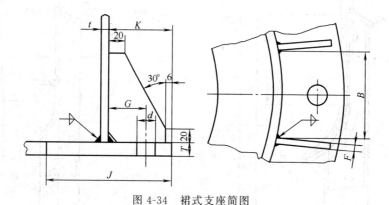

图 4-34 裙式支座简图

表 4-44 裙式支座尺寸表

mm

螺栓	d	K	G	J	B	F
M16	18	60	35	120	80	6
M20	22	70	40	140	100	6
M22	24	77	40	150	110	6
M24	26	90	50	180	120	9
M30	33	100	55	200	140	9

注：1. 基础螺栓的数目 4、8、12、16、20、24 等，取 4 的倍数。

2. 基础环的厚度 T 由计算决定，且不得小于 14mm（包括附加量）。

4.8.5 鞍式支座（JB 4712.1《容器支座 第1部分：鞍式支座》）

卧式容器的支座应用最普遍，而且有标准可查的是鞍式支座，简称鞍座。

本标准适用于双支点支承的钢制卧式容器的鞍座支承。对于多支点支承的卧式容器鞍式支座，其结构形式和结构尺寸亦可参照本标准使用。

（1）鞍座的结构与类型

鞍座的结构形式较多，以 B 型鞍式支座为例，如图 4-35 所示。就鞍座的结构类型而言，有以下五点说明。

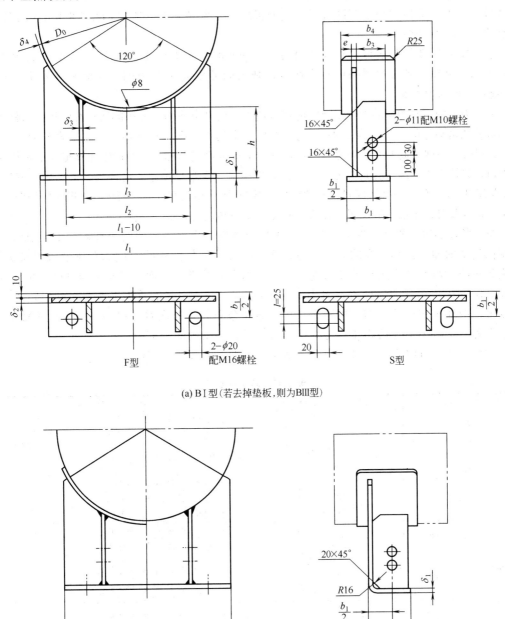

(a) BⅠ型(若去掉垫板,则为BⅢ型)

(b) BⅣ型(图形左半侧,带垫板)和BⅤ型(图形右半侧,不带垫板)

图 4-35　DN500～900 的 BⅠ，BⅢ，BⅣ，BⅤ型鞍式支座（鞍座尺寸查 JB/T 4712 标准）

ⅰ. 鞍座有焊制与弯制之分。焊制鞍座是由底板、腹板、筋板和垫板四种板组焊而成。弯制鞍座与焊制鞍座的区别仅仅是腹板与底板是否由同一块钢板弯出来的，这两板之间有没有焊缝，只有 $DN \leqslant 900$mm 的鞍座才有弯制鞍座。这四种板的厚度（底板 δ_1，腹板 δ_2，筋板 δ_3，垫板 δ_4）、筋板的数目和支座的高度 h，决定着鞍座的最大允许载荷 $[Q]$。

ⅱ. 由于同一直径的容器长度有长有短、介质有轻有重（计算介质的质量时，应考虑到水压试验时，容器内充满水的情况），因而同一 DN 的鞍座按其允许承受的最大载荷考虑，有轻型（代号为 A 型）和重型（代号为 B 型）之分。对于 $DN \leqslant 900$mm 的鞍座，由于容器直径较小，支座按轻型与重型区分后，其四板的尺寸差别不大。所以 $DN \leqslant 900$mm 的鞍座，只有重型，没有轻型。

ⅲ. 鞍座大都带有垫板，但是对于 $DN \leqslant 900$mm 的鞍座也有不带垫板的。如图 4-35（b）所示的鞍座，其主视图的中心线两侧，画出的分别是带垫板的（左侧）与不带垫板的（右侧）两种鞍座结构。

ⅳ. 为了使容器的壁温发生变化时能够沿轴线方向自由伸缩，鞍座的底板有两种：一种底板上的螺栓孔是圆形的（代号为 F 型）；另一种底板上的螺栓孔是长圆形的（代号为 S 型）。安装时，F 型鞍座是被底板上的地脚螺栓固定在基础上成为固定鞍座，S 型鞍座地脚螺栓上则使用两个螺母，先拧上去的螺母拧到底后倒退一圈，再用第二个螺母锁紧。这样当容器出现热变形时，S 型鞍座可以随容器一起做轴向移动，所以 S 型鞍座属活动鞍座。为了便于 S 型鞍座的轴向滑动，如果容器的基础是钢筋混凝土时，在 S 型鞍座的下面必须安装基础垫板。

ⅴ. 当容器置于鞍座上时，鞍座的约束反力将集中作用于容器的局部器壁上，引起该处器壁内复杂的而且是相当大的局部应力，这些应力除了与筒壁的厚度和鞍座的位置有关外，鞍座包角的大小对鞍座边角处器壁内的应力有相当大的影响，增大鞍座包角可以减小该处的应力，所以在新修订的标准中，对于 DN 在 1500～4000mm 的重型鞍座中，除包角为 120°的以外，增加了包角等于 150°的结构。增大鞍座包角，从鞍座看是提高了鞍座的承载能力。而更重要的是减小了容器筒体在支座反力作用下，器壁内的局部应力。

综合上述，可将现行鞍座标准中的鞍座型式汇总于表 4-45 中。

表 4-45 鞍座的型式

型 式		适用公称直径 DN/mm	结 构 特 征
轻型 A		1000～2000	120°包角、焊制、四筋、带垫板
		2100～4000	120°包角、焊制、六筋、带垫板
重型	BⅠ	159～426	120°包角、焊制、单筋、带垫板
		300～450	120°包角、焊制、单筋、带垫板
		500～900	120°包角、焊制、双筋、带垫板
		1000～2000	120°包角、焊制、四筋、带垫板
		2100～4000	120°包角、焊制、六筋、带垫板
	BⅡ	1500～2000	150°包角、焊制、四筋、带垫板
		2100～4000	150°包角、焊制、六筋、带垫板
	BⅢ	159～426	120°包角、焊制、单筋、不带垫板
		300～450	120°包角、焊制、单筋、不带垫板
		500～900	120°包角、焊制、双筋、不带垫板
	BⅣ	159～426	120°包角、弯制、单筋、带垫板
		300～450	120°包角、弯制、单筋、带垫板
		500～900	120°包角、弯制、双筋、带垫板
	BⅤ	159～426	120°包角、弯制、单筋、不带垫板
		300～450	120°包角、弯制、单筋、不带垫板
		500～900	120°包角、弯制、双筋、不带垫板

（2）鞍座的选用

选用鞍座时应考虑以下问题。

① 轻型（A）、重型（B）的选择 $DN \leq 900$mm 的鞍座只有重型，所以 $DN \geq 1000$mm 的鞍座才有轻、重型的选择问题。选择的依据是：根据筒体的公称直径选取，并使鞍座的实际承受的载荷 Q_{max} 应小于鞍座的允许载荷 $[Q]$。在确定鞍座实际承受的载荷时，应将水压试验时容器及介质的总重可能最大的情况考虑进去。

在确定鞍座的允许载荷时，应考虑鞍座所采用的实际高度是不是超过了鞍座标准规定尺寸 h 值。若超过规定值，鞍座的允许载荷应按标准中提供的曲线减小。

② 鞍座是否带垫板 $DN \geq 1000$mm 的鞍座都带垫板。$DN \leq 900$mm 的鞍座若符合以下条件之一时，也必须设置垫板。

ⅰ. 容器筒体的有效厚度 E 小于或等于 3mm 时；

ⅱ. 容器筒体鞍座处的周向应力大于规定值时；

ⅲ. 容器筒体有热处理要求时；

ⅳ. 容器筒体与鞍座间温差大于 200℃时；

ⅴ. 容器筒体材料与鞍座材料的化学成分与力学性能相差较大时。

不锈钢筒体配用碳钢鞍座时，鞍座必须配制用相同不锈钢材料制造的垫板。

③ 包角问题 在标准中，只有 $DN \geq 1500$mm 的重型鞍座才有两种包角，大多情况下采用 120°包角的鞍座，如若鞍座处筒壁内的应力计算不满足要求，则采用 150°包角的重型支座，如若还不满足要求，依据筒壁内的应力计算来设计鞍式支座包角。

④ 鞍座的定位 鞍座的位置应尽可能靠近封头，如图 4-36 所示，A 值应小于或等于 $D_0/4$ 且不宜大于 $0.2L$，有特殊需要时，A 最大不得大于 $0.25L$。

滑动鞍座的安装定位还要考虑容器使用时是受热伸长还是降温收缩，并以此来判定底板上的长螺孔位置（图 4-36）。

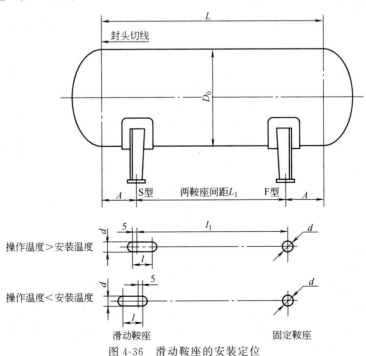

图 4-36 滑动鞍座的安装定位

⑤ 基础垫板　当容器是安装在钢筋混凝土基础上时，滑动鞍座底板下面必须安装基础垫板，基础垫板表面必须保持平整、光滑。

（3）标记

JB/T 4712—1992，鞍座 ×　×　×
　　　　　　　　　　　└── 固定鞍座F,滑动鞍座S
　　　　　　　　　└──── 公称直径,mm
　　　　　　└────── 型号(A,BⅠ,BⅡ,BⅢ,BⅣ,BⅤ）

当鞍座高度 h，垫板厚度 δ，滑动支座螺孔长度 l 不取标准值（因热伸长变形量大）时，应在上述标记后依次加标：$h=\times$，$\delta=\times$，$l=\times$。

例 4-47　容器的公称直径为 $DN\,800mm$，支座包角为 120°重型、不带垫板、标准高度的固定式弯制鞍座，其标记为：

JB/T 4712—1992，鞍座 BV800-F

例 4-48　DN 为 1600mm，150°包角、重型滑动鞍座，鞍座高度 400mm（标准值 $h=$ 250mm），垫板厚度 12mm（标准值 $\delta_4=10mm$），底板上的长螺孔 60mm（标准值 $l=$ 40mm）其标记为：

JB/T 4712—1992，鞍座 BⅡ1600-S，$h=400$，$\delta_4=12$，$l=60$

4.9　内件

4.9.1　物料进口缓冲板

容器在下列情况之一时，应在进口接管处设置缓冲板。

ⅰ. 介质有腐蚀性及磨损性且 $\rho v^2>740$，或介质无腐蚀性及磨损性且 $\rho v^2>2355$（注：v 为流体线速度，m/s；ρ 为流体密度，kg/cm³），并直接对容器壁冲刷；

ⅱ. 防止进料时产生料峰，保证内部稳定操作。

物料进口处的缓冲板结构可参照图 4-37。

要求液面计指示平稳的液面计上部连接管，可设置挡液板。挡液板的结构见图 4-37（a）。

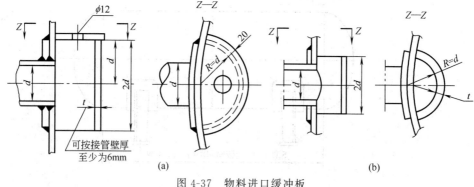

图 4-37　物料进口缓冲板

4.9.2　防涡流挡板

容器在下列情况之一时，应设防涡流挡板。

ⅰ. 容器底部与泵直接相连的出口（以防止泵抽空）；

ⅱ. 为防止因旋涡而将容器底部杂质带出，影响产品质量或沉积堵塞后面生产系统的液体出口；

ⅲ. 需进行沉降分离或液相分层的容器底部出口（用以稳定液面，提高分离或分层的效果）；

ⅳ. 为减少出口液体夹带气体的出口。

防涡流挡板的基本结构和尺寸参照 HGJ 17—89 的图 9.2 和表 9.1。

4.9.3 气体出口挡板

为减少雾沫夹带，可设气体出口挡板，其形式和尺寸可参照图 4-38。

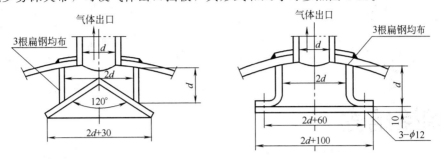

图 4-38 气体出口挡板

4.9.4 内部梯子

当人孔设在筒体侧面时，容器内壁宜设置梯子、把手。梯子、把手的位置和结构尺寸可参照图 4-39 和图 4-40。

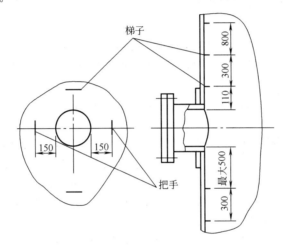

图 4-39 梯子、把手的位置

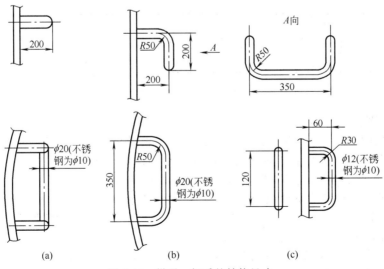

图 4-40 梯子、把手的结构尺寸

5 焊接结构

5.1 焊接结构的基本概念

5.1.1 焊接接头

焊接接头是指两个或一个零件的两个部分在焊接连接部位处的结构总称。要全面描述一个焊接接头的结构，包括三项要素：接头形式、坡口形式、焊缝形式。

5.1.2 接头形式

接头形式有对接焊接接头、角接焊接接头和 T 形焊接接头、搭接焊接接头。

5.1.3 坡口形式

为保证接头的焊接质量，根据焊接工艺需要，经常将接头的熔化面加工成各种形状的坡口。国家标准 GB 985—1988《气焊、手工电弧焊及气体保护焊焊缝坡口的基本形式与尺寸》和 GB 986—1988《埋弧焊焊缝坡口的基本形式与尺寸》，将坡口分为基本型、组合型和特殊型 3 类。

基本型坡口有 5 种，见图 5-1。组合型坡口有 14 种，这类坡口是由两种或两种以上基本型坡口组成（图 5-2），如 Y 形坡口［图 5-2（a）］是由 I 形和 V 形两种基本型坡口组成，双 U 形坡口［图 5-2（g）］是由两个 U 形和一个 I 形坡口组成等。

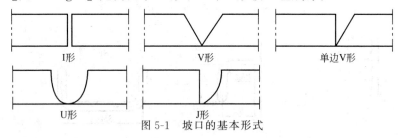

图 5-1　坡口的基本形式

5.1.4 焊缝形式

焊缝形式表明的是焊接接头中熔化面间的关系，有两种基本形式和一种组合形式，共三种。

① 对接焊缝　是由两个相对的熔化面及其中间的焊缝金属所构成，图 5-3（a）中的 1—1 和 2—2 两个熔化面及它们之间的焊缝金属便是对接焊缝。

② 角焊缝　是由相互垂直或相交为某一角度的两个熔化面及呈三角形断面形状的焊缝金属所构成。图 5-3（b）中的由 1—2 和 2—3 两个（直角边）熔化面所形成的三角形焊缝金属截面便是角焊缝。

③ 组合焊缝　是由对接焊缝和角焊缝组合而成的焊缝，图 5-3（c）中的两个角接和 T 形焊接结构中的焊缝都是组合焊缝。其中 1—1 和 2—2 两个熔化面及它们之间的焊缝金属属对接焊

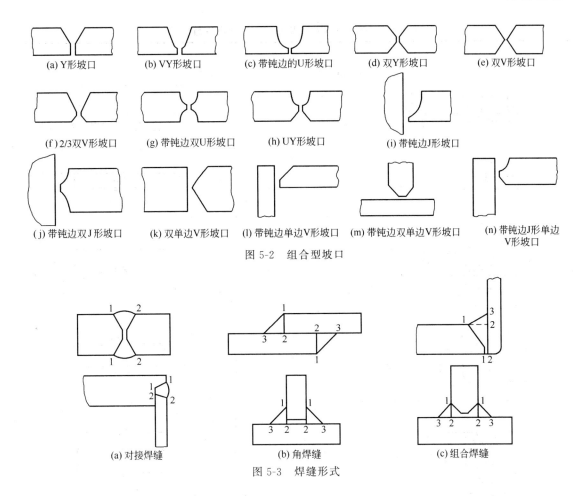

图 5-2　组合型坡口

缝，而 1—2 和 2—3 两个熔化面及其三角形焊缝截面属角焊缝，二者组合起来故称组合焊缝。

5.2　对接接头的设计

对接焊接接头简称对接接头，是焊接结构中采用最多的一种接头形式。相对于其他接头类型，由于其受力状况好、应力集中程度小，因而在压力容器的受压件的焊接中，对接接头是最理想的接头形式。

5.2.1　对接接头的焊缝及常用坡口形式

对接接头焊缝的基本形式是对接焊缝，根据被焊工件的结构特点和需要，对接焊缝可分为单面对接焊缝和双面对接焊缝。

对接接头可开有不同形式的坡口，表 5-1 给出了 8 种坡口。

（1）开坡口的目的

ⅰ. 保证电弧能深入到工件根部，使根部焊透，同时便于清渣；

ⅱ. 调节母材和填充金属的比例，以便获得焊缝的最佳成分；

ⅲ. 在坡口内保留钝边是为防止烧穿。根部留间隙也是为保证根部能焊透。

（2）坡口形式的选择

① 要保证焊透　焊条电弧焊时，板厚在 6mm 以下，可用 I 形坡口双面焊即可焊透，6mm 以上则需开 V 形或 U 形等形式的坡口。埋弧自动焊时，板厚在 18mm 以下可采用 I 形坡口双面焊，当板厚大于 18mm 以上时，则需开单 V 或双 V、单 U 或双 U 形坡口。

表 5-1 对接接头常用坡口形式、尺寸及焊缝形式 　　　　　mm

序号	坡口形式	名称	坡口尺寸 焊条电弧焊、气保焊		坡口尺寸 埋弧自动焊		焊缝形式	名称
1		卷边坡口	δ	1~2				单面对接焊缝
			R	1~2				
2		I形坡口	δ	3~6	δ	6~18		双面对接焊缝
			b	0~2.5	b	0~2		
3		Y形坡口	δ	6~20	δ	10~30		双面或单面对接焊缝
			α	60°~70°	α	60°±5°		
			b	0~2	b	1~3		
			p	2~3	p	4~10		
4		Y形带垫板坡口	δ	6~20	δ	8~30		单面对接焊缝
			α	45°~55°	α	60°±5°		
			b	8~9	b	2~5		
			p	0~2	p	2~4		
5		双Y形坡口	δ	16~60	δ	20~60		双面对接焊缝
			α	60°±5°	α	60°±5°		
			b	0~3	b	0~2		
			p	1~3	p	6~7		
6		带钝边U形坡口	δ	20~60	δ	16~80		双面或单面对接焊缝
			β	10°±2°	β	12°~14°		
			R	6~8	R	5~6		
			b	0~3	b	2~3		
			p	1~3	p	1~3		
7		VY形坡口	δ	30~60	δ	30~60		双面或单面对接焊缝
			α	65°~75°	α	65°~75°		
			β	10°±2°	β	10°±2°		
			b	1~3	b	1~3		
			p	1~3	p	1~3		
			H	8~12	H	8~12		
8		带钝边双U形坡口	δ	>30	δ	>50		双面对接焊缝
			β	6°~8°	β	8°~12°		
			R	6~7	R	6~10		
			b	0~2	b	0~3		
			p	1~3	p	6~10		

② 坡口形状要便于加工　I 形坡口与 V 形坡口可用气割和等离子切割加工，而 U 形坡口则需机械加工才能达到尺寸要求。

③ 尽可能提高生产率、节约焊条　在相同板厚的条件下，开不同形式坡口的焊条消耗量，按由低至高为双 U→单 U→双 V→单 V 形坡口。

④ 焊后焊件变形尽可能小　单 V 坡口焊后容易产生变形，双 V 形坡口产生的焊后变形比单 V 形坡口要小。

⑤ 双面坡口有对称的，有不对称的　双面不对称坡口常应用于以下场合：需要清焊根的焊接接头，为做到焊缝两侧的熔敷金属量相等，清根一侧的坡口深度要设计得小些，固定接头必须仰焊时，为减少仰焊的熔敷金属量，应将仰焊一侧的坡口设计得小些；为防止清根后产生根部深沟槽，浅坡口一侧的坡口角度应增大。除上述场合外尽量采用双面对称坡口，以保证焊缝处的力学性能。

⑥ 对于不同被焊钢材，其坡口要求的区别　对于普通碳钢，因它对焊接热不甚敏感，故可采用高级能量的焊接规范，为便于操作，坡口的截面就应大些。但对铬镍不锈钢，坡口截面就应小些，因为这种钢只能采用低的线能量焊接，并且要避免焊接热的多次作用。

综上所述，接头坡口形式的选择是由多方面因素确定的，应根据焊接方法、焊接位置、板材厚度、变形大小、焊透要求、加工条件以及经济性等因素全面考虑选择合适的坡口形式。对接接头常用坡口形式和尺寸以及焊缝形式如表 5-1 所示。

5.2.2　对接接头及其焊缝应遵守的规定

对接接头由于被焊的两个构件中面处于或基本处于同一平面内，所以在外载荷作用下，其受力状态较好。但应遵守以下几项规定。

（1）焊接接头系数

由于对接接头的焊缝内存在着几何形状的变化和某些焊接缺陷，所以在进行强度计算时，应将材料的许用应力乘以焊接接头系数 ϕ，按 GB 150—1998 规定，焊接接头系数取值如下。

双面焊对接接头和相当于双面焊的全焊透对接接头

100%无损检测 $\phi=1.0$；

局部无损检测 $\phi=0.85$。

单面焊对接接头（沿焊缝根部全长有紧贴基本金属的垫板）

100%无损检测 $\phi=0.9$；

局部无损检测 $\phi=0.80$。

（2）应力集中与余高规定

对接接头中的焊缝，除少数在焊后经加工去除余高外，一般均有高度为 h 的余高存在，对接接头内的应力集中正是由余高引起，因此 GB 150—1998 对焊缝余高作出了规定，压力容器中的对接接头中的焊缝余高 h_1 和 h_2 应符合图 5-4 和表 5-2 的规定。

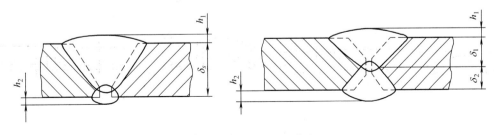

图 5-4　对接接头焊缝余高

表 5-2 对接接头焊缝余高

标准抗拉强度下限值 $\sigma_b > 540MPa$ 的钢材以及 Cr-Mo 低合金钢钢材				其他钢材			
单面坡口		双面坡口		单面坡口		双面坡口	
h_1	h_2	h_1	h_2	h_1	h_2	h_1	h_2
$0\sim10\%\delta_s$ 且$\leqslant3$	$\leqslant1.5$	$0\sim10\%\delta_1$ 且$\leqslant3$	$0\sim10\%\delta_2$ 且$\leqslant3$	$0\sim15\%\delta$, 如小于 1.5mm 按 1.5 计	$\leqslant1.5$	$0\sim15\%\delta_1$ 且$\leqslant4$	$0\sim15\%\delta_2$ 且$\leqslant4$

注：表中百分数计算值小于 1.5 时，按 1.5 计。

（3）钢材厚度不等的对接接头

由不同厚度的钢板直接焊成的对接接头，由于几何尺寸的突变也会产生应力集中，所以对于压力容器环向接头两边的筒节或封头厚度不等且超出一定数值时，应按以下规定将较厚一侧的钢板削薄。当薄板厚度不大于 10mm，两板厚度差超过 3mm；或当薄板厚度大于 10mm，两板厚度差大于薄板厚度的 30%或超过 5mm 时，均应按图 5-5 的规定单面或双面削薄厚板边缘。

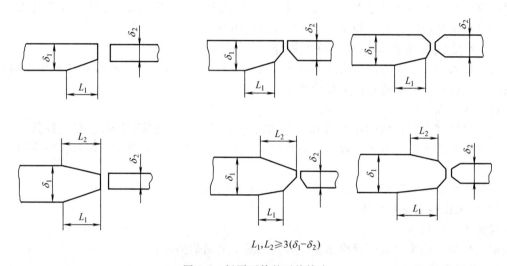

$$L_1, L_2 \geqslant 3(\delta_1 - \delta_2)$$

图 5-5 板厚不等的对接接头

当长颈对焊法兰颈端厚度或乙型平焊法兰短节厚度与壳体或接管厚度不等时也应按相应法兰标准之规定进行类似的削薄处理。

（4）对口错边量

板厚相同的对接接头，如果在组对时没有对齐，也会人为地造成板厚不等的结果（图 5-6），所以组对对接接头时，对口错边量应符合表 5-3 规定。

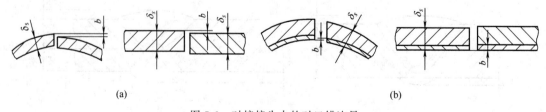

(a)   (b)

图 5-6 对接接头中的对口错边量

表 5-3　对接接头中的对口错边量　　　　　　　　　　mm

对口处钢材厚度 δ_s/mm	对口错边量 b		对口处钢材厚度 δ_s/mm	对口错边量 b	
	纵向接头	环向接头		纵向接头	环向接头
≤12	≤$1/4\delta_s$	≤$1/4\delta_s$	>40~50	≤3	≤$1/8\delta_s$
>12~20	≤3	≤$1/4\delta_s$	>50	≤$1/16\delta_s$,且≤10	≤$1/8\delta_s$,且≤20
>20~40	≤3	≤5			

注：1. 锻焊容器环向焊接接头对口错边量 b 应不大于对口处钢板厚度 δ_s 的 1/8，且不大于 5mm。

2. 复合钢板的对口错边量 b ［图 5-6（b）］不大于钢板复层厚度的 50%，且不大于 2mm。

3. 球形封头与圆筒连接的环向接头以及嵌入式接管与圆筒或封头对接连接的 A 类接头，按 B 类焊接接头的对口错边量要求。

当对接的两板厚度不等，但其厚度差又没有达到必须将厚板接口处削薄时，对口错边量 b 应以薄板厚度为基础确定。但在测量对口错边量时，不应计入两板厚度的差值。

（5）棱角

当构成对接接头的两侧钢板的中面相交，便会导致棱角出现。但是棱角的大小并不以两中面相交的角度度量，而是利用样板和直尺按照图 5-7 所示的方法测得 E 值。GB 150 规定：筒体纵向对接接头内所形成的环向棱角 E，用弦长等于 $\frac{1}{6}$ 内径 D_i，且不小于 300mm 的内样板或外样板［图 5-7（a）］检查，其 E 值不得大于 $\left(\frac{1}{10}\delta_s+2\right)$mm，且不大于 5mm。

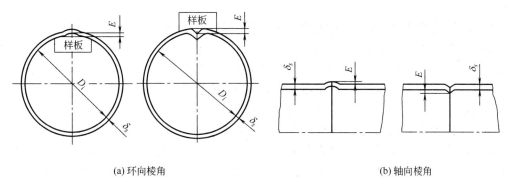

(a) 环向棱角　　　　　　　　　　　　　(b) 轴向棱角

图 5-7　对接接头的棱角

在环向对接接头内所形成的轴向棱角 E，用长度不小于 300mm 的直尺检查［图 5-7（b）］，其 E 值也是不得大于 $\left(\frac{1}{10}\delta_s+2\right)$mm，且不超过 5mm。

（6）相邻对接接头的最小间距

i. 封头由成型瓣片和顶圆板拼接制成时，各对接接头的焊缝方向只允许是径向和环向，二相邻径向焊缝之间的距离不得小于 $L_{min}\geq3\delta_s$，且不少于 100mm［图 5-8（b）］。

ii. 用平行的对接焊缝拼接的封头，焊缝间的最小距离不得小于上述的 L_{min}［图 5-8（c）］。

iii. 相邻筒节纵向对接焊缝之间的距离（按弧长计），与封头连接的筒节，其纵向焊缝与封头拼接焊缝之间的距离，均不得小于 L_{min}［图 5-8（a）］。

iv. 筒节长度不得小于 300mm［图 5-8（a）］。

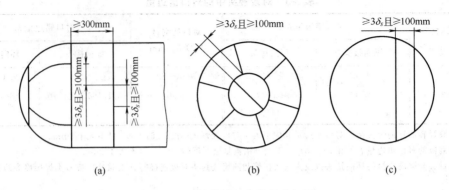

图 5-8　对接接头相邻的最小间距

以上规定是为了避免相邻焊接接头中焊接残余应力和热影响区的叠加。

以上 6 个规定均只限于单层焊接钢制压力容器，多层包扎压力容器与热套压力容器另有规定。

5.3　角接焊接接头和 T 形焊接接头

角接焊接接头和 T 形焊接接头简称角接接头、T 形接头。它们在化工设备中是常见的接头形式，如接口管与壳体的连接、接口管与法兰的连接、夹套封闭件与筒体的连接等。T 形接头是典型的电弧焊接头，能承受各种方向的力和力矩，但其受力状况要比对接接头复杂得多。

5.3.1　角接接头和 T 形接头常用的坡口形式和焊缝形式

角接接头和 T 形接头的坡口形式有 I 形、单边 V 形、Y 形、双单边 V 形和双 J 形坡口，如表 5-4 所示，可根据板厚、准备采用的焊缝形式以及工件的受力情况来选择。

角接接头和 T 形接头所采用的焊缝可以是角焊缝、对接焊缝和组合焊缝。但在压力容器中用的最多的是组合焊缝。单一的对接焊缝虽有应用，但不是很多，例如无折边锥形封头与筒体和小端接管之间的焊缝便是对接焊缝。至于单一的角焊缝，在受压元件构成的角接接头或 T 形接头中被严格限制使用。这是为什么呢？要回答这个问题，需要对角焊缝的位置、截面形状及其受力特点作一简要说明，在角接接头和 T 形接头中的角焊缝，其所承受的外力方向大多数是与焊缝的轴线垂直，这样的角焊缝称为正面角焊缝。如图 5-9 (a) 所示，十字接头中的四条角焊缝都是正面角焊缝。如果所施加的外力方向与角焊缝轴线平行，这样的角焊缝称为侧面角焊缝，侧面角焊缝多见于搭接接头结构。在角接接头中较为少见。正面角焊缝的截面形状对具有这种焊缝的接头的承载能力有一定影响。角焊缝的截面形状可以从两方面看。一方面是看三角形截面的两个直角边长度是否相等，相等时是等腰直角三角形 [图 5-9 (a)]，焊趾角 θ 等于 45°；两个直角边一长一短时 [图 5-9 (b)] 则可以有多种焊趾角，但 θ 角是大一些还是小一些有利于接头承载能力的提高？试验研究表明 θ 角以小于 45° 为好。有资料指出，若将 $\theta = 45°$ 的正面角焊缝内的峰值应力定为 γ，那么 $\theta = 32°$ 的正面角焊缝内的峰值应力为最小，仅为 0.66γ。

角焊缝的截面形状还可根据直角三角形的斜边是直线、是内凹或是外凸分为三种（图 5-10），研究表明，对于提高接头的承载能力来说，内凹形状的最好，直线的居中，外凸的最差。

表 5-4　角接接头和 T 形接头常用坡口形式、尺寸及焊缝形式　　　　　　　　mm

序号	坡口形式	名称	坡 口 尺 寸		焊缝形式	名称
			焊条电弧焊、气保焊	埋弧焊		
1		I 形坡口	δ　2～8 b　0～2	δ　6～14 b　0～2.5		单面对接焊缝
2		带钝边单 V 形坡口	δ　6～30 β　35°～50° b　0～3 p　1～3	δ　10～20 β　35°～45° b　0～2.5 p　0～3		对接＋角接组合焊缝
3		Y 形坡口	δ　12～30 α　40°～50° b　0～2 p　0～3			对接＋角接组合焊缝
4		带钝边双面单 V 形坡口	δ　20～40 β　35°～50° b　0～3 p　1～3	δ　20～40 β　35°～50° b　0～2.5 p　1～3		对接＋角接组合焊缝
5		I 形坡口	δ　2～30 b　0～2	δ　2～60 b　0～2		双面角焊缝
6		带钝边单 V 形坡口	δ　6～30 β　45°～50° b　0～3 p　1～3	δ　10～24 β　35°～45° b　0～2 b　3～7		对接＋角接组合焊缝
7		带钝边双面单 V 形坡口	δ　20～40 β　40°～50° b　0～3 p　1～3	δ　10～40 β　10°～50° b　0～2.5 p　3～5		对接＋角接组合焊缝
8		带钝边双 J 形坡口	δ　＞30 β　10°～20° R　6～8 b　0～3 p　2～4	δ　30～60 β　35°～50° R　5～7 b　0～2.5 p　3～5		对接＋角接组合焊缝

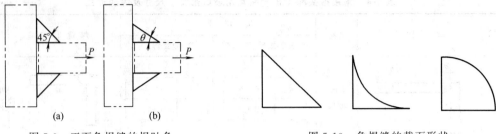

图 5-9　正面角焊缝的焊趾角　　　　　图 5-10　角焊缝的截面形状

5.3.2　压力容器中不允许使用的角接结构

在压力容器中，凡是受压元件之间组成的角接或 T 形焊接接头均要求采用组合焊缝。图 5-11 的角接结构是不允许使用的。

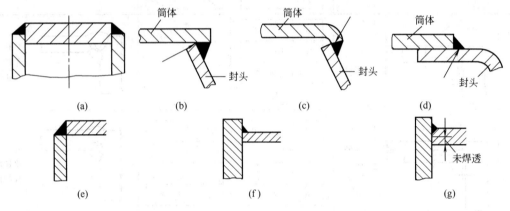

图 5-11　不允许在压力容器中使用的角接结构

5.4　压力容器中焊接接头

《压力容器》GB 150—2011 对压力容器受压部件上的焊接接头进行如下分类（图 5-12）。

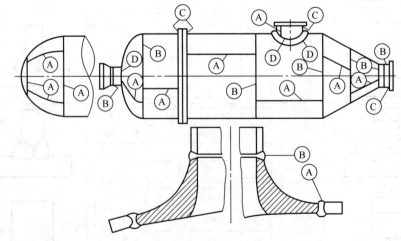

图 5-12　压力容器受压部件上的焊接接头分类

5.4.1　焊接接头分类

（1）A 类焊接接头

属于这类接头的是：

ⅰ．圆筒部分的纵向接头（多层包扎容器层板纵向接头除外）；

ⅱ．球形封头与圆筒连接的环向接头；

ⅲ．各类凸形封头中的所有拼焊接头；

ⅳ．嵌入式接管与壳体对接连接的接头。

这类接头的特点是对接接头、对接焊缝。从宏观看，它是受压元件中承受最大薄膜应力的接头，因此在此薄膜应力为基础的强度计算中，这类焊缝的焊接接头系数对壳壁计算厚度及许用应力有直接影响。

（2）B 类焊接接头

属于这类接头的是：

ⅰ．容器筒节之间，公称直径大于 250mm 接管与接管之间的环向接头；

ⅱ．椭圆形封头、碟形封头、锥形封头大端与筒体连接的环向接头；

ⅲ．锥形封头小端与接管连接的环向接头；

ⅳ．长颈对焊法兰与接管连接的环向接头。

B 类接头也是对接接头、对接焊缝。从宏观看，它承受的是径向薄膜应力。

A、B 类接头均应采用全焊透的双面对接接头形式。当结构尺寸限制，只能从单面焊接时，也可采用单面开坡口的接头形式，但必须保证全焊透。可采用氩弧焊或二氧化碳气体保护焊封底焊，也可采用在接头背面加临时或固定垫板，采用适当焊接工艺保证根部焊道与坡口两侧完全熔合。

（3）C 类焊接接头

属于这类接头的是：

ⅰ．平盖、管板与圆筒非对接连接的接头；

ⅱ．法兰与壳体、法兰与接管连接的接头；

ⅲ．内封头与圆筒的搭接接头；

ⅳ．多层包扎容器层板层纵向接头。

前两种 C 类接头皆为 T 形接头、角焊缝或组合焊缝。第三种为搭接接头填角焊缝。第四种为对接接头对接焊缝。

（4）D 类焊接接头

属于这类接头的是：

ⅰ．接管、人孔与壳体连接的接头；

ⅱ．凸缘与壳体连接的接头；

ⅲ．补强圈与壳体连接的接头。

前两种为 T 形接头角焊缝或组合焊缝。后一种为搭接接头填角焊缝。

在以上焊接接头的分类中，有以下几种焊接接头未作出规定：

ⅰ．平板封头、管板、容器法兰上的拼焊接头；

ⅱ．平盖、管板与圆筒连接的对接接头；

ⅲ．夹套封闭件与内筒连接的 T 形接头。

根据对焊缝检验方法的不同要求，平板封头、管板、容器法兰上的拼焊接头，也应按凸形封头中的拼焊接头对待划为 A 类；平盖、管板与圆筒连接的对接接头也应按壳体部分的环向接头对待划为 B 类；夹套封闭件与内筒连接的 T 形接头划为 C 类则较相宜。

5.4.2　焊接接头的代号标注方法

在化工设备与压力容器图样中，重要的焊接接头在我国目前绝大多数都还是习惯用局部的节点放大图表示，或者在技术要求中用文字表述所应遵守的标准。但是在不少图样中也有用焊接接头代号来表达焊接接头结构的。焊接接头代号是由基本符号（表5-5）、辅助符号（表5-6）、补充符号（表5-7）、引出线和焊缝尺寸符号组成的。表5-8说明连续焊缝接头结构及其代号的标注方法。个别未摘引的焊缝标注代号请查阅GB 324—1988《焊缝符号表示方法》。

表5-5　基本符号（摘自GB 324—88）

焊缝名称	基本符号	焊缝名称	基本符号	焊缝名称	基本符号
I形焊缝	‖	单边V形焊缝	⌴	带钝边J形焊缝	⋃
V形焊缝	V	带钝边单边V形焊缝	⋎	封底焊缝	⌣
带钝边V形焊缝	Y	带钝边U形焊缝	⋃	角焊缝	◿

表5-6　辅助符号（非全部）

序号	名　称	示　意　图	符号	与基本符号配合使用	说　明
1	平面符号		▽	─	将对接焊缝余高去掉
2	凹面符号		◺	⌣	采用凹面角焊缝

注：对接焊缝的余高一般不必用辅助符号表示，在压力容器中角接接头的凸面角焊缝很少采用，故虽有凸面符号⌢，但未摘引。

表5-7　补充符号

序号	名　称	示　意　图	符号	说　明
1	带垫板符号		▭	表示焊缝底部有垫板
2	三面焊缝符号		⊏	表示三面带有焊缝
3	交错断续焊缝		Z	表示焊缝在接头两侧交错断续布置
4	周围焊缝符号		○	表示环绕工件周围焊缝
5	现场符号	─	▶	表示该焊缝在现场施焊
6	尾部符号	─	﹤	在其右侧用数字表示相同焊缝的数量,用数字表示的焊缝方法

表 5-8　连续焊缝接头结构及其代号标注方法的说明

序号	接头结构及接头代号	说　明	序号	接头结构及接头代号	说　明
1		这两个接头都是单面焊，序号1的施焊面与箭头指向在同一侧，所以基本符号与 s、b 数据均位于实线上方。序号2的施焊面不与箭头指向同侧，所以基本符号与 s、b 数据均位于虚线下方。因未焊透所以标注 s 值	6		应推断出：该接头的施焊面不在箭头指向一侧（因符号数据均在虚横线上），而且在同一侧有两个基本符号，这说明该接头焊缝为组合焊缝
2			7		应推断出：该接头为双V形坡口，但并不对称，从 H 值小于 $\frac{1}{2}(\delta-p)$ 可知，箭头指向一侧的坡口高度大于另一侧坡口高度（虚线也可不加）
3		双面对称施焊，坡口形状也相同，所以横线只用一条实线，不必加平行虚线，且 b 只需标注一面	8		可以断定这两个接头都是有钝边的V形坡口，带封底焊缝的对接焊缝，两个接头唯一区别只是序号8的主施焊面与箭头指向面同侧，而序号9接头的主施焊面在背面
4		符号、尺寸均标注实横线上，说明施焊在箭头所指一侧；"〇"表示焊缝环绕一圈系封闭焊缝；s 与 p 数值相差较大时（如 10×2）可不必标注尺寸符号；H 可以不注（因已注 p）	9		
5		可知箭头指向一侧为单V形坡口对接焊缝，另一侧为角焊缝，两条焊缝均环绕一圈，都是封闭焊缝（虚线也可不要）	10		只看标注的接头代号，同一代号可能是两种不同接头结构，所以接头代号必须用引线箭头指向设备总图上所要表达的焊缝处，这个焊缝只是一条直线（实线或虚线）或是两条直线的交点

注：表中所举的10个例子，只是涉及在化工设备图样中经常遇到的一些规定并没有包括接头代号标注的全部规定。

5.5　焊接结构的设计原则

设计人员要保证结构在运行过程中不发生任何致命的失效，包括弹性失效、屈服失效、力学不稳定、断裂或脆性断裂。因此，在设计时要综合考虑载荷的大小、种类、使用温度、使用环境等因素，还要考虑到尽量选择最有效的截面形式和截面尺寸以求最低的材料费、制造费和焊接量。图 5-13 给出了焊接结构的设计和材料、制造的关系。

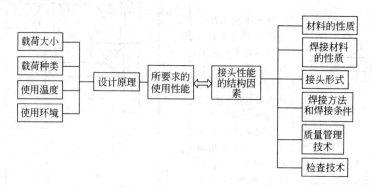

图 5-13　焊接结构的设计和材料、制造的关系

钢制压力容器的焊接接头设计应当注意以下几个原则。

（1）尽量减少结构或焊接接头部位的应力集中

在一些构件截面改变的地方，必须设计成平缓过渡，不要形成尖角。在设计中应尽量采用应力集中系数小的对接接头。搭接接头由于应力集中系数大，应尽量避免。图 5-11（a）设计是不合理的，过去曾出现过多起这种结构在焊处破坏的事故。改成对接结构后，由于减少了应力集中，承载能力大为提高。爆破试验证明，断裂从焊缝以外开始。

不同厚度的构件的对接接头应尽量采用圆滑过渡。

应将焊缝布置在便于焊接和检验的地方，以避免和减少焊缝的缺陷。设计者在图上绘制非常容易，但焊接时因操作困难而无法保证质量。

合理配置焊缝，在结构允许的情况下应避免焊缝密集。焊缝应尽量避开结构的尺寸突变处或应力集中部位，以避免焊接裂纹。

（2）降低应力集中和附加应力的影响

在满足结构的使用条件下，应当尽量减少结构的刚度。在压力容器的设计中，经常要在容器的器壁上开孔，焊接接管。为了避免此处焊缝刚性过大，则可开缓和槽，以保证焊缝外形应尽量连续、圆滑，以减少应力集中。在确保焊接接头性能的前提下，合理安排组装顺序，以减少焊接变形和残余应力。

（3）合理设计坡口

合理设计坡口角度、钝边高、根部间隙等结构尺寸，使之有利于坡口加工及焊透，以减少各种焊接缺陷产生的可能性。复合钢板的坡口应有利于降低过渡层焊缝金属的稀释率。应尽量减少复层焊接量。

（4）按等强度设计原则

焊接接头的强度应不低于母材标准规定的抗拉强度下限值。

（5）对于附件或不受力焊缝的设计，应和主要承载焊缝一样给予足够重视

为脆性裂纹一旦由这些不受到重视的接头部产生，就会扩展到主要受力的元件中，使结构破坏。

（6）减少和消除焊接残余应力的不利影响

在制定工艺过程时，应当考虑尽量减少焊接残余应力值，在必要时应考虑消除应力热处理。

5.6 焊接材料

为了保证焊缝的质量，焊接冶金必须解决两个问题：首先是对熔化金属加强保护，使其免受空气的有害作用；其次是进行冶金处理（脱氧、脱硫、脱磷），同时通过调整焊接材料的化学成分，控制冶金反应，来获得预期要求的焊缝成分。电弧焊用焊条，埋弧焊用焊丝和焊剂以及气体保护焊用气体、焊丝和熔剂等就是基于这个原则而发展起来的。

5.6.1 焊条电弧焊用焊条

（1）电焊条的组成及其作用

电焊条是由焊芯和药皮组成的。焊芯都采用焊接专用的金属丝，并列入国家标准。碳钢焊条用焊丝 H08A、H08E、H08C 或 H08MnA 作焊芯。不锈钢焊条通常用不锈钢焊丝做焊芯。药皮是矿石粉末、铁合金粉、有机物和化工产品等原料按一定比例配制后，压涂在焊芯表面上的一层涂料。药皮在焊条中起着非常重要的作用，其组成物也十分复杂。焊条药皮的作用要克服光焊条在焊接过程中所发生的问题，焊条药皮应起到以下几方面的作用。

 ⅰ. 防止空气对熔化金属的侵入；

 ⅱ. 提高焊接电弧的稳定性；

 ⅲ. 保证焊缝金属顺利脱氧、脱硫、脱磷；

 ⅳ. 掺加合金提高焊缝性能；

 ⅴ. 能适应各种位置的焊接。

（2）电焊条的分类

电焊条的品种繁多，目前国产电焊条已有 360 余种，其分类方法也很多，可从不同角度对电焊条进行分类，如图 5-14 所示。

图 5-14 电焊条分类

（3）电焊条的标准与型号

我国现行的电焊条国家标准共有八个：《碳钢焊条》GB/T 5117—1995、《低合金钢焊条》GB/T 5118—1995、《不锈钢焊条》GB/T 983—1995、《堆焊焊条》GB/T 984—2001、《铸铁焊条》GB/T 10044—1988、《镍及镍合金焊条》GB/T 13814—1992、《铜及铜合金焊条》GB/T 3670—1995、《铝及铝合金焊条》GB/T 3669—2001。

在压力容器中，根据压力容器常用金属材料，其常用的焊条标准为《碳钢焊条》《低合金钢焊条》和《不锈钢焊条》。

5.6.2 常用焊条的型号

（1）碳钢焊条型号的分类及其编制方法（GB/T 5117—1995）

碳钢焊条共有两个系列，29 种型号。碳钢焊条的系列是根据熔敷金属的强度等级划分的，有 E43 系列（抗拉强度≥420MPa）和 E50 系列（抗拉强度≥490MPa）。在每个系列中，又根据焊条的药皮类型、焊接位置和焊接电流种类划分为若干个型号，表 5-9 列出了碳钢焊条的两个系列，29 种型号。

焊条型号的编制方法（见表 5-9）是：字母"E"表示焊条；前两位数字代表焊条系列；第三位数字表示焊条的适用位置，"0"及"1"表示焊条适用于全位置焊接（平、立、横、

表 5-9 碳钢焊条型号分类（GB/T 5117—1995）

焊条型号				药皮类型	焊接位置	电流种类
序号	E43系列	序号	E50系列			
1	E4300			特殊型	平、立、仰、横	交流或直流正、反接
2	E4301	16	E5001	钛铁矿型		交流或直流正、反接
3	E4303	17	E5003	钛钙型		
4	E4310	18	E5010	高纤维素钠型		直流反接
5	E4311	19	E5011	高纤维素钾型		交流或直流反接
6	E4312			高钛钠型		交流或直流正接
7	E4313			高钛钾型		交流或直流正、反接
		20	E5014	铁粉钛型		交流或直流正、反接
8	E4315	21	E5015	低氢钠型		直流反接
9	E4316	22	E5016	低氢钾型		交流或直流反接
		23	E5018	铁粉低氢钾型		
		24	E5018M	铁粉低氢型		直流反接
10	E4320			氧化铁型	平	交流或直流正、反接
					平角焊	交流或直流正接
11	E4322			氧化铁型	平	交流或直流正、反接
12	E4323	25	E5023	铁粉钛钙型	平、平角焊	交流或直流正、反接
13	E4324	26	E5024	铁粉钛型		
14	E4327	27	E5027	铁粉氧化铁型		交流或直流正接
15	E4328	28	E5028	铁粉低氢型		交流或直流反接
		29	E5048	铁粉低氢型	平、仰、横、立向下	交流或直流反接

仰），"2"表示焊条适用于平焊及平角焊，"4"表示焊条适用于向下立焊；第三位数字和第四位数字的组合表示焊条药皮类型和焊接电流种类；第四位数字后面附加字母"M"表示抗潮湿性好和力学性能有特殊要求的焊条。碳钢焊条型号举例如下：

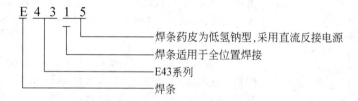

（2）低合金钢焊条型号的分类及其编制方法（GB/T 5118—1995）

由于低合金钢品种繁多（用于焊接结构的低合金钢就有低合金高强钢、低温钢、耐蚀钢和珠光体耐热钢等），热处理状态不同，其力学性能与化学成分相差很大，因此，低合金钢焊条的型号划分，不仅与强度等级有关，而且与熔敷金属的合金系统有关。低合金钢焊条按熔敷金属的抗拉强度可分为 9 个系列，即 E50、E55、E60、E70、E75、E80、E85、E90 和E100 系列。

低合金钢焊条按熔敷金属的合金系统分为 6 个系统，即碳钼钢系统、铬钼钢系统、镍钢系统、镍钼钢系统、锰钼钢系统及其他低合金钢系统。

在每种强度等级和每种合金系统中，又根据焊条药皮类型、焊接位置和焊接电流种类再划分为若干个型号。表 5-10 摘编了 E50、E55、E60 系列部分焊条。

表 5-10 常用低合金钢焊条型号

焊条型号	药皮类型	焊接位置	电流种类	合金系统
E5003-A1	钛钙型		交流或直流	
E5015-A1	低氢钠型	平、立、仰、横	直流反接	碳钼钢
E5016-A1	低氢钾型		交流或直流反接	
E5503-B1	钛钙型		交流或直流	
E5515-B1	低氢钠型		直流反接	
E5516-B1	低氢钾型		交流或直流反接	
E5515-B2	低氢钠型		直流反接	
E5516-B2	低氢钾型		交流或直流反接	
E5503-B2	钛钙型	平、立、仰、横	交流或直流	铬钼钢
E5515-B2-V	低氢钠型		直流反接	
E5515-B2-VNb	低氢钠型		直流反接	
E5515-B2-VW	低氢钠型		直流反接	
E6015-B3	低氢钠型		直流反接	
E6000-B3	特殊型		交流或直流	
E5515-C1	低氢钠型		直流反接	
E5015-C2L	低氢钠型	平、立、仰、横	直流反接	镍钢
E5516-C2	低氢钾型		交流或直流反接	
E6015-D1	低氢钠型	平、立、仰、横	直流反接	锰钼钢
E6016-D1	低氢钾型		交流或直流反接	
E5015-G	低氢钠型		直流反接	
E5016-G	低氢钾型		交流或直流反接	
E5018-G	铁粉低氢型	平、立、仰、横	交流或直流反接	其他低合金钢
E5515-G	低氢钠型		直流反接	
E5516-G	低氢钾型		交流或直流反接	
E6015-G	低氢钠型		直流反接	

　　低合金钢焊条型号的编制方法与碳钢焊条基本相同，也是字母"E"，加四位数字，字母"E"与后面四位数字的含义与碳钢焊条相同。与碳钢焊条不同的是型号中有后缀字母，并以短划"-"与前面数字分开，后缀字母为熔敷金属的化学成分分类代号，如 A1、B1、B2、B3、B4、B5、C1、C2、C3、D1、D2、D3、G、M、W 等。如还具有附加化学成分时，则附加化学成分直接用元素符号表示，并以短划"-"与前面的后级字母分开。如表 5-10 中 E5515-B2-VW 型号的焊条，其字母与数字的含义如下：

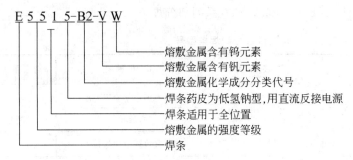

如焊条型号中有字母"L"（如 E5015-C2L 焊条），表示该型号焊条为低碳量，其含碳量为 0.05%。表中 E××××-G 型焊条，是五种合金系统以外的其他合金系统，成分在较大范围内变动。如 E50××-G 型，其合金系统就有 Ti-B 系、Ni-Ti-B 系和 Mn-Ni 系等。

（3）不锈钢焊条的型号及其编制方法（GB/T 983—1995）

不锈钢焊条是根据熔敷金属的化学成分、药皮类型、焊接位置以及焊接电流种类来编制型号的，其编制方法如下。

表 5-11 常用不锈钢焊条熔敷金属的化学成分（GB/T 983—1995）（质量分数）　　　　%

化学成分 焊条型号	C	Cr	Ni	Mo	Mn	Si	P	S	Cu	其他
E308-××	0.08	18.0～21.0	9.0～11.0	0.75	0.5～2.5	0.90	0.040	0.030	0.75	
E308L-××	0.04		9.0～12.0							
E308MoL-××				2.0～3.0						
E309-××	0.15	22.0～25.0	12.0～14.0	0.75	0.5～2.5	0.90	0.040	0.030	0.75	
E309L-××	0.04									
E309Mo-××	0.12			2.0～3.0						
E309MoL-××	0.04									
E310-××	0.08～0.20	25.0～28.0	20.0～22.5	0.75	1.0～2.5	0.75	0.030	0.030	0.75	
E316-××	0.08	17.0～20.0	11.0～14.0	2.0～3.0	0.5～2.5	0.90	0.040	0.030	0.75	
E316L-××	0.04									
E317-××	0.08	18.0～21.0	12.0～14.0	3.0～4.0	0.5～2.5	0.90	0.040	0.030		
E317MoCuL-××	0.04			2.0～2.5					2.0	
E318-××	0.08	17.0～20.0	11.0～14.0	2.0～3.0	0.5～2.5	0.90	0.040	0.030	0.75	Nb:6XC～1.00
E318V-××				2.0～2.5			0.035		0.50	V:0.30～0.70
E347-××	0.08	18.0～21.0	9.0～11.0	0.75	0.5～2.5	0.90	0.040	0.030	0.75	Nb:8XC～1.00
E410-××	0.12	11.0～13.5	0.7	0.75	1.0	0.90	0.040	0.070	0.075	

注：表中单值皆为最大值。

字母"E"，表示焊条，后面的三位数字表示熔敷金属化学成分分类代号，如 309 表示的是碳含量 0.15%、铬含量 22.0%～25.0%、镍含量 12.0%～14.0% 这样一类的化学成分。如果碳含量低于 0.15%，就在 309 后面加上"L"，如果钼含量高于 309，则在 309 后面加"Mo"，如果含钼量高于 309，同时含碳量又低，则在 309 后面既加"Mo"又加"L"。

所以说"E"后边的数字和"L"以及化学元素符号代表的是熔敷金属的化学成分。在表 5-11 中列出的是从 GB/T 983—1995 中摘选的 8 类 16 种常用的不锈钢焊条型号。

在焊条型号中短画"-"后面的两位数字（表 5-11 中用××表示）表示的是焊条的药皮类型、适用的焊接位置以及所用的电流种类，共有 5 组数字，详见表 5-12。表 5-12 中，末尾数字为 15、16、17 的不锈钢焊条，其熔敷金属的化学成分是靠焊条的焊芯来保证的。末尾数字为 25 和 26 的不锈钢焊条，其熔敷金属的化学成分是靠药皮提供和保证的，其焊芯只是低碳钢丝，所需合金元素均在药皮中。因此，仅从焊条的外形上看便可分辨出尾数是 25 和 26 的焊条，因为这两类药皮厚、直径大。25 和 26 的焊条仅用于平焊和横焊。

表 5-12 不锈钢焊条药皮类型、焊接位置及电流种类（GB/T 983—1995）

焊 条 型 号	药 皮 类 型	焊 接 电 流	焊 接 位 置
E×××(×)-15	碱性	直流反接	全位置
E×××(×)-25	碱性		平焊、横焊
E×××(×)-16	碱性、钛型、钛钙型	交流或直流反接	全位置
E×××(×)-17	为 E×××(×)-16 的变型，用 SiO₂ 代替部分 TiO₂		全位置
E×××(×)-26	碱性、钛型、钛钙型		平焊、横焊

5.6.3 常用电焊条的牌号

电焊条的型号是以焊条国家标准为依据，反映焊条主要特性的一种表示方法。而焊条牌号则指的是对焊条产品的具体命名，是根据焊条的主要用途及性能特点来命名的，是由焊条厂制定的，共分为十一大类。各大类焊条按主要性能不同，再分成若干小类。《焊接材料产品样本》（以下简称"样本"）对此作了具体说明。

焊条牌号是以一个汉语拼音字母（或汉字）与三位数字表示。拼音字母（或汉字）表示焊条各大类。表 5-13 列出了焊条牌号的十一大类及其表示代号，表中也同时列出了国家标准的焊条类别与"样本"中各大类的对应关系。拼音字母（或汉字）后面的三位数字中，前两位数字对于不同的焊条有不同的含意。第三位数字表示焊条的药皮类型及焊接电源（表 5-14）。

表 5-13 国家标准焊条大类与"样本"的焊条大类的对应关系

国 家 标 准			"样本"		代 号	
国家标准编号	名 称	代号	类别	名 称	字母	汉字
GB/T 5117—1995	碳钢焊条	E	一	碳钢焊条	J	结
GB/T 5118—1995	低合金钢焊条	E	二	低合金钢焊条	J	结
			三	钼和铬钼耐热钢焊条	R	热
			四	低温钢焊条	W	温
GB/T 983—1995	不锈钢焊条	E	五	不锈钢焊条	G	铬
					A	奥
GB/T 984—2001	堆焊焊条	ED	六	堆焊焊条	D	堆
GB/T 10044—1988	铸铁焊条	EZ	七	铸铁焊条	Z	铸
GB/T 13814—1992	镍及镍合金焊条	ENi	八	镍及镍合金焊条	Ni	镍
GB/T 3670—1995	铜及铜合金焊条	ECu	九	铜及铜合金焊条	T	铜
GB/T 3669—2001	铝及铝合金焊条	E	十	铝及铝合金焊条	L	铝
			十一	特殊用途焊条	TS	特

表 5-14 焊条的药皮类型及焊接电源种类

焊条牌号中的代号	焊条型号中的代号	药皮类型	焊接电源种类	焊条牌号中的代号	焊条型号中的代号	药皮类型	焊接电源种类
0	00	特殊型	不规定	5	11	纤维素钾型	直流或交流
1	13	高钛钾型		6	16	低氢钾型	直流反接或交流
2	03	钛钙型	直流或交流	7	15	低氢钠型	直流反接
3	01	钛铁矿型		8	08	石墨型	直流反接或交流
4	20,22	氧化铁型		9	09	盐基型	直流反接

（1）结构钢焊条（碳钢焊条与低合金钢焊条的统称）牌号的编制方法

ⅰ. 牌号前加"J"（或"结"字）表示结构钢焊条。

ⅱ. "J"后面的两位数字，表示焊缝金属抗拉强度的等级，共有 9 个等级。

ⅲ. 第三位数字表示药皮类型和焊接电源种类。

ⅳ. 第三位数字后面有时还加元素符号或其他符号，元素符号代表焊条中特加的元素，其他符号所代表的含意如表 5-15 所示。

表 5-15 结构钢焊条第三位数字后面所加元素符号及其意义

符号	代表的含意	符号	代表的含意
Fe	表示药皮中加铁粉，药皮类型为"铁粉××型"	RH	高韧性超低氢
Fe16 Fe18	药皮中含大量铁粉，当焊条的熔敷效率大于130%时则加注 Fe 及两位数字（以效率的十分之一表示）Fe16 表示熔敷效率 160%，Fe18 表示熔敷效率 180%	DF	低氢低尘
		X	向下立焊
		D	打底焊条
MA	表示焊条抗吸潮	GM	盖面焊条
GR	表示焊缝金属高韧性	G	管道焊接用焊条
H	表示超低氢	R	压力容器用焊条

结构钢焊条举例如下：

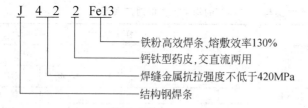

J 4 2 2 Fe13

铁粉高效焊条、熔敷效率130%

钙钛型药皮，交直流两用

焊缝金属抗拉强度不低于420MPa

结构钢焊条

（2）钼和铬钼耐热钢焊条牌号的编制方法

ⅰ. 牌号前加"R"（或"热"字），表示钼和铬钼耐热钢焊条。

"R"后面第一位数字表示熔敷金属主要化学成分（Cr、Mo）的组成等级。

"R"后面第二位数字表示同一熔敷金属主要化学成分组成等级中的不同牌号，对于同一组成等级的焊条，可有 10 个牌号，按 0、1、2、…、9 顺序编排，以区别铬钼之外其他成分的不同。

ⅱ. 第三位数字也是表示药皮类型和焊接电源种类。但药皮类型一般只用钛钙型和低氢型。

钼和铬钼耐热钢焊条举例如下：

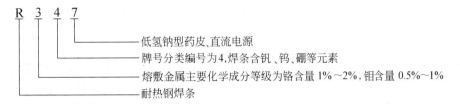

（3）低温钢焊条牌号编制方法

ⅰ．牌号前加"W"（或"温"字），表示低温钢焊条。

ⅱ．"W"后面的两位数字，表示低温钢焊条工作温度等级。

ⅲ．第三位数字表示药皮类型和焊接电源种类。药皮类型只用低氢型，以保证低温韧性。

低温钢焊条牌号举例如下：

（4）不锈钢焊条牌号的编制方法

ⅰ．牌号前加"G"（或"铬"字）或"A"（或"奥"字）分别表示铬不锈钢焊条或奥氏体铬镍不锈钢焊条。

ⅱ．牌号第一位数字表示熔敷金属主要化学成分组成等级。

ⅲ．第二位数字表示同一熔敷金属主要化学成分组成等级中的不同牌号。对同一组成等级焊条，可有 10 个牌号，按 0、1、2、…、9 顺序排列，以区别铬镍之外的其他成分的不同。

ⅳ．第三位数字表示药皮类型和焊接电源种类。

不锈钢焊条牌号举例如下：

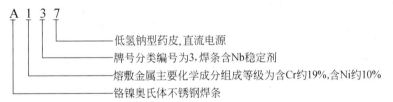

（5）铜及铜合金和铝及铝合金焊条牌号的编制方法

牌号举例：

5.6.4　电焊条的选用

5.6.4.1　电焊条的选用原则

（1）根据产品对焊缝的性能要求选择焊条

ⅰ. 碳钢和低合金高强钢焊接时，一般选择与母材强度相当的焊条，而并不要求与母材的化学成分相一致。对于焊接刚性大、受力复杂的结构时，为了改善接头的性能，有时可选用比母材强度低一级的焊条（低匹配），以降低焊缝的裂纹倾向，减小接头的焊接残余应力。当两种强度等级不同的钢材相焊时，一般选用与强度等级较低的钢材相应的焊条，以便改善焊缝的塑性。如 Q235 与 16Mn 相焊时，选择 E43×× 型焊条比选 E50×× 型焊条好。

ⅱ. 对于低温钢，其焊接的关键问题是要保证焊缝和过热区的低温韧性，最根本的是成分的选择。

ⅲ. 珠光体耐热钢的焊接，选配焊条的原则是焊缝金属的合金成分与力学性能应与母材相应的指标一致，以保证熔敷金属在高温下具有化学稳定性和足够的强度，为了提高焊缝的抗热裂性能，焊缝的含碳量要比母材略低。

ⅳ. 奥氏体不锈钢的焊接，奥氏体不锈钢的焊接，选择焊条的原则也是使熔敷金属的化学成分与力学性能与母材相一致，当结构的腐蚀性能要求高时，应选用与母材同合金系统，但碳含量低或含有稳定剂 Nb 的焊条，以提高焊缝的抗晶间腐蚀性能。

ⅴ. 铬不锈钢（如 Cr13 型）焊接时，由于这类钢材焊接后硬化性较大，易产生裂纹，当采用同类型不锈钢焊条（G202、G207）焊接时，则必须进行 300℃ 以上的预热和焊后 700℃ 左右的回火缓冷处理。若焊件不能进行热处理，则应采用奥氏体不锈钢焊条（如 A107、A207、A407）。

ⅵ. 当不锈钢与碳钢或低合金钢相焊时，应选择 Cr、Ni 成分高于不锈钢的焊条，以便使两类钢材的接头与焊条熔化凝固后，焊缝的组织为奥氏体双相组织，以保证焊缝具有良好的抗热裂能力。如 A302、A307、A312、A317 等焊条经常用于异种钢的焊接。

（2）根据焊件的工作条件和结构刚性选择焊条

对于重要的焊接产品，如中、高压压力容器、盛装毒性程度为极度和高度危害介质的压力容器、低温工作的压力容器、承受振动或冲击载荷的产品等，为确保产品使用的安全性、焊缝具有优良的低温冲击韧性和断裂韧性，应选用塑性和韧性好的低氢型、高韧性焊条。

对于形状复杂、结构刚性大及大厚度的焊件，由于焊接过程中易产生较大的焊接残余应力而导致开裂，也应选用抗裂性好的低氢型焊条。

（3）考虑加工工艺的影响选择焊条

当焊件焊后需要回火、正火或热成形时，必须考虑焊缝金属经受高温热处理后对其力学性能的影响，应保证焊缝热处理后仍具有所要求的强度、塑性和韧性。如厚壁压力容器，筒节需用热卷方法成形，热卷温度一般要达到或高于正火温度，这时筒节纵缝将随之经受正火处理，一般正火处理后的焊缝强度要比焊态时低，因此对于在焊后要经受正火处理的焊缝，应选用合金成分或强度级别较高的焊条。对焊后需进行消除应力热处理的焊件，由于焊缝强度也因此而有所降低，也应选用合金成分或强度级别较高的焊条。

对于焊后经受冷卷或冷冲压的焊件，选择焊条时，应保证焊缝具有较高的塑性。

（4）考虑操作的工艺性和施工条件，合理选择焊条

在保证焊缝的使用性能和抗裂性能的前提下，酸性焊条的操作性好，对铁锈和油污不敏感，有害气体少，应选酸性焊条，尤其是钛钙型药皮的酸性焊条。

在容器内部或通风不畅的条件下施工时，如能满足使用性能的要求，应首先选用酸性焊条，如酸性焊条不能满足使用要求，则应选用低尘、低氟的碱性焊条。

（5）其他

为提高劳动生产率，可选用铁粉高效焊条，立焊时选用立向下焊条。小口径管接头或不能双面焊的平板接头，可选用底层焊条。

5.6.4.2　压力容器常用钢材焊接用焊条

（1）同种钢材相焊时焊条的选用

表 5-16 列出了压力容器常用碳钢、低合金高强钢、珠光体耐热钢、低温钢及不锈钢焊接用焊条的牌号及型号。

表 5-16　压力容器常用钢材焊接用焊条的牌号及型号

钢　号	焊　条		备　注
	牌　号	型　号	
Q235、Q245R	J422 J426 J427	E4303 E4316 E4315	一般结构用 J422,形状复杂、刚性大、大厚度焊件用 J426、J427 Q235-C、Q235-D 用 J426、J427
20R、20g	J426 J427	E4316 E4315	
Q345R	J502 J506 J507 J506R J507R	E5003 E5016 E5015 E5016-G E5015-G	一般情况下选用前三种焊条,当对焊缝韧性要求较高时,可选用后两种焊条
Q370R 20MnMo 20MnMoD	J506R J507R J556RH J557RH	E5016-G E5015-G E5516-G E5515-G	当板厚较大时,可选用前两种焊条
15MnVNR	J556 J557 J557MoV J606 J607	E5516-G E5515-G E5515-G E6016-D1 E6015-D1	一般情况下用前三种焊条,当结构刚性较小,强度要求较高时可选用后两种焊条
18MnMoNbR	J606 J607 J606RH J607RH J607Ni	E6016-D1 E6015-D1 E6016-G E6015-G E6015-G	大刚性厚板结构可用超低氢高韧性焊条或含 Ni 焊条 焊前预热 150～250℃,焊后或中断焊接时,要立即进行 250～350℃ 后热处理,焊后进行消除应力热处理
13MnNiMoNbR	J606 J607 J607Ni	E6016-D1 E6015-D1 E6015-G	焊前预热 150～200℃,焊后进行 350～400℃ 消氢处理
07MnCrMoVR 08MnNiCrMoVD 07MnNiCrMoDR	J606RH J607RH	E6016-G E6015-G	
12CrMo 12CrMoG	R202 R207	E5503-B1 E5515-B1	焊前预热 160～200℃ }焊后 605～675℃ 回火 焊前预热 90～110℃
15CrMoR 14CrMoR	R302 R307	E5503-B2 E5515-B2	焊前预热 160～200℃,焊后 675～705℃ 回火处理。 R302 主要用于盖面焊接

钢 号	焊 条		备 注
	牌 号	型 号	
12Cr1MoV	R312 R317	E5503-B2-V E5515-B2-V	焊前预热250～300℃,焊后715～745℃回火处理。R312主要用于盖面焊接
12Cr2Mo1	R402 R407	E6000-B3 E6015-B3	焊前预热160～200℃,焊后675～705℃回火处理。R402主要用于盖面焊接
1Cr5Mo	R507	E5MoV-15	预热并保温焊接(300～400℃),焊后730～750℃回火
16MnDR	J506RH J507RH J507NiTiB W507	E5016-G E5015-G E5015-G	焊后600～650℃回火处理,消除焊接应力,可以降低低温钢焊接产品的脆断倾向
15MnNiDR 09MnNiDR	W607 W607H	E5015-G E5515-C1	
09Mn2VDR 09MnTiCuReDR	W707 W707Ni	 E5515-C1	
06MnNbDR	W907Ni W107Ni	E5515-C2	
0Cr18Ni9	A102 A102A A107	E308-16 E308-17 E308-15	
00Cr19Ni10 0Cr18Ni10Ti 0Cr18Ni11Nb 1Cr18Ni9Ti	A002 A002A A002Mo A132 A132A A137	E308L-16 E308L-17 E308MoL-16 E347-16 E347-17 E347-15	
0Cr17Ni12Mo2	A202 A207 A212	E316-16 E316-15 E318-16	
0Cr19Ni13Mo3	A242	E317-16	
0Cr18Ni12Mo2Ti	A212	E318-16	
00Cr17Ni14Mo2	A002 A022L	E316L-16	
00Cr19Ni13Mo3	A032	E317MoCuL-16	
00Cr18Ni5Mo3Si2	A022Si	E316L-16	
0Cr13 0Cr13Al	G202 G207 G217 A107 A207 A407	E410-16 E410-15 E410-15 E308-15 E316-15 E310-15	当用前三种焊条时,焊件应在300℃以上温度预热,焊后700℃回火、缓冷

(2) 不同钢号材料相焊推荐选用的焊条

不同钢号材料相焊推荐选用焊条见表5-17。

表 5-17　不同钢号材料相焊推荐选用焊条

接 头 钢 号	焊 条	
	牌　号	型　号
Q235-A＋16Mn	J422	E4303
20、Q245R＋Q345R	J427 J507	E4315 E5015
Q235-A＋18MnMoNbR	J427 J507	E4315 E5015
16MnR＋18MnMoNbR	J507	E5015
Q235-A＋15CrMo	J427	E4315
16MnR＋15CrMo 20、Q245R、Q345R＋12Cr1MoV	J507	E5015
Q235-A＋0Cr18Ni10Ti Q245R＋0Cr18Ni10Ti Q345R＋0Cr18Ni10Ti	A302 A307 A062	E309-16 E309-15 E309L-16
Q235-A＋0Cr17Ni12Mo2 Q245R＋0Cr17Ni12Mo2 Q345R＋0Cr17Ni12Mo2	A312 A317 A042	E309Mo-16 E309Mo-15 E309MoL-16
Q235-A、Q345R、Q245R＋00Cr17Ni14Mo2	A312 A317 A042	E309Mo-16 E309Mo-15 E309MoL-16

（3）不锈钢复合钢焊接推荐选用的焊条

不锈钢复合钢焊接推荐选用的焊条见表 5-18。

表 5-18　不锈钢复合钢焊接推荐选用焊条

不锈钢复合钢		基层用焊材	过渡焊缝用焊条		复层用焊条	
复材钢号	基层钢号		型号	对应牌号示例	型号	对应牌号示例
0Cr13	Q235-A・F Q235-A Q235-B Q235-C Q245R 16Mn Q345R Q370R 20MnMo 15CrMoR	按表 5-16 选用	E309-16 E309-15 E310-16 E310-15	A302 A307 A402 A407	E347-16 E347-15 E309-16 E309-15	A132 A137 A302 A307
0Cr18Ni9			E309-16 E309-15	A302 A307	E308-16 E308-15	A102 A107
0Cr18Ni10Ti					E347-16 E347-15	A132 A137
00Cr19Ni10					E308L-16	A002
0Cr17Ni12Mo2			E309Mo-16	A312	E316-16 E316-15	A202 A207
0Cr18Ni12Mo2Ti					E316L-16 E318-16	A022 A212
0Cr19Ni13Mo3					E316L-16 E317-16	A022
00Cr17Ni14Mo2			E309MoL-16 E309Mo-16	A042 A312	E316L-16	A022
00Cr19Ni13Mo3						

5.7　焊丝

焊丝是焊接时作为填充金属或同时具有导电作用的金属丝。

焊丝有实心焊丝和药芯焊丝两类，后者在某些特殊的工艺场合使用，生产中普遍使用的是实心焊丝。焊丝既可作气焊、气体保护焊、埋弧焊、电渣焊的填充金属，又是制造焊条电弧焊用焊条的焊芯。焊丝有钢焊丝、有色金属焊丝、铸铁焊丝和堆焊焊丝等。在压力容器制造中常用的为钢焊丝和有色金属焊丝。

为保证焊缝的质量，对焊丝的化学成分都有一定的要求和限制，并被列入国家标准。

5.7.1 钢焊丝

钢焊丝可分为碳素结构钢、合金结构钢和不锈钢三类。国家标准为：

GB/T 14957—1994《熔化焊用钢丝》、GB/T 14958—1994《气体保护焊用钢丝》、GB/T 3429—1994《焊接用钢盘条》、GB/T 8110—1995《气体保护电弧焊用碳钢、低合金钢焊丝》、GB/T 4241—1984《焊接用不锈钢盘条》和GB/T 4242—1984《焊接用不锈钢丝》等。

行业标准有 YB/T 5092—1996《焊接用不锈钢丝》。

下面对压力容器中常用的一些焊丝作一简单介绍。

（1）碳素结构钢、低合金结构钢熔化焊用钢丝

这类焊丝列入了国家标准 GB/T 14957—1994 中，常用于埋弧焊、电渣焊和气焊。表 5-19 列出了常用的这类焊丝的化学成分及主要用途。

为了焊接不同厚度的钢板，同一牌号的焊丝可加工成不同的直径。常用的直径有 1.6mm、2.0mm、2.5mm、3.0mm、3.2mm、4.0mm、5.0mm 和 6.0mm 八种。焊丝表面镀铜，既可起防锈作用，又可在埋弧焊时改善焊丝与导电嘴的电接触状况。

（2）常用气体保护焊用碳钢、低合金钢焊丝

这类焊丝列入国家标准 GB/T 14958—1994 和 GB/T 8110—1995 之中。

表 5-20 为常用的 CO_2 气体保护焊和氩弧焊用碳钢、低合金钢焊丝的化学成分与主要用途。表中列出了焊丝的商业牌号与国家标准相应型号的对照。

（3）不锈钢焊丝

这类焊丝列入 GB/T 4241—1984、GB/T 4242—1984 和 YB/T 5092—1996 中。表 5-20 摘选了部分常用的不锈钢焊丝，列出了其化学成分与主要用途。

表 5-21 中的焊丝既可作为焊条电弧焊焊条的焊芯，也可在氩弧焊、气焊和埋弧焊时作为焊丝使用。焊丝的直径从 0.5～9.0mm 有多种规格。

5.7.2 有色金属焊丝

有色金属焊丝请参阅国家标准 GB/T 9460—1988《铜及铜合金焊丝》、GB/T 10858—1989《铝及铝合金焊丝》。

5.8 焊剂

焊剂和焊丝配合使用，作为埋弧焊和电渣焊使用的焊接材料。焊丝的作用相当于焊条芯，焊剂的作用相当于焊条药皮。

焊剂的作用与焊条药皮的作用相类似，它不仅可以隔离空气、保护焊缝金属免受空气的侵害，也起稳弧、造渣、脱氧、合金化等作用。

根据焊剂的作用，焊剂必须满足下列要求：

ⅰ. 能保证电弧稳定燃烧；

ⅱ. 有合适的熔化温度，高温时有适当的黏度，以利于焊缝有良好的成形，凝固冷却后有良好的脱渣性；

ⅲ. 焊接时析出的有害气体要少；

ⅳ. 与选用的焊丝相配合，通过适当的焊接工艺保证焊缝金属能获得所需的化学成分和力学性能；

ⅴ. 能有效地脱氧、脱硫、脱磷，对油污铁锈敏感性小，不致使焊缝产生裂纹和气孔；

ⅵ. 不易吸潮，颗粒有足够的强度，以保证焊剂的多次使用。

过程设备工程设计概论

表 5-19 常用埋弧焊（自动与半自动）、电渣焊、气焊用碳钢、合金结构钢焊丝（GB/T 14957—1994）

钢种	序号	牌号	化学成分/%											主要用途
			C	Mn	Si	Cr	Ni	Mo	V	Cu	S	P	其他	
碳素结构钢	1	H08A	≤0.10	0.35~0.55	≤0.03	≤0.20	≤0.30			≤0.20	≤0.030	≤0.030		用于 Q235、20g、20R、16MnR 钢的焊接，也用于碳钢，低合金钢焊条的焊芯
	2	H08E	≤0.10	0.35~0.55	≤0.03	≤0.20	≤0.30			≤0.20	≤0.020	≤0.020		
	3	H08C	≤0.10	0.35~0.55	≤0.03	≤0.10	≤0.10			≤0.20	≤0.015	≤0.015		
	4	H08MnA	≤0.10	0.80~1.10	≤0.07	≤0.20	≤0.30			≤0.20	≤0.030	≤0.030		用于 20g、20R、16MnR 钢的焊接
	5	H10Mn2	≤0.12	1.50~1.90	≤0.07	≤0.20	≤0.30			≤0.20	≤0.035	≤0.035		用于 20g、20R、16MnR、15MnVR、15MnTi 钢的焊接
	6	H08Mn2Si	≤0.11	1.70~2.10	0.65~0.95	≤0.20	≤0.30			≤0.20	≤0.030	≤0.030		
	7	H08Mn2SiA	≤0.11	1.80~2.10	0.60~0.90	≤0.20	≤0.30			≤0.20	≤0.035	≤0.035		
	8	H10MnSi	≤0.14	0.80~1.10	0.60~0.90	≤0.20	≤0.30			≤0.20	≤0.035	≤0.035		
合金结构钢	9	H08MnMoA	≤0.10	1.20~1.60	≤0.25	≤0.20	≤0.30	0.30~0.50		≤0.20	≤0.030	≤0.030		用于 15MnVR、15MnVNR、18MnMoNbR、09Mn2VDR 钢的焊接
	10	H08Mn2MoA	0.06~0.11	1.60~1.90	≤0.25	≤0.20	≤0.30	0.50~0.70		≤0.20	≤0.030	≤0.030		
	11	H10Mn2MoA	0.08~0.13	1.70~2.00	≤0.40	≤0.20	≤0.30	0.60~0.80		≤0.20	≤0.030	≤0.030	Ti 0.15	
	12	H08Mn2MoVA	0.06~0.11	1.60~1.90	≤0.25	≤0.20	≤0.30	0.50~0.70	0.06~0.12	≤0.20	≤0.030	≤0.030		
	13	H10Mn2MoVA	0.08~0.13	1.70~2.00	≤0.40	≤0.20	≤0.30	0.60~0.80		≤0.20	≤0.030	≤0.030		
	14	H08CrMoA	≤0.10	0.40~0.70	0.15~0.35	0.80~1.10	≤0.30	0.40~0.60		≤0.20	≤0.030	≤0.030		用于 15CrMo、14Cr1Mo 钢的焊接
	15	H13CrMoA	0.11~0.16	0.40~0.70	0.15~0.35	0.80~1.10	≤0.30	0.40~0.60		≤0.20	≤0.030	≤0.030		
	16	H08CrMoVA	≤0.10	0.40~0.70	0.15~0.35	1.00~1.30	≤0.30	0.50~0.70	0.15~0.35	≤0.20	≤0.030	≤0.030		用于 12Cr1MoV 钢的焊接
	17	H08Cr2MoA	≤0.10	0.40~0.70	0.30~0.60	2.00~2.50	≤0.30	0.90~1.20		≤0.20	≤0.030	≤0.030		用于 12Cr2Mo1R 钢的焊接
	18	H06Mn2NiMoA	0.04~0.08	1.60~1.90	0.30~0.60	≤0.20	1.00~1.20	0.40~0.60		≤0.20	≤0.030	≤0.030		用于 13MnNiMoNbR 钢的焊接

注：1. 牌号中"H"表示焊丝；"A"表示优质，S、P含量较低；"E"表示特级、S、P含量更低；"C"表示超特级、S、P含量最低。

2. 序号"17"为 YB/T 211—1976《焊接用钢推荐钢号技术条件》中的焊丝。

3. 序号"18"为 GB/T 14957—1994 标准之外的焊丝。

表 5-20　常用气体保护电弧焊用碳钢、低合金钢焊丝的化学成分和主要用途

类型	牌号	符合（相当）标准的型号 GB/T 8110—1995	符合（相当）标准的型号 GB/T 14958—1994	化学成分/% C	Mn	Si	P	S	Ni	Cr	Mo	V	Cu	其他	主要用途
焊丝 CO₂ 气体保护	MG49-1	ER49-1	H08Mn2SiA	≤0.11	1.80~2.10	0.65~0.95	≤0.030	≤0.030	≤0.30	≤0.20	—	—	—	—	用于焊接 Q235、20g、09Mn2Si、09Mn2V、16Mn、15MnTi、15MnV
	MG50-3	ER50-3	H08MnSi	0.06~0.15	0.90~1.40	0.45~0.75	≤0.025	≤0.035	—		—	—	≤0.50		
	MG50-4	ER50-4	H11MnSi	0.07~0.15	1.00~1.50	0.65~0.85									
	MG50-6	ER50-6	H11Mn2SiA	0.06~0.15	1.40~1.85	0.80~1.15									
	MG59-G			0.04~0.07	1.30~1.60	0.30~0.60	≤0.030	≤0.030	0.60~0.90		0.30~0.60	—	—	Ti 0.10~0.14	用于 15MnVNR
	TG50Re	ER50-4		0.06~0.12	1.20~1.50	0.60~0.85	≤0.025	≤0.035	—		—	—	≤0.30	Re 微量	16Mn、09Mn2Si、09Mn2V、Q235、20g
	TG50			≤0.07											
焊丝氩弧焊填充	TGR55CM	ER55-B2		0.06~0.12	0.75~1.05	0.45~0.70	≤0.025	≤0.025	—	1.10~1.40	0.45~0.65	—	≤0.30		15CrMo、14Cr1Mo
	TGR55CML	ER55-B2L		≤0.07	0.75~1.05	0.45~0.70									
	TGR55V	ER55-B2-MnV		0.06~0.12	0.75~1.05	0.45~0.70	≤0.025	≤0.025	—	1.10~1.40	0.45~0.65	0.20~0.35	≤0.30		12Cr1MoV
	TGR55VL			≤0.07											
	TGR59C2M	ER62-B3		0.06~0.12	0.75~1.05	0.45~0.70	≤0.025	≤0.025	—	2.20~2.50	0.95~1.25	—	≤0.30		12C2Mo1R
	TGR59C2ML	ER62-B3L		≤0.07											

注：1. 焊丝商业牌号 MG 代表熔化极气体保护焊，TG 代表钨极气体保护焊。

2. GB/T 8110—95 焊丝型号中 ER 表示焊丝，后面两位数字代表熔敷金属的最低抗拉强度，短划 "-" 后面的字母或数字表示焊丝化学成分分类代号，如还附加其他化学成分时，直接用元素符号表示，并以短划 "-" 与前面数字分开。

表 5-21 常用不锈钢焊丝

牌号	C	Ni	Cr	Mo	Mn	Si	P	S	其他	主要用途
H0Cr21Ni10	≤0.06	9.00~11.00	19.50~22.00	—	1.00~2.50	≤0.60	≤0.030	≤0.020	—	用于 0Cr18Ni9 钢的焊接
H00Cr21Ni10	≤0.03	9.00~11.00	19.50~22.00	—	1.00~2.50	≤0.60	≤0.030	≤0.020	—	用于 0Cr18Ni9 钢的焊接
H0Cr20Ni10Ti	≤0.06	9.00~10.50	18.50~20.50	—	1.00~2.50	≤0.60	≤0.030	≤0.020	Ti9×C%~1.00	用于 00Cr19Ni10,0Cr18Ni10Ti,1Cr18Ni9Ti 等钢的焊接
H0Cr20Ni10Nb	≤0.08	9.00~11.00	19.00~21.50	—	1.00~2.50	≤0.60	≤0.030	≤0.020	Nb10×C%~1.00	用于 00Cr19Ni10,0Cr18Ni10Ti,1Cr18Ni9Ti 等钢的焊接
H1Cr24Ni13	≤0.12	12.00~14.00	23.00~25.00	—	1.00~2.50	≤0.60	≤0.030	≤0.020	—	用于同类钢种，或 0Cr18Ni9 型与 Q235 等，0Cr17Ni12Mo2 型与 16Mn 等异种钢的焊接
H1Cr24Ni13Mo2	≤0.12	12.00~14.00	23.00~25.00	2.00~3.00	1.00~2.50	≤0.60	≤0.030	≤0.020	—	用于同类钢种，或 0Cr18Ni9 型与 Q235 等，0Cr17Ni12Mo2 型与 16Mn 等异种钢的焊接
H0Cr19Ni12Mo2	≤0.08	11.00~14.00	18.00~20.00	2.00~3.00	1.00~2.50	≤0.60	≤0.030	≤0.020	—	用于 0Cr17Ni12Mo2,00Cr17Ni14Mo2 钢的焊接
H00Cr19Ni12Mo2	≤0.03	11.00~14.00	18.00~20.00	2.00~3.00	1.00~2.50	≤0.60	≤0.030	≤0.020	—	用于 0Cr17Ni12Mo2,00Cr17Ni14Mo2 钢的焊接
H0Cr20Ni14Mo3	≤0.06	13.00~15.00	18.50~20.50	3.00~4.00	1.00~2.50	≤0.60	≤0.030	≤0.020	—	用于 0Cr19Ni13Mo3,00Cr19Ni13Mo3 钢的焊接
H1Cr26Ni21	≤0.15	20.00~22.00	25.00~28.00	—	1.00~2.50	≤0.60	≤0.030	≤0.020	—	用于 0Cr25Ni20 型不锈钢的焊接
H00Cr19Ni12Mo2Cu2	≤0.03	11.00~14.00	18.00~20.00	2.00~3.00	1.00~2.50	≤0.60	≤0.030	≤0.020	Cu:1.00~2.50	用于同类型超低碳不锈钢的焊接
H1Cr13	≤0.12	≤0.60	11.50~13.50	—	≤0.60	≤0.50	≤0.030	≤0.030	—	用于相同类型的不锈钢的焊接
H1Cr17	≤0.10	≤0.60	15.50~17.00	—	≤0.60	≤0.50	≤0.030	≤0.030	—	用于相同类型的不锈钢的焊接

6 压力容器设计参数的确定

6.1 定义

常用参数定义见表 6-1。

表 6-1 常用参数定义

压力 p	除注明者外,压力均为表压力
工作压力 p_w	在正常工作情况下,容器顶部都可能达到的最高压力
设计压力 p_d	设定的容器顶部的最高压力,其值不低于工作压力
计算压力 p_c	相应设计温度下,用以确定元件厚度的压力,其中包括液柱静压力。当元件所承受的液柱静压力小于 5% 设计压力时,可忽略不计
试验压力 p_t	压力试验时,容器顶部的压力
设计温度 T_d	容器在正常工作情况下,设定的元件的金属温度(沿元件金属截面的温度平均值)
厚度 δ	标准中的各种厚度关系图 厚度负偏差 C_1 — 厚度附加量 C 腐蚀裕量 C_2 计算厚度 δ_c — 设计厚度 δ_d — 名义厚度 δ_n — 有效厚度 δ_e 厚度圆整值 Δ_1

6.2 GB 150 适用范围

GB 150 适用范围见表 6-2。

表 6-2 GB 150 适用范围

适用范围	不属于本标准的范围
设计压力:钢制压力容器不大于 35MPa,其他金属材料制容器按相应引用标准确定;设计温度范围:-269~900℃,钢制容器不得超过 GB 150.2 中列入材料的容许使用温度范围,其他金属材料制容器按相应引用标准中列入的材料容许使用温度确定	(1)设计压力低于 0.1MPa 的容器且真空度低于 0.02MPa 的容器 (2)《移动式压力容器安全技术监察规程》管辖的容器 (3)旋转或往复运动的机械设备中自成整体或作为部件的受压器室(如泵壳、压缩机外壳、涡轮机外壳、液压缸等) (4)核能装置中存在中子辐射损伤失效风险的容器 (5)直接火加热的容器 (6)内直径(对于非圆形截面,指截面内边界的最大几何尺寸,如:矩形为对角线,椭圆为长轴)小于 150mm 的容器 (7)搪玻璃容器和制冷空调行业中另有国家标准或行业标准的容器

6.3　GB 150 不适用范围

不能采用 GB 150 来确定结构尺寸的受压元件见表 6-3。

表 6-3　GB 150 不适用范围

允许采用下述方法设计	要　　　求
(1)包括有限元法在内的应力分析 (2)验证性实验分析(如实验应力分析,验证性液压试验) (3)用可比的已投入使用的结构进行经验设计	需经全国压力容器标准化技术委员会评定、认可

6.4　压力容器范围

GB 150 管辖容器范围见表 6-4。

表 6-4　GB 150 管辖容器范围

GB 150 管辖容器范围	划　定　的　范　围
壳体及与其连为整体的受压零部件	(1)容器与外部管道连接 ①焊接连接的第一道环向接头坡口端面 ②螺纹连接的第一个螺纹接头端面 ③法兰连接的第一个法兰密封面 ④专用连接件或管件连接的第一个密封面 (2)接管、人孔、手孔等承压封头、平盖及其紧固件 (3)非受压元件与受压元件的焊接接头。接头以外的元件,如加强圈、支座、裙座等应符合 GB 150 标准或相应的规定 (4)直接连在容器上超压泄放装置应符合 GB 150 标准附录 B(标准的附录)的要求。连接在容器上的仪表附件,应符合有关标准的规定

6.5　设计压力的确定

6.5.1　液化气压力容器的设计压力

液化气压力容器的设计压力见表 6-5。

表 6-5　液化气压力容器的设计压力

液化气体临界温度	设　计　压　力		
	无保冷设施	有可靠保冷设施	
		无试验实测温度	有试验实测最高工作温度且能保证低于临界温度
≥50℃	50℃饱和蒸汽压力	可能达到的最高工作温度下的饱和蒸汽压力	
<50℃	设计所规定的最大充装量时,温度为50℃的气体压力	试验实测最高工作温度下的饱和蒸汽压力	

6.5.2　混合液化石油气压力容器设计压力

混合液化石油气压力容器设计压力见表 6-6。

6.5.3　一般压力容器

一般压力容器的设计压力见表 6-7。

137

表 6-6 混合液化石油气压力容器设计压力

混合液化石油气	设 计 压 力	
饱和蒸汽压力	无保冷设施	有可靠保冷设施
≤异丁烷 50℃饱和蒸汽压力	等于 50℃异丁烷的饱和蒸汽压力	可能达到的最高工作温度下异丁烷的饱和蒸汽压力
>异丁烷 50℃饱和蒸汽压力 ≤丙烷 50℃饱和蒸汽压力	等于 50℃丙烷的饱和蒸汽压力	可能达到的最高工作温度下丙烷的饱和蒸汽压力
>丙烷 50℃饱和蒸汽压力	等于 50℃丙烷饱和蒸汽压力	可能达到的最高工作温度下丙烷的饱和蒸汽压力

注: 混合液化石油气国家标准 GB 11174 规定的混合液化石油气;异丁烷、丙烷、丙烯 50℃饱和蒸汽压力应按相应的国家标准和行业标准的规定确定。

表 6-7 一般压力容器的设计压力

状 况	设计压力取值/MPa	
容器上装有安全阀	等于或稍大于开启压力 p_z,即 $p_d \geqslant p_z$, $p_z \leqslant (1.1 \sim 1.05)p_w$,当 $p_z < 0.18$MPa 时,可适当提高 p_z 相对于 p_w 的比值	
容器上装有爆破片装置	p_d=爆破片爆破压力 p_b+所选爆破片制造范围的上限,其中 $p_b = p_{bmin}$+所选爆破片制造范围的下限,p_{bmin} 为最低标定爆破压力,见表 6-8、表 6-9	
外压容器	取在正常工作情况下可能出现的最大内外压力差	
真空容器(按外压考虑)	有安全控制装置	取 1.25 倍最大内外压力差或 0.1MPa 两者中的低值
	无安全控制装置	取 0.1MPa
有两室或两个以上压力室组成的容器(如夹套容器)	应考虑各室之间的最大压力差	

表 6-8 爆破片最低标定爆破压力

爆破片型式	载荷性质	p_{bmin}/MPa	爆破片型式	载荷性质	p_{bmin}/MPa
普通正拱型	静载荷	$\geqslant 1.43 p_w$	正拱型	脉动载荷	$\geqslant 1.7 p_w$
开缝正拱型	静载荷	$\geqslant 1.25 p_w$	反拱型	静载荷、脉动载荷	$\geqslant 1.7 p_w$

注: 1. p_w—容器的工作压力,MPa。
2. 设计者若有成熟的经验或可靠数据,亦可不按本表的规定。

表 6-9 爆破片的制造范围　　　　　　　　　　　　　　　MPa

	设计爆破压力	1.0 级		0.5 级		0.25 级	
		上限(正值)	下限(负值)	上限(正值)	下限(负值)	上限(正值)	下限(负值)
正拱型爆破片	0.10~0.16	0.028	0.014	0.014	0.010	0.008	0.004
	0.17~0.26	0.036	0.020	0.020	0.010	0.010	0.005
	0.27~0.40	0.045	0.025	0.025	0.015	0.010	0.010
	0.41~0.70	0.065	0.035	0.030	0.020	0.020	0.010
	0.71~1.00	0.085	0.045	0.040	0.020	0.020	0.010
	1.10~1.40	0.110	0.065	0.060	0.040	0.040	0.020
	1.50~2.50	0.160	0.085	0.080	0.040	0.040	0.020
	2.60~3.50	0.210	0.105	0.100	0.050	0.040	0.025
	3.60 以上	6%	3%	3%	1.5%	1.5%	0.8%
反拱型爆破片	0.10 以上	0	10%	0	5%	0	0

6.6　设计温度的确定

设计温度不得低于元件金属在工作状态下可能达到的最高温度。对于0℃以下的金属温度，设计温度不得高于元件金属可能达到的最低温度。具体见表6-10。

金属温度不可能通过传热计算或实测结果确定设计温度。

表6-10　设计温度

状　　况			设　计　温　度
容器壁与介质直接接触且有外保暖（或保冷）	介质工作温度 $T<-20℃$		介质最低工作温度
	$-20℃≤T≤15℃$		
	$T>15℃$		
	当 T 不明确时	$T<-20℃$	介质工作温度减0~10℃
		$-20℃≤T≤15℃$	介质工作温度减5~10℃
		$T>15℃$	介质工作温度减15~30℃
容器内介质用蒸汽直接加热或被内置加热元件间接加热时			最高工作温度
容器壁两侧与不同温度介质直接接触而可能出现单一介质时			(1)比较高一侧工作温度为基准确定设计温度 (2)当任一介质温度低于-20℃时，则应以该侧的工作温度为基准确定最低设计温度
安装在室外无保温容器，当最低设计温度受到地区环境温度控制时			(1)盛装压缩气体的储罐，取环境温度减3℃ (2)盛装液体体积占容器容积1/4以上的储罐，取环境温度
裙座			取环境温度

6.7　设计载荷的确定

设计载荷的确定见表6-11。

表6-11　设计载荷

载荷分类	载　荷　取　值
压力	(1)内压、外压或最大压差 (2)液柱静压力(当液柱静压力小于5%设计压力时可忽略不计) (3)试验压力
重力载荷	(1)容器空重：容器壳体及固定附件(如接管、人孔、法兰、支撑圈及支座)重量 (2)可拆内件的重力载荷：容器内部可拆构件(如填料、过滤网、除沫器、催化剂及可拆塔盘等)重量 (3)介质的重力载荷：正常工作状态下容器内介质的最大重量。对固体物料应按物料的实际堆积密度计算 (4)隔热材料的重力载荷：如内、外隔热材料层及其支持件重量 (5)附件的重力载荷：与容器直接连接的平台、扶梯、工艺配管及管架等附件重量 (6)水压试验时，容器内水的重力载荷 (7)检修时检修人员及工具、零部件的重力载荷，一般取690~790N/m²
风载荷、地震载荷、雪载荷	按相应国家标准取
偏心载荷	由于内件或外件附件的重心偏离容器壳体中心线而引起的载荷
局部载荷	容器壳体局部区域上作用的载荷(如支座、支耳、管道推力等)

6.8 壁厚附加量

壁厚附加量见表 6-12。

表 6-12 壁厚附加量

壁厚附加量 C/mm		$C=C_1+C_2$		
腐蚀裕度 C_2/mm	壳体、封头	介质为压缩空气、水蒸气或水的碳素钢或低合金钢制容器 $C_2 \geq 1.0$mm		
		腐蚀速率<0.05mm/a　$C_2=0$		
		腐蚀速率 0.05~0.13mm/a　$C_2 \geq 1$		
		腐蚀速率 0.13~0.25mm/a　$C_2 \geq 2$		
		腐蚀速率　>0.25mm/a　$C_2 \geq 3$		
	内件	不可拆卸或无法从人孔取出者	受力	取壳体腐蚀裕量
			不受力	取壳体腐蚀裕量的 1/2
		可拆卸并可从人孔取出	受力	取壳体腐蚀裕量的 1/4
			不受力	0

注：C_1 为壁厚负偏差。当钢材的厚度负偏差不大于 0.25mm，且不超过名义厚度的 6% 时，负偏差 C_1 可忽略不计。

6.9 压力容器最小壁厚

压力容器最小壁厚见表 6-13。

表 6-13 压力容器最小壁厚

材　料	最小壁厚/mm	材　料	最小壁厚/mm
碳素钢 低合金钢	≥3	高合金钢	≥2

6.10 许用应力与安全系数

6.10.1 许用应力取法

$$许用应力=\frac{强度数据}{安全系数}$$

ⅰ. 当设计温度低于 20℃，取 20℃ 时的许用应力；

ⅱ. 常用钢材及螺栓的许用应力可查第 10 章；

ⅲ. 不锈钢复合钢板的许用应力（如需计入复层材料强度时）

$$[\sigma]^t=\frac{[\sigma]_1^t \delta_1+[\sigma]_2^t \delta_2}{\delta_1+\delta_2}$$

式中　$[\sigma]^t$——设计温度下复合钢板的许用应力，MPa；

$[\sigma]_1^t$——设计温度下基层钢板的许用应力，MPa

$[\sigma]_2^t$——设计温度下复层钢板的许用应力，MPa；

δ_1——基层钢板的名义厚度，mm；

δ_2——复层钢板的厚度，不计入腐蚀裕度，mm。

6.10.2 地震力与风载荷的影响

对于地震力或风载荷与有关内容中其他载荷组合时，容器壁的应力允许不超过许用应力的 1.2 倍。不考虑地震力和风载荷同时作用。

6.10.3　GB 150 标准所用材料许用应力确定的依据

（1）符号

R_m——材料标准抗拉强度下限值，MPa；

R_{eL} ($R_{p0.2}$、$R_{p1.0}$)——材料标准室温屈服强度（或 0.2%、1.0% 非比例延伸强度），MPa；

R_{eL}^t ($R_{p0.2}^t$、$R_{p1.0}^t$)——材料在设计温度下的屈服强度（或 0.2%、1.0% 非比例延伸强度），MPa；

R_D^t——材料在设计温度下经 10 万小时断裂的持久强度的平均值，MPa；

R_n^t——材料在设计温度下经 10 万小时蠕变率为 1% 的蠕变极限平均值，MPa。

（2）钢材许用应力

钢材许用应力见表 6-14。

表 6-14　钢材许用应力

材料	许用应力取下列各值中的最小值/MPa
碳素钢、低合金钢	$\dfrac{R_m}{2.7}$，$\dfrac{R_{eL}}{1.5}$，$\dfrac{R_{eL}^t}{1.5}$，$\dfrac{R_D^t}{1.5}$，$\dfrac{R_n^t}{1.0}$
高合金钢	$\dfrac{R_m}{2.7}$，$\dfrac{R_{eL}(R_{p0.2})}{1.5}$，$\dfrac{R_{eL}^t(R_{p0.2}^t)}{1.5}$，$\dfrac{R_D^t}{1.5}$，$\dfrac{R_n^t}{1.0}$

注：对奥氏体高合金钢制受压元件，当设计温度低于蠕变范围，且允许微量的永久变形时，可适当提高许用应力至 $0.9R_{p0.2}$，但不超过 $\dfrac{(R_{p0.2})}{1.5}$。此规定不适于法兰或其他有微量永久变形就产生泄漏或故障的场合。

（3）螺栓材料许用应力

螺栓材料许用应力见表 6-15。

表 6-15　螺栓材料许用应力

材　　料	螺栓直径 /mm	热处理状态	许用应力（取下列各值中的最小值）
碳素钢	≤M22	热轧、正火	$\dfrac{R_{eL}^t}{2.7}$
	M24～M48		$\dfrac{R_{eL}^t}{2.5}$
低合金钢、马氏体高合金钢	≤M22	调质	$\dfrac{R_{eL}^t(R_{p0.2}^t)}{3.5}$
	M24～M48		$\dfrac{R_{eL}^t(R_{p0.2}^t)}{3.0}$
	≥M52		$\dfrac{R_{eL}^t(R_{p0.2}^t)}{2.7}$
奥氏体高合金钢	≤M22	固溶	$\dfrac{R_{eL}^t(R_{p0.2}^t)}{1.6}$
	M24～M48		$\dfrac{R_{eL}^t(R_{p0.2}^t)}{1.5}$

（4）焊接接头系数和焊接接头无损检测要求

焊接接头系数和焊接接头无损检测要求见表 6-16。

表 6-16　焊接接头系数和焊接接头无损检测要求

对接接头形式 ＼ 无损检测要求	100%	局部
双面焊对接和相当于双面焊的全焊透	$\phi=1$	$\phi=0.85$
双面焊对接接头（沿焊缝根部全长有紧贴基本金属的垫板）	$\phi=0.9$	$\phi=0.8$

6.11 压力试验

（1）符号

p_T——容器的试验压力，MPa；

p——设计压力，MPa；

$[\sigma]$——容器元件材料在试验温度下的许用应力，MPa；

$[\sigma]^t$——容器元件材料在设计温度下的许用应力，MPa；

R_{eL}（$R_{p0.2}$）——壳体材料在试验温度下的屈服点（或 0.2% 非比例延伸强度），MPa；

σ_T——试验压力下容器的应力，MPa；

D_i——容器内直径，mm；

δ_e——容器的有效厚度，mm。

（2）压力试验

压力试验相关公式见表 6-17。

表 6-17　压力试验相关公式

试压方式	容器受载形式	试验压力的计算公式	压力试验时应力校核	σ_T 应满足条件
液压试验	内压容器	$p_T = 1.25p\dfrac{[\sigma]}{[\sigma]^t}$	$\sigma_T = \dfrac{p_T(D_i + \delta_e)}{2\delta_e}$	$\sigma_T \leqslant 0.9 R_{eL}(R_{p0.2})\phi$
	外压容器、真空容器	$p_T = 1.25p$		
气压试验或气液组合试验	内压容器	$p_T = 1.1P\dfrac{[\sigma]}{[\sigma]^t}$	$\sigma_T = \dfrac{p_T(D_i + \delta_e)}{2\delta_e}$	$\sigma_T \leqslant 0.8 R_{eL}(R_{p0.2})\phi$
	外压容器、真空容器	$p_T = 1.1P$		

6.12 气密性试验

介质的毒性程度为极度或高度危害的容器，应在压力容器试验合格后进行气密性试验。气密性试验压力为压力容器的设计压力。

7 压力容器典型壳体强度计算

7.1 内压圆筒和球壳

7.1.1 符号

C——厚度附加量，mm；对多层包扎圆筒口考虑内筒的 C 值；对热套圆筒只考虑内侧第一层套合圆筒的 C 值；

D_i——圆筒或球壳的内直径，mm；

D_0——圆筒或球壳的外直径（$D_0 = D_i + 2\delta_n$），mm；

p_c——计算压力，$p_c \leqslant 0.6 [\sigma]^t \phi$，MPa；

$[p_w]$——圆筒或球壳的最大允许工作压力，MPa；

δ——圆筒或球壳的计算厚度，mm；

δ_e——圆筒或球壳的有效厚度，mm；

δ_i——多层包扎圆筒内筒的名义厚度，mm；

δ_n——圆筒或球壳的名义厚度，mm；

δ_0——多层包扎圆筒层板的总厚度，mm；

σ^t——设计温度下圆筒和球壳的计算应力，MPa；

$[\sigma]^t$——设计温度下圆筒和球壳材料的许用应力，MPa；对多层包扎圆筒应考虑 $[\sigma]^t \phi$

$$[\sigma]^t \phi = \frac{\delta_i}{\delta_n} [\sigma_i]^t \phi_i + \frac{\delta_0}{\delta_i} [\sigma_0]^t \phi_0$$

$[\sigma_1]^t$——设计温度下多层包扎圆筒内筒材料的许用应力，MPa；

$[\sigma_0]^t$——设计温度下多层包扎圆筒层板材料的许用应力，MPa；

ϕ——焊接接头系数；对热套圆筒取 $\phi = 1.0$；

ϕ_i——多层包扎圆筒内筒的焊接接头系数，取 $\phi_i = 1.0$；

ϕ_0——层板层的焊接接头系数，取 $\phi_0 = 0.95$。

7.1.2 计算公式

简　图	计　算　公　式		公式适用范围
内压圆筒	设计温度下的计算厚度	$\delta = \dfrac{p_c D_i}{2[\sigma]^t \phi - p_c}$	$p_c \leqslant 0.4 [\sigma]^t \phi$
	设计温度下的计算应力	$\sigma^t = \dfrac{p_c (D_i + \delta_e)}{2\delta_e}$　必须满足　$\sigma^t \leqslant [\sigma]^t \phi$	
	设计温度下的最大允许工作压力	$[p_w] = \dfrac{2\delta_e [\sigma]^t \phi}{D_i + \delta_e}$	

简 图	计 算 公 式		公式适用范围
球壳	设计温度下的计算厚度	$\delta = \dfrac{p_c D_i}{4[\sigma]^t \phi - p_c}$	$p_c \leqslant 0.6[\sigma]^t \phi$
	设计温度下的计算应力	$\sigma^t = \dfrac{p_c(D_i + \delta_e)}{4\delta_e}$ 必须满足 $\sigma^t \leqslant [\sigma]^t \phi$	
	设计温度下的最大允许工作压力	$[p_w] = \dfrac{4\delta_e[\sigma]^t \phi}{(D_i + \delta_e)}$	

7.2 内压凸形封头

7.2.1 符号

D_i——封头内直径，mm；

D_0——封头外直径（$D_0 = D_i + 2\delta_n$），mm；

h_i——封头曲面深度，mm；

K——椭圆形封头形状系数，$K = \dfrac{1}{6}\left[2 + \left(\dfrac{D_i}{2h_i}\right)^2\right]$，其值列于表 7-1；

M——碟形封头形状系数，$M = \dfrac{1}{4}\left(3 + \sqrt{\dfrac{R_i}{r}}\right)$，其值列于表 7-2；

p_c——计算压力，MPa；

$[p_w]$——最大允许工作压力，MPa；

$M \leqslant 1.34 R_i$——碟形封头或球冠形封头球面部分内半径，mm；

表 7-1 椭圆形封头形状系数 K 值

$\dfrac{D_i}{2h_i}$	2.6	2.5	2.4	2.3	2.2	2.1	2.0	1.9	1.8
K	1.46	1.37	1.29	1.21	1.14	1.07	1.00	0.93	0.87
$\dfrac{D_i}{2h_i}$	1.7	1.6	1.5	1.4	1.3	1.2	1.1	1.0	
K	0.81	0.76	0.71	0.66	0.61	0.57	0.53	0.50	

表 7-2 碟形封头形状系数 M 值

$\dfrac{R_i}{r}$	1.0	1.25	1.50	1.75	2.0	2.25	2.50	2.75
M	1.00	1.03	1.06	1.08	1.10	1.13	1.15	1.17
$\dfrac{R_i}{r}$	3.0	3.25	3.50	4.0	4.5	5.0	5.5	6.0
M	1.18	1.20	1.22	1.25	1.28	1.31	1.34	1.36
$\dfrac{R_i}{r}$	6.5	7.0	7.5	8.0	8.5	9.0	9.5	10.0
M	1.39	1.41	1.44	1.46	1.48	1.50	1.52	1.54

r——碟形封头过滤段转角内半径，mm；

δ——封头计算厚度，mm；

δ_e——封头有效厚度，mm；

$[\sigma]^t$——设计温度下封头材料的许用应力，MPa；

ϕ——焊接接头系数。

7.2.2 计算公式

	简　图	计算公式(凹面受压)		说　明
椭圆形封头	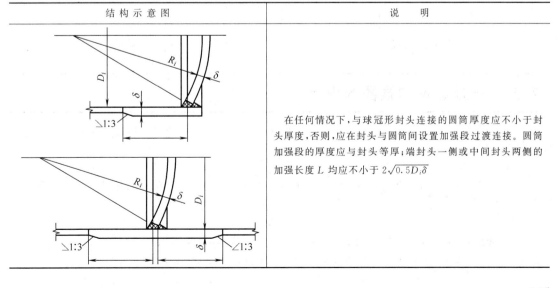	标准型计算厚度	$\delta=\dfrac{p_cD_i}{2[\sigma]^t\phi-0.5p_c}$	$K\leqslant1$ 的封头 $\delta_e\geqslant0.15\%D_i$
		非标准型计算厚度	$\delta=\dfrac{kp_cD_i}{2[\sigma]^t\phi-0.5p_c}$	$\delta_e\geqslant0.30\%D_i$
		最大允许工作压力	$[p_w]=\dfrac{2[\sigma]^t\phi\delta_e}{KD_i+0.5\delta_e}$	
碟形封头		计算厚度	$\delta=\dfrac{Mp_cR_i}{2[\sigma]^t\phi-0.5p_c}$	$M\leqslant1.34$ 的碟形封头，$\delta_e\geqslant0.15\%D_i$
		最大允许工作压力	$[p_w]=\dfrac{2[\sigma]^t\phi\delta_e}{MR_i+0.5\delta_e}$	$M>1.34$ 的碟形封头，$\delta_e\geqslant0.30\%D_i$
球冠形封头	凹面受压	计算厚度	$\delta=\dfrac{Qp_cD_i}{2[\sigma]^t\phi-p_c}$	Q—系数

7.2.3 球冠形封头与圆筒的连接结构

结构示意图	说　明
	在任何情况下，与球冠形封头连接的圆筒厚度应不小于封头厚度，否则，应在封头与圆筒间设置加强段过渡连接。圆筒加强段的厚度应与封头等厚；端封头一侧或中间封头两侧的加强长度 L 均应不小于 $2\sqrt{0.5D_i\delta}$

7.3 外压圆筒和外压管子计算

壁厚设计

$D_o/\delta_e \geqslant 20$ 的圆筒和管子	$D_o/\delta_e < 20$ 的圆筒和管子
(1)假设 δ_n,令 $\delta_e = \delta_n - C$ 定出 L/D_o 和 D_o/δ_e (2)在几何参数计算图的左方找到 L/D_o 值,过此点沿水平方向右移与 D_o/δ_e 线相交(遇中间值用内插法);若 L/D_o 值大于 50,则用 $L/D_o = 50$ 查 GB 150—1998 图 6-2,若 L/D_o 值小于 0.05 则用 $L/D_o = 0.05$ 查 GB 150—1998 图 6-2 (3)过此交点沿垂直方向下移,在图的下方得到系数 A (4)按所用材料选用 GB 150—1998 图 6-3~图 6-10,在图的下方找到系数 A。若 A 值落在设计温度下材料线的右方,则过此点垂直上移,用设计温度下的材料线相交(遇中间温度值用内插法),再过此交点水平方向右移,在图的右方得到系数 B,并按下式计算许用外压力 $[p]$,即 $$[p]_2 = \frac{2\sigma_0}{D_o/\delta_e}\left(1 - \frac{1}{D_o/\delta_e}\right)p_c$$ 若所得 A 值落在设计温度下材料线的左方,则用下式计算许用应力 $[p]$,即 $$[p] = \frac{2AE}{3D_o/\delta_e}$$ (5)$[p]$ 应大于或等于 p_c,否则须再假设名义厚度 δ_n,重复上述计算直到 $[p]$ 大于且接近 p_c 为止	(1)用与 $D_o/\delta_e \geqslant 20$ 相同的步骤得到系数 B 值。但对 $D_o/\delta_e < 4.0$ 的圆筒和管子应按下式计算系数 A 值,即 $$A = \frac{1.1}{(D_o/\delta_e)^2}$$ 系数 $A > 0.1$ 时,取 $A = 0.1$ (2)按下式计算 $[p]_1$ 和 $[p]_2$,取 $[p]_1$ 和 $[p]_2$ 中的较小值为许用外压力 $[p]$ $$[p]_1 = \left(\frac{2.25}{D_o/\delta_e} - 0.0625\right)B$$ $$[p]_2 = \frac{2\sigma_0}{D_o/\delta_e}\left(1 - \frac{1}{D_o/\delta_e}\right)$$ 式中 σ_0——应力,取以下两值的较小值 $$\sigma_0 = 2[\sigma]^t$$ $$\sigma_0 = 0.9\sigma_{0.2}^t \text{ 或 } 0.9\sigma_s^t$$ $[p]$ 应大于或等于 p_c,否则须再假设名义厚度 δ_n,重复上述计算直到 $[p]$ 大于且接近 p_c 为止

7.4 外压球壳和球形封头的厚壁设计

简　图	设 计 步 骤
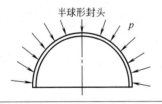 半球形封头 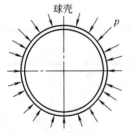 球壳	(1)假设 δ_n,令 $\delta_e = \delta_n - C$ 定出 R_o/δ_e (2)用下列计算系数 A $$A = \frac{0.125}{R_o/\delta_e}$$ (3)根据所用材料选用 GB 150—1998 图 6-3~图 6-10,在图的下方找到系数 A,若 A 值落在设计温度下材料线的右方,则过此点垂直上移,与设计温度下的材料线相交(遇中间温度值用内插法),再过此交点水平方向右移,在图的右方得到系数 B,并按下式计算许用外压力 $[p]$ $$[p] = \frac{B}{R_o/\delta_e}$$ 若所得 A 值落在设计温度下材料线的左方,则用下式计算许用应力 $[p]$,即 $$[p] = \frac{0.0833E}{(R_o/\delta_e)^2}$$ (4)$[p]$ 应大于或等于 p_c,否则须再假设名义厚度 δ_n,重复上述计算直到 $[p]$ 大于且接近 p_c 为止

7.5 外压圆筒加强圈的设计

设 计 步 骤
(1)根据圆筒的外压计算,D_o、L_s 和 δ_e 为已知,选定加强圈材料与截面尺寸,并计算它的横截面积 A_s 和加强圈与圆筒有效段组合截面的惯性矩 I_s (2)用下式计算 B 值 $\qquad\qquad B = \dfrac{p_c D_o}{\delta_e + (A_s/L_s)}$ (3)用计算图(GB 150—1998 中的图 6-3~图 6-10)在图右方找到上式计算出 B 值,过此点沿水平方向左移与设计温度下材料线相交,并从该交点垂直移动到图的底部,读出 A 值 (4)若图中无交点,则按下式计算 A 值 $\qquad\qquad A = \dfrac{1.5B}{E}$ (5)用下式计算加强圈与圆筒组合段所需的惯性矩,即 $\qquad I = \dfrac{D_o^2 L_s (\delta_0 + A_s/L_s)}{10.9}A$ (6)I_s 应大于或等于 I,否则须另选一具有较大惯性矩的加强圈,重复上述步骤直到 I_s 大于 I 为止

7.6　等面积补强

7.6.1　适合开孔范围

项　目	在壳体上允许的最大开孔直径 d	
	内径 $D_i \leqslant 1500\text{mm}$	内径 $D_i > 1500\text{mm}$
筒　体	$d \leqslant \dfrac{1}{2}D_i$ 且 $d \leqslant 500\text{mm}$	$d \leqslant \dfrac{1}{3}D_i$ 且 $d \leqslant 1000\text{mm}$
凸形封头或球壳	$d \leqslant \dfrac{1}{2}D_i$	
锥壳（或锥形封头）	$d \leqslant \dfrac{1}{3}D_i$（$D_i$ 为开孔中心处的锥壳内直径）	
在椭圆形或碟形封头过渡部分开孔时，其孔的中心线宜垂直于封头表面		

7.6.2　有效补强范围

计算开孔补强时，有效补强范围及补强面积按下图中矩形 $WXYZ$ 范围确定

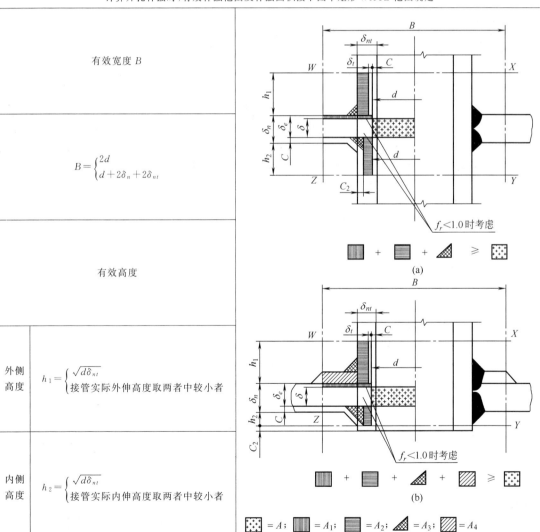

有效宽度 B	$B = \begin{cases} 2d \\ d + 2\delta_n + 2\delta_{nt} \end{cases}$
有效高度 外侧高度	$h_1 = \begin{cases} \sqrt{d\delta_{nt}} \\ \text{接管实际外伸高度取两者中较小者} \end{cases}$
内侧高度	$h_2 = \begin{cases} \sqrt{d\delta_{nt}} \\ \text{接管实际内伸高度取两者中较小者} \end{cases}$

注：δ_{nt} 为接管名义厚度，mm。

7.6.3 板、壳开孔补强要求

（1）需要补强面积 A

开孔所需补强面积 A	内压	圆筒或球壳开孔 $A = d\delta + 2\delta_{et}(1 - f_r)$
		平盖开孔直径 $\leqslant 0.5 D_o$ $\left(\text{或加撑平盖当量直径的} \frac{1}{2}\text{，或非圆形平盖短轴长度的} \frac{1}{2}\right)$ 时 $A = 0.5 d\delta_p$
	外压	圆筒或球壳开孔 $A = 0.5[d\delta + 2\delta_{et}(1 - f_r)]$

注：δ_{et} 为接管有效厚度，$\delta_{et} = \delta_{nt} - C$，mm

（2）可作为补强的截面积 A_e

$A_e = A_1 + A_2 + A_3$	
A_1	$A_1 = (B - d)(\delta_e - \delta) - 2\delta_{et}(\delta_e - \delta)(1 - f_r)$
A_2	$A_2 = 2h_1(\delta_{et} - \delta_t)f_r + 2h_2(\delta_{et} - C_2)f_r$
A_3	焊缝金属截面积
是否补强判定	若 $A_e \geqslant A$ 则开孔不需另加补强 若 $A_e < A$ 则开孔需另加补强 其补强面积 $A_4 \geqslant A - A_e$

注：当开孔内径与壳体内径之比超过 GB 150《压力容器》中的范围，但不超过 0.8 时，应采用大开孔补强计算——压力面积补强法。该方法适用于内压圆筒形壳体、球形壳体的圆形开孔补强。它允许压力试验时最高应力的局部区域产生可达1%的塑性变形。因此在采用这一方法进行补强时还必须满足和注意下列五个条件：①接管与壳体应采用全焊透结构，接管与壳体内外壁应避免尖角过渡；②接管、壳体、补强件的材料其常温屈强比 $\leqslant 0.67$，应避免采用标准常温抗拉强度度下限值 > 540MPa 的材料，如要采用，须在设计和检验方面作特殊考虑；③接管、壳体、补强件之间的焊缝应进行无损检测；④此补强方法不宜用于介质对应力敏感的场合；⑤大开孔应避免用于可产生蠕变或有脉动载荷的场合。

8 压力容器的监造、检验与验收

8.1 项目监造、检验管理规定

8.1.1 组织机构

组织机构如图 8-1 所示。

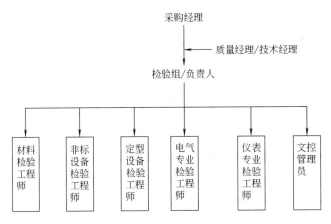

图 8-1 组织机构

8.1.2 职责

① 采购部　作为采购工作的职能部门，负责人力资源的配备，在业务管理方面提供技术支持，并监督、检查工作情况。

② 项目经理　对项目监造、检验工作全面负责。

③ 采购经理　负责组织监造、检验工作，对总体检验计划、试验计划、监造报告进行审核，并负责向采购部和项目经理汇报检验工作情况。

④ 检验组组长　组织编制总体检验计划，负责审查检验实施计划，并负责检验计划的实施。

⑤ 质检工程师　配合检验组组长编制采购物资总体检验计划，编制相关专业检验计划实施细则，负责驻厂监造和周期性的中间检验、最终检验、出厂装箱检验实施。各专业检验工程师按照技术协议、相关标准、总体检验计划、工艺规程等要求，编制检验实施计划，对设备制造全过程质量监控，及时向检验组组长报告设备制造过程中真实质量、进度情况。

8.1.3 程序

（1）编制总体检验计划

采购合同签订后，应根据合同规定的进度、检验项目和设备重要性等级，由项目各专业质检工程师配合检验组组长编制采购物资总体检验计划，明确检验时间、内容、各方面参加人员及通知方式、检验的标准和方法、检验结果确认等。

（2）编制检验实施计划

各专业质检工程师根据合同、制造图纸、相关标准规范及制造厂制造检验计划，针对项目的具体设备编制详细监造、检验实施计划，检验组组长审核计划。

检验实施计划要有可操作性，应明确质量控制等级、质量控制点内容、控制目标、检查方法、监造时间等，质检工程师将按照该计划实施监造、检验工作。

（3）监造、检验前准备

ⅰ．熟悉采购合同内容，特别合同中有关质量、检验方面的条款和技术文件。

ⅱ．认真审阅相关设计文件和标准规范。

ⅲ．监造、检验实施计划已编制完毕，经检验组组长审查合格。

ⅳ．必备的检测设备和计量器具已准备完毕。

（4）预检验会议

如果买卖双方认为有必要，在制造商的主材已经订货、主要图纸审查完毕、生产检验计划编制完成后，制造之前召开预检验会议。在会议上双方要明确设备监造要求、原则和标准、检验点的级别（R、W、H点），审核签署制造厂的质量检验计划和设备检验大纲，同时设计人员进行技术交底。

预检验会议上应确定买卖双方的监造、检验协调程序，明确各自的联系方式、协调人员等。

（5）制造过程控制

① 材料质量控制　材料进厂后，监造人员应逐项核对材料型号、炉号、规格尺寸与材质证明原件等，审核是否符合图纸规定，并审核材质证明原件所列化学成分及力学性能是否符合相应国家标准或规范的要求。

按图纸、标准规范要求复检的项目是否完成，检查复检报告。

② 零部件质量控制　按照图纸、标准规范要求，对零部件的质量进行检查，如封头、管板、管束、筒节、法兰、螺栓等质量是否满足图纸、标准规范要求。

③ 组装和综合检查　严格按照检验实施计划规定，检查各个工序的质量，特别是隐蔽工序，通过控制组装过程各工序的质量，保证最终成品质量。

组装完毕后，在进行水压试验之前，按照图纸进行综合检查，并将设备内的各种杂物清理干净。

④ 水压试验和气密性试验　水压试验和气密性试验应设为停止点，监造人员参加试验的全过程。

⑤ 油漆、包装和随机文件检查　设备出厂前，应检查产品外观质量、供货范围、产品包装和出厂文件是否完整、合格。外包装应标明吊装点、支撑位置，唛头应清晰、不掉色。全面验收合格后出具《检验认可书》（表 8-1），设备方能放行出厂，不合格设备绝对不允许出厂。

（6）不合格品处理

ⅰ．在监造、检验过程中发现的不合格问题，监造人员应填写《不合格品报告》（表 8-2）中不合格内容，对不合格产品的问题作出标记，并向采购经理和制造厂提出报告。

ⅱ．对于暂时无法解决的不合格问题，要求制造厂停止制造，分析缺陷产生原因，提出处理意见。

ⅲ．采购经理负责将《不合格品报告》提交给项目经理，由项目质量经理或质量控制工程师组织相关人员评审，确定处理意见。

ⅳ．监造人员按照《不合格品报告》意见，要求制造厂限期进行整改，并负责监督、检查整改情况。

8.1.4 监造、检验报告

ⅰ．监造人员每天要写《监检工作日志》（表8-3），对监检项目的质量和进度情况进行详细记录，这将作为考核监造人员的重要依据。监检结束后交检验组组长和采购经理。

ⅱ．监造人员每周一向检验组组长、采购经理和采购部提交1份《监检报告》（表8-4），汇报上周的监检情况。

ⅲ．监造人员应随时与检验组组长保持联系，检验组组长负责人员的统一调配。采购经理负责向项目经理汇报监造、检验情况。

表8-1　检验认可书

编号：

项目名称：		项目编号：	
设备类别：		合同编号：	
制造厂商：			

以下产品已经检验,质量合格,同意这批产品可以交付装运。

设备位号/材料编码	设备材料名称	数量	备注

注:该检验认可书不能解除制造厂商对产品技术规格和技术要求的最终质量保证。

检验工程师/日期	业主代表/日期

表8-2　不合格品报告

编号：　　　　　　　　　　　　　　　　　　　　　　of

项目名称：		项目编号：	
设备位号/名称		合同编号	
制造厂商：			

不合格内容：

编制:(监造人员)	审核:(检验组组长)
日期:	日期:

处理意见：

质量工程师/日期：　　　　质量经理/日期：　　　　项目经理/日期：

表 8-3　监检工作日志

年　月　日

项目名称		监造项目	
制造厂商		工作地点	
监造人员			

工作内容及要点：

....
....
....
....
....
....
....
....
....
....
....
....
....
....
....
....
....
....

表 8-4　监检报告

报告编号：

采购合同号		监造人员	
设备名称		时间	
设备位号		地点	
供货商名称		联系人	
合同交货时间		页码	

质量、进度情况：

存在问题：

8.1.5 典型设备监造、检验

塔类设备（容器）监造要点

序号	零部件名称	检验项目/工序	检验内容	检验级别	依据、标准
1	上、下封头	(1)板材的材质、规格 (2)板材下料、坡口加工 (3)组拼焊接 (4)成形(封头几何形状) (5)封头坡口加工 (6)小 R 处测厚	(1)化学成分、力学性能	R	材质证件
			(2)标识确认	W	图样
			(3)下料尺寸、坡口尺寸检查	W	图样
			(4)坡口无损检测 MT/PT	R	检验报告
			(5)焊缝外观检查	W	按规范
			(6)焊缝 RT 检测	R	检验报告
			(7)封头成形尺寸检查		
			①直边	W	按图样、规范
			②圆度偏差	W	按图样、规范
			③周长偏差	W	按图样、规范
			④形状偏差	W	按图样、规范
			⑤皱折偏差	W	按图样、规范
			⑥减薄偏差	W	按图样、规范
2	筒体	(1)板材的材质、规格 (2)板材下料、坡口加工 (3)压头、卷板、焊纵(包括产品试板焊接) (4)筒节校圆 (5)筒节组对、焊接	(1)化学成分、力学性能	R	材质证件
			(2)标识确认	W	图样
			(3)下料尺寸、坡口尺寸检查	W	图样
			(4)试板性能试验	R	试验报告
			(5)焊缝外观检查	W	按规范
			(6)焊缝无损检测(RT、UT、MT)	R	检验报告
			(7)筒节圆度偏差	W	按图样、规范
			(8)筒节周长偏差	W	按图样、规范
			(9)棱角度偏差	W	按图样、规范
			(10)错边量偏差	W	按图样、规范
			(11)直线度检查	W	按图样、规范
3	裙座	(1)板材的材质、规格 (2)基础底板机加工 (3)裙座筒体成形 (4)基础底板与裙座筒体 (5)组对、焊接	(1)标识确认	W	材质证件
			(2)基础螺栓孔直径、孔中心距、任意两孔间距	W	按图样
			(3)焊缝外观质量检查	W	按图样、规范
4	人孔、接管、法兰	(1)法兰锻件 (2)机械加工 (3)接管与法兰组对焊接	(1)化学成分、力学性能	R	材质证件
			(2)无损检测	R	检测报告
			(3)尺寸检查	R	检查记录
			(4)法兰密封检查	W	按图样
			(5)对温度计接口管要检查焊接通瘤,不影响温度计套管的插入	W	按图样
5	序号1~4组对焊接	(1)封头与筒体组焊 (2)裙座与塔体下封头组焊 (3)人孔、接管与塔体组焊	(1)焊缝外观检查	W	按规范
			(2)焊缝无损检测	R	检验报告
			(3)封头与筒体组对偏差	W	按规范
			(4)下封头上口平面与裙座体轴线相对垂直度偏差	W	按规范
			(5)直线度检查	W	按规范
			(6)号孔划线、标高规格检查	H	图纸

续表

序号	零部件名称	检验项目/工序	检验内容	检验级别	依据、标准
6	塔内固定件	(1)支撑圈 (2)降液板 (3)收液盘 (4)序号(1)~(3)与塔体焊接	(1)化学成分、力学性能 (2)尺寸检查 (3)方位检查 (4)塔盘支撑圈间距、水平度 (5)溢流堰尺寸 (6)降液板与收液盘间隙 (7)焊接质量	R W W W W W W	
7	整体	压力试验	(1)试验前 ①外观全面检查 ②塔内无杂物、清洁 ③塔体支撑合理 (2)保压时 ①塔体形状变化 ②全部焊缝、密封有无渗漏	 H H H H H	

换热器监造检验要点

序号	零部件名称	检验项目/工序	检验内容	检验级别	依据、标准
1	管箱/外头盖	(1)板材 (2)封头 (3)筒体 (4)管箱法兰 　锻件 　机加工(粗) (5)接管法兰组焊 (6)(2)~(5)组焊(包括隔板) (7)热处理 (8)管箱法兰加工	化学成分、力学性能 材质标识确认 焊缝无损检测 焊缝外观检查 成形尺寸检查 机加工尺寸检查 号孔画线检查 热处理 法兰密封面	R W R W W W H R W	材质证件 设计图纸 检测报告 标准 设计图纸、标准 设计图纸、标准 设计图纸、标准 报告 设计图纸
2	壳体	(1)筒体 　板材 　下料、坡口加工 　压头、卷板、焊纵缝 　校圆 　筒节组焊 (2)壳体法兰 　锻件 　机加工 (3)接管法兰 　法兰(接管)锻件 　机械加工 　接管法兰组焊 (4)鞍座 (5)(1)~(4)组对焊接	化学成分、力学性能 材质标识 尺寸检查 焊缝无损检测 (1)A、B焊缝 RT (2)C、D类焊缝 MT 焊缝棱角度 筒体对准偏差(错边量) 筒体成形尺寸 (1)圆度偏差 (2)直线度 (3)直径偏差 焊管方位、规格(号孔画线) 安装尺寸检查	R W W R R R W W W W W H W	材质证件 设计图纸 设计图纸 按检验报告 按检验报告 按检验报告 规范 规范 规范 图纸、规范 图纸、规范

序号	零部件名称	检验项目/工序	检验内容	检验级别	依据、标准
3	管束	(1)管板 锻件 机加工(粗) 热处理 精加工 钻孔 (2)折流板(车、钻) (3)换热管 (4)(1)~(3)组对焊接	化学成分、力学性能	R	材质证件
			无损检测 UT、MT	R	检验报告
			热处理	R	热处理报告
			管板直径、厚度	W	按图纸
			管板直径、精度	W	图纸
			孔桥宽度	W	图纸
			换热管压扁、翻边试验	R	检验报告
			换热管水压试验	R	检验报告
			换热管除锈	W	规范
			换热管伸出管板长度	W	图纸
			管板与管子的焊接接头 PT	W	设计要求
4	浮头	(1)浮头盖 板材 成形 (2)浮头盖法兰 锻件 车、钻加工 (3)隔板 (4)(1)~(3)组对焊接 (5)钩圈 锻件 车、钻加工	化学成分力学性能	R	材质证件
			表示确认	W	按图样
			尺寸检查 (1)浮头盖尺寸 (2)法兰钩圈尺寸	W W	按图样 按图样
			无损检测 MT/PT	R	报告
			法兰密封面	W	图纸
5	壳体、管束、管箱、浮头、外头盖组装	管束与壳体组装	壳体洁净	H	按设计图纸
			装管束是否顺利 (杜绝强行组装)	H	
		压力试验			
		壳程	重点检查管板与换热管的焊接接头	H	
			壳体焊缝、接管与壳体对接焊缝	H	
		管程	检查管箱法兰与管板的密封	H	
			浮头法兰与管板的密封	H	
			管箱与接管对接焊缝	H	
		壳程	管板、外头盖的法兰与壳体法兰的密封	H	
			外头盖与接管对接焊缝	H	
			压力试验结束后，打压用水要放净	H	
		气密试验(略)			
6	设备整体	除锈、刷油	壳体呈金属光泽	W	

8.2 无损检测

缺陷的存在是压力容器发生破坏的原因之一。因此，无损检测对压力容器安全使用有着非常重要的意义。它一方面在制造过程中及时发现超过标准的缺陷以确保压力容器的产品质量；另一方面是在使用过程中或检修时，检查是否有原来允许的缺陷或新产生的缺陷在使用过程中发展成为超标缺陷。

8.2.1 概述

应根据受检承压设备的材质、结构、制造方法、工作介质、使用条件和失效模式，预计可能产生的缺陷种类、形状、部位和方向，选择适宜的无损检测方法（图 8-2）。

ⅰ. 射线和超声检测主要用于承压设备的内部缺陷的检测。

ⅱ. 磁粉检测主要用于铁磁性材料制承压设备的表面和近表面缺陷的检测。

ⅲ. 渗透检测主要用于非多孔性金属材料和非金属材料制承压设备的表面开口缺陷的检测。

ⅳ. 涡流检测主要用于导电金属材料制承压设备表面和近表面缺陷的检测。

ⅴ. 铁磁性材料表面检测时，宜采用磁粉检测。

ⅵ. 当采用两种或两种以上的检测方法对承压设备的同一部位进行检测时，应按各自的方法评定级别。

ⅶ. 采用同种检测方法按不同检测工艺进行检测时，如果检测结果不一致，应以危险度大的评定级别为准。

$$
\text{无损检测的方法}
\begin{cases}
\text{射线检测（RT）}
\begin{cases}
\text{X 射线} \\
\text{（JB/T 4730.2—2005）} \\
\gamma \text{ 射线}
\end{cases} \\
\text{超声波检测（UT）（JB/T 4730.3—2005）} \\
\text{磁粉检测（MT）（JB/T 4730.4—2005）} \\
\text{渗透检测（PT）（JB/T 4730.5—2005）} \\
\text{涡流检测（ET）（JB/T 4730.6—2005）} \\
\text{声发射（AE）}
\end{cases}
$$

图 8-2　无损检测方法

8.2.2 射线检测

ⅰ. 射线检测能确定缺陷平面投影的位置、大小，可获得缺陷平面图像并能据此判定缺陷的性质。

ⅱ. 射线检测适用于金属材料制承压设备熔化焊对接焊接接头的检测。用于制作对接焊接接头的金属材料包括碳素钢、低合金钢、不锈钢、铜及铜合金、铝及铝合金、钛及钛合金、镍及镍合金。射线检测不适用于锻件、管材、棒材的检测。T 形焊接接头、角焊缝以及堆焊层的检测一般也不采用射线检测。

ⅲ. 射线检测的穿透厚度，主要由射线能量确定，参见表 8-5。

ⅳ. 当应用 γ 射线照相时，宜采用高梯度噪声比（T1 或 T2）胶片（胶片系统按照 GB/T 19384.1—2003 分为四类，T1、T2、T3 和 T4。T1 为最高级别，T4 为最低级别）；当应用高能 X 射线照相时，应采用高梯度噪声比的胶片；对于 $R_m \geqslant 540\text{MPa}$ 的高强度材料对接焊接接头射线检测，也应采用高梯度噪声比的胶片。

8.2.3 超声检测

ⅰ. 超声检测通常能确定缺陷的位置和相对尺寸。

表 8-5 不同射线源检测的厚度范围

射线源	透照厚度 W(AB 级)/mm	射线源	透照厚度 W(AB 级)/mm
X 射线(300kV)	≤40	Co-60	40～200
X 射线(420kV)	≤80	X 射线(1～4MeV)	30～200
Se-75	≤10～40	X 射线(＞1～4MeV)	50～200
Ir-192	≤20～100	X 射线(＞12MeV)	≥80

ⅱ. 超声检测适用于板材、复合板材、碳钢和低合金钢锻件、管材、棒材、奥氏体不锈钢锻件等承压设备原材料和零部件的检测；也适用于承压设备对接焊接接头、T 形焊接接头、角焊缝以及堆焊层等的检测。

ⅲ. 采用超声直（斜）射法检测内部缺陷。不同检测对象相应的超声厚度检测范围见表 8-6。

表 8-6 不同检测对象相应的超声厚度检测范围

超声检测对象	适用的厚度范围/mm
碳素钢、低合金钢、镍及镍合金板材	母材为 6～250
铝及铝合金和钛及钛合金板材	厚度≥6
碳钢、低合金钢锻件	厚度≤1000
不锈钢、钛及钛合金、镍及铝合金、镍及镍合金复合板	基板厚度≥6
碳钢、低合金钢无缝钢管	外径为 12～660 壁厚≥2
奥氏体不锈钢无缝钢管	外径为 1～400、壁厚为 2～35
碳钢、低合金钢螺栓件	直径＞M36
全熔化焊钢对接焊接接头	母材厚度为 6～400
铝及铝合金制压力容器对接焊接接头	母材厚度≥8
钛及钛合金制压力容器对接焊接接头	母材厚度≥8
碳钢、低合金钢压力管道环焊缝	壁厚≥4.0,外径为 32～159 或壁厚为 4.0～6,外径≥159
铝及铝合金接管环焊缝	壁厚≥5.0,外径为 80～159 或壁厚为 5.0～8,外径≥159
奥氏体不锈钢对接焊接接头	母材厚度为 16～50

8.2.4 磁粉检测

ⅰ. 磁粉检测通常能确定表面和近表面缺陷的位置、大小和形状。

ⅱ. 磁粉检测适用于铁磁性材料制板材、复合板材、管材以及锻件等表面和近表面缺陷的检测；也适用于铁磁性材料对接焊接接头、T 形焊接接头以及角焊缝等表面和近表面缺陷的检测。磁粉检测不适用非铁磁性材料的检测。

8.2.5 渗透检测

ⅰ. 渗透检测通常能确定表面开口缺陷的位置、尺寸和形状。

ⅱ. 渗透检测适用于金属材料和非金属材料板材、复合板材、锻件、管材和焊接接头表面开口缺陷的检测。渗透检测不适用多孔性材料的检测。

8.2.6 涡流检测

ⅰ. 涡流检测通常能确定表面及近表面缺陷的位置和相对尺寸。

ⅱ. 涡流检测适用于导电金属材料和焊接接头表面和近表面缺陷的检测。

8.2.7 声发射检测

ⅰ. 声发射检测通常用于确定内部或表面存在的活性缺陷的强度和大致位置。

ⅱ. 声发射检测适用于对承压设备在加载过程中进行的局部或整体检测，也可用于在线监测。

8.2.8 X 射线实时成像检测

ⅰ. 射线实时成像检测通常用于实时确定缺陷平面投影的位置、大小以及缺陷的性质。

ⅱ. 射线实时成像检测适用于承压设备对接焊接接头的实时快速检测。

8.2.9 焊接接头的无损检测要求

压力容器的无损检测包括射线、超声、磁粉、渗透和涡流检测。

容器上对接接头的无损检测用射线或超声检测。根据不同钢材、不同厚度、不同容器要求分为 100％无损检测和局部检测两种。对 100％无损检测的焊接接头，当某种材料、达到一定厚度时，在用一种方法（射线和超声）进行 100％检测后，尚需用另一种方法（超声和射线）进行附加局部检测。

容器的表面无损检测以磁粉或渗透检测为主。

表 8-7 对不同钢材、不同厚度的 A、B、C、D 类焊接接头采用不同检测方法、不同检测比例以及检验要求分别进行了归纳。

表 8-7　焊接接头无损检测要求

检测项目	符合情况及检验要求
A、B 类接头需 100％检测（射线和超声）	(1)适用情况 钢材厚度 δ_s ＞30mm 的碳素钢、16Mn 和 Q345R δ_s ＜25mm 的 Q370R、15MnV1、20MnMo 及奥氏体不锈钢 δ_s ＞16mm 的 12CrMo、15CrMo、15CrMoR 及任意厚度的 Cr-Mo 低合金钢 标准抗拉强度下限值 R_m ＞540MPa 的钢材（6～8mm 的 15Q370R 除外） 焊接接头系数等于 1.0 的压力容器（无缝管制筒体除外） 第三类压力容器 图样注明盛装极度危害或高度危害介质的容器 进行气压试验的容器 多层包扎压力容器内筒的 A 类接头 热套压力容器各单层圆筒的 A 类接头 使用后无法进行内外部检验或耐压试验和压力容器 设计压力≥0.6MPa 的管壳式余热锅炉 设计压力≥5MPa 的容器 第二类压力容器中易燃介质的反应容器和储存容器 采用电渣焊的疲劳分析设计的压力容器 Al、Cu、Ni、Ti 制压力容器符合下列情况之一者： ①介质为易燃或毒性程度为极度、高度、中度危害者 ②采用气压试验的 ③设计压力＞1.6MPa 的 (2)检验要求 射线检测按 NB/T 47013.2 的规定,透照质量不应低于 AB 级,焊缝质量Ⅱ级合格,超声检测按 NB/T 47013.3 的规定,Ⅰ级合格 当容器壁厚≤38mm 时,应选用射线检测,由于结构原因,不能采用射线检测时,允许采用可记录的超声检测 有色金属制容器应尽量采用射线检测

检测项目	符合情况及检验要求
局部检测（射线或超声）	(1)检查长度不得小于各条焊缝长度的 20%，且至少不小于 250mm (2)铁素体钢制低温容器的 A 类接头，检测比例应≥50% (3)以下部位应全部补强： ①焊缝交叉部位 ②封头、管板、补强圈的所有拼接焊接接头 ③以开孔中心为圆心，1.5 倍开孔直径为半径的圆中所包容的焊接接头 ④凡被补强圈、支座、垫板、内件等所覆盖的焊接接头 ⑤嵌入式接管与圆筒或封头连接的焊接接头 ⑥公称直径不小于 250mm 的接管与长颈法兰、接管对连接的焊接接头 (4)射线检测Ⅲ级合格，超声检测Ⅱ级合格 (5)发现超标缺陷时，应进行不小于该条焊缝长度 10%，且小于 250mm 的补充检测，若仍不合格、该条焊缝应 100%检测
同时采用两种检测方法	压力容器壁厚＞38mm 或壁厚＞20mm，且材料的 R_m 下限值≥540MPa 时，其对接接头如采用射线检测，则每条焊缝还应附加局部超声检测；如采用超声检测，每条焊缝还应附加局部射线检测 附加局部检测应包括所有的焊缝交叉部位 局部检测的比例为原规定每条焊缝检测长度的 20% 同时采用两种检测方法检验的焊缝，必须同时满足射线和超声的合格标准
磁粉或渗透检测	δ_s＞16mm 的 12CrMo、15CrMoR、15CrMo 及其他任意厚度的 Cr-Mo 低合金钢容器上的 C、D 类接头 材料标准抗拉强度下限值 R_m＞540MPa 钢制容器上的 C、D 类接头 应 100%检测容器上、公称直径小于 250mm 的接管与接管，接管与长颈法兰连接的焊接接头 复合钢板的复合层焊接接头 堆焊表面 层板材料标准抗拉强度下限值 R_m＞540MPa 的多层包扎压力容器的层板 C 类接头 对有表面无损检测要求的交接接头、T 形接头，不能进行射线或超声检测的，应作 100%表面检测 R_m＞540MPa 的材料及 Cr-Mo 低合金钢材经火焰切割的坡口表面以及该容器缺陷修磨或补焊的表面、卡具或拉筋等拆除处的焊痕表面 检查结果不允许有任何裂纹、成排气孔、分层，并符合 NB/T 47013.4 缺陷显示等级评定的Ⅰ级要求 铁磁性材料的表面检测应优先选用磁粉检测

8.3 容器的压力试验

8.3.1 概述

ⅰ. 容器制成后应按图样规定进行压力试验。压力试验包括液压试验、气压试验以及气密性试验。

ⅱ. 压力试验必须用两个量程相同并经校验合格的压力表。压力表的量程以试验压力的 2 倍为宜，但不低于 1.5 倍和高于 4 倍的试验压力。

ⅲ. 容器的开孔补强圈应在压力试验前通入 0.4～0.5MPa 的压缩空气检查焊接接头质量。

ⅳ. 外压容器和真空容器以内压进行压力试验。

ⅴ. 对于由两个（或两个以上）压力室组成的容器，应在图样上分别注明各个压力室的试验压力，并校核相邻壳壁在试验压力下的稳定性。如果不能满足稳定性要求，则应规定在做压力试验时，相邻压力室内必须保持一定压力，以使整个试验过程（包括升压、保压和卸压）中的任一时间内，各压力室的压力差不超过允许压差，图样上应注明这一要求和允许的压差值。

ⅵ. 对夹套容器的压力试验有如下要求。

ⅰ 先进行内筒压力试验，合格后再焊夹套，然后再进行夹套内的压力试验。

ⅱ 内筒设计压力小于夹套设计压力时，容积小于等于1000L的夹套搪玻璃设备，经制造单位技术负责人批准，并经用户同意，可免做内筒压力试验，但不能免做夹套压力试验。

ⅲ 容积大于1000L但小于等于5000L的夹套搪玻璃设备，连续30台同规格设备压力试验合格后，可以每15台为一批，每批抽1台做压力试验，如不合格，必须恢复逐台进行压力试验。

ⅳ 容积大于5000L的夹套搪玻璃设备应每台做压力试验。

8.3.2 液压和气压试验

(1) 液压试验

试验液体一般采用水，试验合格后应立即将水排净吹干，无法完全排净吹干时，对奥氏体不锈钢制容器，应控制水中的氯离子含量不超过25mg/L。

试验温度：Q345R、Q370R、07MnMoVR制容器进行液压试验时，液体温度不得低于5℃；其他碳素钢和低合金钢制容器进行液压试验时，液体温度不得低于15℃；低温容器液压试验的液体温度不低于壳体材料和焊接接头的冲击试验温度（取其高者）加20℃。如果由于板厚等因素造成材料无塑性转变温度升高，则需相应提高试验温度。

当有试验数据支持时，可使用较低温度液体进行试验，但试验时应保证试验温度（容器器壁金属温度）比容器器壁金属无塑性转变温度至少高30℃。

$$试验压力：p_T = 1.25p\frac{[\sigma]}{[\sigma]^t}（内压容器）$$

$$p_T = 1.25p（外压和真空容器）$$

式中　p_T——试验压力，MPa；

　　　p——设计压力，MPa；

　　$[\sigma]$——容器元件材料在试验温度下的许用应力，MPa；

　　$[\sigma]^t$——容器元件材料在设计温度下的许用应力，MPa。

压力试验时还应注意以下两点：

ⅰ. 容器铭牌上规定有最大允许工作压力时，公式中应以最大允许工作压力代替设计压力。

ⅱ. 容器各元件所用材料不同时，应取各元件材料的$[\sigma]/[\sigma]^t$比值中最小者。

试验程序和步骤：试验容器内的气体应当排净并充满液体，试验过程中，应保持容器观察表面干燥；当试验容器器壁金属温度与液体温度接近时，方可缓慢升压至设计压力，确认无泄漏后继续升压至规定的试验压力，保压时间不少于30min；然后降至设计压力，保压足够的时间进行检查，检查期间压力应保持不变。

合格标准：

ⅰ. 无渗漏；

ⅱ. 无可见变形；

ⅲ. 试验过程中无异常的响声。

(2) 气压试验和气液组合压力试验

由于结构或支承原因，不能向容器内充灌液体以及运行条件不允许残留试验液体的压力容器，可采用气压试验。

试验用气体：干燥洁净的空气、氮气或其他惰性气体。

试验温度按液压试验温度确定。

$$试验压力：p_T = 1.1p\frac{[\sigma]}{[\sigma]^t}（内压容器）$$

$$p_T = 1.1p（外压和真空容器）$$

试验程序：试验时应先缓慢升压至规定试验压力的10%，保压5min，并且对所有焊缝和连接部位进行初次检查；确认无泄漏后，再继续升压到规定试验压力的50%；如无异常现象，其后按规定试验压力的10%逐级升压，直到试验压力，保压10min；然后降至设计压力，保压足够时间进行检查，检查期间压力应保持不变。

气压试验和气液组合压力试验的合格标准：对于气压试验，容器无异常声响，经肥皂液或其他检漏液检查无漏气、无可见变形；对于气液组合压力试验，应保持容器外壁干燥，经检查无液体泄漏后，再以肥皂液或其他检漏液检查无漏气、无异常声响，无可见的变形。

（3）气密性试验

凡介质毒性程度为极度、高度危害或设计上不允许有微量泄漏的压力容器，必须进行气密性试验。

气密性试验应在液压试验合格后进行。对设计图样上要求做气压试验的压力容器是否需再做气密性试验，应在设计图样上规定。

试验用气体：干燥洁净的空气、氮气或其他惰性气体。

试验用气体温度：碳素钢和低合金钢制压力容器，其试验用气体的温度应不低于15℃，其他材料制容器试验用气体的温度按设计图样规定。

试验压力：按图样上注明的压力。

试验程序：压力应缓慢上升，达到规定的试验压力后保压10min，然后降至设计压力。对所有焊接接头和连接部位进行泄漏检查。

合格标准：无泄漏，保压不少于30min即为合格。

9 典型设备强度计算书

　　本章节主要介绍典型设备强度计算书的编制和计算过程，主要包括填料塔（变径）强度计算及装配图 9-1、固定管板换热器强度计算（其中 9.1 中已有的相关内容略）及装配图 9-2、夹套反应釜强度计算（其中 9.1 中已有的相关内容略）及装配图 9-3、卧式储罐强度计算（其中 9.1 中已有的相关内容略）及装配图 9-4。各图见文后插页。

过程设备设计计算书

DATA SHEET OF PROCESS EQUIPMENT DESIGN

工程名：
PROJECT

设备位号：
ITEM

设备名称：
EQUIPMENT

图号：
DWGNO

设计单位：
DESIGNER

设　　计 Designed by		日　期 Date	
校　　核 Checked by		日　期 Date	
审　　核 Verified by		日　期 Date	
审　　定 Approved by		日　期 Date	

9.1 填料塔（变径）强度计算

塔 设 备 校 核					
计 算 条 件					
塔型		填料			
设计压力	MPa	0.8			
容器分段数(不包括裙座)		3			
压力试验类型		液压			
压力试验计入液柱高度 H	mm	32998			
试验压力(立试)	MPa	1.000			
试验压力(卧试)	MPa	1.324			

封 头				
		上 封 头		下 封 头
材料名称		Q345R（热轧）		Q345R（热轧）
名义厚度	mm	6		6
腐蚀裕量	mm	2		2
焊接接头系数		0.85		0.85
封头形状		椭圆形		椭圆形

圆 筒						
		1	2	3	4	5
设计温度	℃	140	140	140		
圆筒长度	mm	2700	5700	24193		
圆筒名义厚度	mm	8	8	8		
圆筒内径	mm	1000	600	600		
材料名称		Q345R（热轧）	Q345R（热轧）	Q345R（热轧）		
腐蚀裕量	mm	2	2	2		
纵向焊接接头系数		0.85	0.85	1		
环向焊接接头系数		0.85	0.85	1		
圆筒外压计算长度	mm	0	0	0		

变 径 段					
		1	2	3	4
设计温度	℃	140			
变径段下端内径	mm	1000			
变径段上端内径	mm	600			
材料名称		Q345R（热轧）			
腐蚀裕量	mm	2			
纵向焊接接头系数		0.85			

变 径 段		1	2	3	4
横向焊接接头系数		0			
变径段轴向长度	mm	230			
变径段外压计算长度	mm	0			
变径段大端过渡段转角半径	mm	100			
变径段小端过渡段转角半径	mm	60			

内 件 及 偏 心 载 荷						
介质密度	kg/m³	558				
塔釜液面离焊接接头的高度	mm	2100				
塔板分段数		1	2	3	4	5
塔板型式						
塔板层数						
每层塔板上积液厚度	mm					
最高一层塔板高度	mm					
最低一层塔板高度	mm					
填料分段数		1	2	3	4	5
填料顶部高度	mm	12000	17800	24000	30200	34600
填料底部高度	mm	6800	12800	18600	24800	31000
填料密度	kg/m³	200	200	200	280	280
集中载荷数		1	2	3	4	5
集中载荷	kg					
集中载荷高度	mm					
集中载荷中心至容器中心线距离	mm					

塔 器 附 件 及 基 础						
塔器附件质量计算系数		1.2	基本风压	N/m²	0	
基础高度	mm	500				
塔器保温层厚度	mm	80	保温层密度	kg/m³	300	
裙座防火层厚度	mm	50	防火层密度	kg/m³	2000	
管线保温层厚度	mm	80	最大管线外径	mm	89	
笼式扶梯与最大管线的相对位置		90				
场地土类型		Ⅱ	场地土粗糙度类别		B	
地震烈度		7 级	地震远近参数		近震	
塔器上平台总个数		0	平台宽度	mm	0	
塔器上最高平台高度	mm	0	塔器上最低平台高度	mm	0	

裙　座

裙座结构形式		圆筒形	裙座底部截面内径	mm	1000
裙座与壳体连接形式		对接	裙座高度	mm	3500
裙座材料名称		Q345R(热轧)	裙座设计温度	℃	20
裙座腐蚀裕量	mm	2	裙座名义厚度	mm	10
裙座材料许用应力	MPa	170			
裙座上同一高度处较大孔个数		2	裙座较大孔中心高度	mm	900
裙座上较大孔引出管内径(或宽度)	mm	450	裙座上较大孔引出管厚度	mm	10
裙座上较大孔引出管长度	mm	250			

地脚螺栓及地脚螺栓座

地脚螺栓材料名称		16Mn	地脚螺栓材料许用应力	MPa	170

注:以下设计参数均参照 NB/T 47041 表 5-6 并计算确定

地脚螺栓个数		12	地脚螺栓公称直径	mm	48
全部筋板块数		24	相邻筋板最大外侧间距	mm	178.4
筋板内侧间距	mm	100			
筋板厚度	mm	20	筋板宽度	mm	150
盖板类型		整块	盖板上地脚螺栓孔直径	mm	65
盖板厚度	mm	24	盖板宽度	mm	0
垫板		有	垫板上地脚螺栓孔直径	mm	51
垫板厚度	mm	20	垫板宽度	mm	100
基础环板外径	mm	1320	基础环板内径	mm	800
基础环板名义厚度	mm	24			

计　算　结　果

容　器　壳　体　强　度　计　算

元件名称	压力设计名义厚度/mm	直立容器校核取用厚度/mm	许用内压/MPa	许用外压/MPa
下封头	6	6	1.154	
第1段圆筒	8	8	1.724	
第1段变径段	7	10		
第2段圆筒	8	8	2.861	
第2段变径段				

元件名称	压力设计 名义厚度/mm	直立容器校核 取用厚度/mm	许用内压/MPa	许用外压/MPa
第 3 段圆筒	8	8	3.366	
第 3 段变径段				
⋮				
第 10 段圆筒				
上封头	6	6	1.920	

裙 座				
名义厚度/mm	取用厚度/mm			
10	10			

风 载 及 地 震 载 荷

	0—0	A—A	1—1	2—2	3—3	4—4	5—5
操作质量	12144.9	11796.2	10724.2	8668.51	7030.3		
最小质量	9545.92	9197.19	8125.21	7073.84	5729.68		
液压试验时质量	20422.4	20073.7	8125.21	7073.84	5729.68		
风弯矩	0	0	0	0	0		
地震弯矩	4.42621×10^7	4.23029×10^7	3.6841×10^7	3.1335×10^7	2.27237×10^7		
偏心弯矩	0	0	0	0	0		
最大弯矩	4.42621×10^7	4.23029×10^7	3.6841×10^7	3.1335×10^7	2.27237×10^7		
垂直地震力	0	0	0	0	0		

应 力 计 算

σ_{11}	0.00	0.00	33.33	20.00	20.00		
σ_{12}	4.76	4.21	5.58	7.52	6.10		
σ_{13}	7.10	6.82	7.82	18.47	13.39		
σ_{22}	4.76	4.21	5.58	7.52	6.10		
σ_{31}	0.00	0.00	41.67	25.00	25.00		
σ_{32}	8.00	7.16	4.23	6.14	4.97		
σ_{33}	0.00	0.00	0.00	0.00	0.00		
$[\sigma]^t$	170.00	170.00	170.00	170.00	170.00		
B	151.11	151.11	129.70	144.73	144.73		

组合应力校核							
σ_{A1}			35.57	30.95	27.30		
许用值			173.40	173.40	204.00		
σ_{A2}	11.86	11.03	13.40	25.99	19.49		
许用值	181.34	181.34	155.64	173.68	173.68		
σ_{A3}			37.44	18.86	20.03		
许用值			316.71	316.71	372.60		
σ_{A4}	8.00	7.16	4.23	6.14	4.97		
许用值	181.34	181.34	155.64	173.68	173.68		
σ			110.83	65.31	62.49		
许用值			263.93	263.93	310.50		
校核结果	合格	合格	合格	合格	合格		

注:1. σ_{ij} 中 i 和 j 的意义如下:

$i=1$ 操作工况 $j=1$ 设计压力或试验压力下引起的轴向应力(拉)

$i=2$ 检修工况 $j=2$ 重力及垂直地震力引起的轴向应力(压)

$i=3$ 液压试验工况 $j=3$ 弯矩引起的轴向应力(拉或压)

$[\sigma]^t$ 设计温度下材料许用应力 B 设计温度下轴向稳定的应力许用值

2.

σ_{A1}—操作工况下轴向最大组合拉应力;σ_{A2}—操作工况下轴向最大组合压应力;

σ_{A3}—液压试验时轴向最大组合拉应力;σ_{A4}—液压试验时轴向最大组合压应力;

    σ—试验压力引起的周向应力

3. 单位如下:

质量:kg   力:N   弯矩:N·mm   应力:MPa

计算结果					
地脚螺栓及地脚螺栓座					
基础环板抗弯断面模数	mm³	1.95335×10^8	基础环板面积	mm²	865822
基础环板计算力矩	N·mm	1320.02	基础环板需要厚度	mm	7.52
基础环板厚度校核结果	合格				
混凝土地基上最大压应力	MPa	0.36			
基础在螺栓受风载时最大拉应力	MPa	−0.11	基础在螺栓受地震载荷时最大拉应力	MPa	0.09
地脚螺栓需要的螺纹小径	mm	9.93469	地脚螺栓实际的螺纹小径	mm	42.587
地脚螺栓校核结果	合格				

筋板压应力	MPa	0.25	筋板许用应力	MPa	91.10
筋板校核结果		合格			
盖板最大应力	MPa	7.02	盖板许用应力	MPa	140
盖板校核结果		合格			
裙座与壳体的焊接接头校核					
焊接接头截面上的塔器操作质量	kg	10724.2	焊接接头截面上的最大弯矩	N·mm	3.6841×10^7
对接接头校核			搭接接头校核		
对接接头横截面	mm²	25032.2	搭接接头横截面	mm²	
对接接头抗弯断面模数	mm³	6.23302×10^6	搭接接头抗剪断面模数	mm³	
对接焊接接头在操作工况下最大拉应力	MPa	1.71	搭接焊接接头在操作工况下最大切应力	MPa	
对接焊接接头拉应力许可值	MPa	122.4	搭接焊接接头在操作工况下的切应力许可值	MPa	
对接接头拉应力校核结果		合格	搭接焊接接头在试验工况下最大切应力	MPa	
			搭接焊接接头在试验工况下的切应力许用值	MPa	
			搭接接头拉应力校核结果		
主要尺寸设计及总体参数计算结果					
裙座设计名义厚度	mm	10			
壳体和裙座质量	kg	5109.74	附件质量	kg	1021.95
内件质量(包括塔内集中质量)	kg	0	保温层质量	kg	1961.31
平台及扶梯质量	kg	1452.92	操作时物料质量	kg	2599
直立容器的操作质量	kg	12144.9	直立容器的最小质量	kg	9545.92
直立容器的最大质量	kg	20422.4	液压试验时液体质量	kg	10876.5
吊装时空塔质量	kg	6131.69			
直立容器 第一振型自振周期	s	2.94	空塔重心至基础	m	15886.1
环板底截面上风弯矩	N·mm	0	环板底截面距离	m	0
环板底截面上地震弯矩	N·mm	4.42621×10^7	环板底截面上垂直地震力	N	0

操作时基础环板底截面的最大计算弯矩	N·mm	4.42621×10^7			
风载对直立容器总的横推力	N	0	地震载荷对直立容器总的横推力	N	1360.21
操作工况下容器顶部最大挠度	mm	0	容器许用外压	MPa	
容器总容积	mm³	1.08765×10^{10}	直立容器总高	m	36504
直立容器 第二振型自振周期	s	0.50	直立容器 第三振型自振周期	s	0.19

上 封 头 校 核 计 算

计 算 条 件			椭圆形封头简图
计算压力 p_c	0.80	MPa	
设计温度 t	140.00	℃	
内径 D_i	600.00	mm	
曲面高度 h_i	150.00	mm	
材料	Q345R(热轧)(板材)		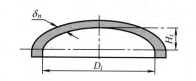
试验温度许用应力 $[\sigma]$	170.00	MPa	
设计温度许用应力 $[\sigma]^t$	170.00	MPa	
钢板负偏差 C_1	0.00	mm	
腐蚀裕量 C_2	2.00	mm	
焊接接头系数 ϕ	0.85		

厚 度 及 重 量 计 算

形状系数	$K = \dfrac{1}{6}\left[2 + \left(\dfrac{D_i}{2h_i}\right)^2\right] = 1.0000$	
计算厚度	$\delta = \dfrac{K p_c D_i}{2[\sigma]^t \phi - 0.5 p_c} = 1.66$	mm
有效厚度	$\delta_e = \delta_n - C_1 - C_2 = 4.00$	mm
最小厚度	$\delta_{min} = 0.90$	mm
名义厚度	$\delta_n = 6.00$	mm
结论	满足最小厚度要求	
质量	20.44	kg

续表

压 力 计 算

最大容许工作压力	$[p_w]=\dfrac{2[\sigma]^t\phi\delta_e}{KD_i+0.5\delta_e}=1.92027$	MPa
结论	合格	

下 封 头 校 核 计 算

计 算 条 件			椭圆形封头简图
计算压力 p_c	0.81	MPa	
设计温度 t	140.00	℃	
内径 D_i	1000.00	mm	
曲面高度 h_i	250.00	mm	
材料	Q345R(热轧)(板材)		
试验温度许用应力 $[\sigma]$	170.00	MPa	
设计温度许用应力 $[\sigma]^t$	170.00	MPa	
钢板负偏差 C_1	0.00	mm	
腐蚀裕量 C_2	2.00	mm	
焊接接头系数 ϕ	0.85		

厚 度 及 重 量 计 算

形状系数	$K=\dfrac{1}{6}\left[2+\left(\dfrac{D_i}{2h_i}\right)^2\right]=1.0000$	
计算厚度	$\delta=\dfrac{Kp_cD_i}{2[\sigma]^t\phi-0.5p_c}=2.81$	mm
有效厚度	$\delta_e=\delta_n-C_1-C_2=4.00$	mm
最小厚度	$\delta_{min}=1.50$	mm
名义厚度	$\delta_n=6.00$	mm
结论	满足最小厚度要求	
质量	53.79	kg

压 力 计 算

最大容许工作压力	$[p_w]=\dfrac{2[\sigma]^t\phi\delta_e}{KD_i+0.5\delta_e}=1.15369$	MPa
结论	合格	

第 1 段筒体校核			筒 体 简 图
计 算 条 件			
计算压力 p_c	0.80	MPa	
设计温度 t	140.00	℃	
内径 D_i	1000.00	mm	
材料	Q345R（热轧）（板材）		
试验温度许用应力 $[\sigma]$	170.00	MPa	
设计温度许用应力	170.00	MPa	
试验温度下屈服点 σ_s	345.00	MPa	
钢板负偏差 C_1	0.00	mm	
腐蚀裕量 C_2	2.00	mm	
焊接接头系数 ϕ	0.85		

厚度及重量计算

计算厚度	$\delta=\dfrac{p_c D_i}{2[\sigma]^t\phi-p_c}=2.78$	mm
有效厚度	$\delta_e=\delta_n-C_1-C_2=6.00$	mm
名义厚度	$\delta_n=8.00$	mm
质量	536.93	kg

压力试验时应力校核

压力试验类型	液压试验	
试验压力值	$p_T=1.25p\dfrac{[\sigma]}{[\sigma]^t}=1.3237$ （或由用户输入）	MPa
压力试验允许通过的应力水平 $[\sigma]_T$	$[\sigma]_T\leqslant0.90R_{eL}=310.50$	MPa
试验压力下圆筒的应力	$\sigma_T=\dfrac{p_T(D_i+\delta_e)}{2\delta_e\phi}=130.55$	MPa
校核条件	$\sigma_T\leqslant[\sigma]_T$	
校核结果	合格	

压力及应力计算

最大允许工作压力	$[p_w]=\dfrac{2\delta_e[\sigma]^t\phi}{(D_i+\delta_e)}=1.72366$	MPa
设计温度下计算应力	$\sigma^t=\dfrac{p_c(D_i+\delta_e)}{2\delta_e}=67.07$	MPa
$[\sigma]^t\phi$	144.50	MPa
校核条件	$[\sigma]^t\phi\geqslant\sigma^t$	
结论	合格	

第 2 段筒体校核			筒 体 简 图
计 算 条 件			
计算压力 p_c	0.80	MPa	
设计温度 t	140.00	℃	
内径 D_i	600.00	mm	
材料	Q345R(热轧) (板材)		
试验温度许用应力$[\sigma]$	170.00	MPa	
设计温度许用应力	170.00	MPa	
试验温度下屈服点 σ_s	345.00	MPa	
钢板负偏差 C_1	0.00	mm	
腐蚀裕量 C_2	2.00	mm	
焊接接头系数 ϕ	0.85		

厚 度 及 重 量 计 算

计算厚度	$\delta = \dfrac{p_c D_i}{2[\sigma]^t \phi - p_c} = 1.67$	mm
有效厚度	$\delta_e = \delta_n - C_1 - C_2 = 6.00$	mm
名义厚度	$\delta_n = 8.00$	mm
质量	683.71	kg

压力试验时应力校核

压力试验类型	液压试验	
试验压力值	$p_T = 1.25 p \dfrac{[\sigma]}{[\sigma]^t} = 1.3237$ (或由用户输入)	MPa
压力试验允许通过的应力水平$[\sigma]_T$	$[\sigma]_T \leqslant 0.90 R_{eL} = 310.50$	MPa
试验压力下圆筒的应力	$\sigma_T = \dfrac{p_T(D_i + \delta_e)}{2\delta_e \phi} = 78.64$	MPa
校核条件	$\sigma_T \leqslant [\sigma]_T$	
校核结果	合格	

压力及应力计算

最大允许工作压力	$[p_w] = \dfrac{2\delta_e[\sigma]^t \phi}{(D_i + \delta_e)} = 2.86139$	MPa
设计温度下计算应力	$\sigma^t = \dfrac{p_c(D_i + \delta_e)}{2\delta_e} = 40.40$	MPa
$[\sigma]^t \phi$	144.50	MPa
校核条件	$[\sigma]^t \phi \geqslant \sigma^t$	
结论	合格	

<table>
<tr><td colspan="4" align="center">变 径 段 校 核</td></tr>
<tr><td colspan="3" align="center">设 计 条 件</td><td align="center">锥 壳 简 图</td></tr>
<tr><td>计算压力 p_c</td><td align="center">0.80</td><td>MPa</td><td rowspan="18"></td></tr>
<tr><td>设计温度 t</td><td align="center">140.00</td><td>℃</td></tr>
<tr><td>锥壳大端直径 D_i</td><td align="center">1000.00</td><td>mm</td></tr>
<tr><td>锥壳小端直径 D_{is}</td><td align="center">600.00</td><td>mm</td></tr>
<tr><td>锥壳大端转角半径 r</td><td align="center">100.00</td><td>mm</td></tr>
<tr><td>锥壳小端转角半径 r_i</td><td align="center">60.00</td><td>mm</td></tr>
<tr><td>锥壳计算内直径 D_c</td><td align="center">920.00</td><td>mm</td></tr>
<tr><td>锥壳半顶角 α</td><td align="center">53.13</td><td>(°)</td></tr>
<tr><td>材料名称</td><td colspan="2" align="center">Q345R(热轧)</td></tr>
<tr><td>材料类型</td><td colspan="2" align="center">板材</td></tr>
<tr><td>试验温度许用应力 $[\sigma]$</td><td align="center">170.00</td><td>MPa</td></tr>
<tr><td>设计温度许用应力 $[\sigma]^t$</td><td align="center">170.00</td><td>MPa</td></tr>
<tr><td>试验温度下屈服点 σ_s</td><td align="center">345.00</td><td>MPa</td></tr>
<tr><td>钢板负偏差 C_1</td><td align="center">0.00</td><td>mm</td></tr>
<tr><td>腐蚀裕量 C_2</td><td align="center">2.00</td><td>mm</td></tr>
<tr><td>焊接接头系数 ϕ</td><td align="center">0.85</td><td></td></tr>
</table>

<table>
<tr><td colspan="4" align="center">锥 壳 厚 度 计 算</td></tr>
<tr><td>锥壳</td><td colspan="2">$\delta_r = \dfrac{p_c D_c}{2[\sigma]^t \phi - p_c} \dfrac{1}{\cos\alpha} = 4.26$</td><td>mm</td></tr>
<tr><td rowspan="5">锥壳大端</td><td>过渡段厚度 δ_r</td><td>$\delta_r = \dfrac{K p_c D_i}{2[\sigma]^t \phi - 0.5 p_c} = 3.06$</td><td>mm</td></tr>
<tr><td>K 系数</td><td>$K = 1.1057$</td><td></td></tr>
<tr><td>过渡段相连锥壳</td><td>$\delta_r = \dfrac{f p_c D_i}{[\sigma]^t \phi - 0.5 p_c} = 4.26$</td><td>mm</td></tr>
<tr><td>f 系数</td><td>$f = \dfrac{1 - \dfrac{2r}{D_i}(1 - \cos\alpha)}{2\cos\alpha} = 0.77$</td><td></td></tr>
<tr><td>计算厚度</td><td>$\delta_r = 4.26$</td><td>mm</td></tr>
<tr><td rowspan="5">锥壳小端</td><td>计算厚度 δ_r</td><td>$\delta_r = \dfrac{Q p_c D_{is}}{2[\sigma]^t \phi - p_c} = 6.51$</td><td>mm</td></tr>
<tr><td>是否加强</td><td>需要加强</td><td></td></tr>
<tr><td>应力增强系数</td><td>$Q = 3.91$</td><td></td></tr>
<tr><td>锥壳加强段长度</td><td>$\sqrt{\dfrac{D_{is}\delta_r}{\cos\alpha}} = 80.68$</td><td>mm</td></tr>
<tr><td>圆筒加强段长度</td><td>$\sqrt{D_{is}\delta_r} = 62.49$</td><td>mm</td></tr>
</table>

计　算　结　果

锥壳名义厚度	10.00	mm
锥壳大端名义厚度	7.00	mm
锥壳小端名义厚度	9.00	mm
第3段筒体校核	计算单位:吉化集团 机械有限 责任公司	

计　算　条　件			筒　体　简　图
计算压力 p_c	0.80	MPa	
设计温度 t	140.00	℃	
内径 D_i	600.00	mm	
材料	Q345R(热轧)（板材）		
试验温度许用应力	170.00	MPa	
设计温度许用应力	170.00	MPa	
试验温度下屈服点 σ_s	345.00	MPa	
钢板负偏差 C_1	0.00	mm	
腐蚀裕量 C_2	2.00	mm	
焊接接头系数 ϕ	1.00		

厚　度　及　重　量　计　算

计算厚度	$\delta = \dfrac{p_c D_i}{2[\sigma]^t \phi - p_c} = 1.42$	mm
有效厚度	$\delta_e = \delta_n - C_1 - C_2 = 6.00$	mm
名义厚度	$\delta_n = 8.00$	mm
质量	2901.95	kg

压　力　试　验　时　应　力　校　核

压力试验类型	液压试验	
试验压力值	$p_T = 1.25 p \dfrac{[\sigma]}{[\sigma]^t} = 1.3237$　（或由用户输入）	MPa
压力试验容许通过的应力水平 $[\sigma]_T$	$[\sigma]_T \leqslant 0.90 R_{eL} = 310.50$	MPa
试验压力下圆筒的应力	$\sigma_T = \dfrac{p_T (D_i + \delta_e)}{2\delta_e \phi} = 66.85$	MPa
校核条件	$\sigma_T \leqslant [\sigma]_T$	
校核结果	合格	

压　力　及　应　力　计　算

最大容许工作压力	$[p_w] = \dfrac{2\delta_e [\sigma]^t \phi}{(D_i + \delta_e)} = 3.36634$	MPa
设计温度下计算应力	$\sigma^t = \dfrac{p_c (D_i + \delta_e)}{2\delta_e} = 40.40$	MPa

续表

$[\sigma]^t \phi$	170.00		MPa
校核条件	$[\sigma]^t \phi \geqslant \sigma^t$		
结论	合格		

窄面整体(或带颈松式)法兰计算		计算单位	

设 计 条 件				简 图

设计压力 p	1.100	MPa
计算压力 p_c	1.685	MPa
设计温度 t	140.0	℃
轴向外载荷 F	0.0	N
外力矩 M	31373452.0	N·mm

壳体	材料名称	Q345R(热轧)	
	许用应力 $[\sigma]_n^t$	170.0	MPa
法兰	材料名称	16Mn	
	许用应力 $[\sigma]_f$	150.0	MPa
	$[\sigma]_f^t$	147.6	MPa
螺栓	材料名称	40MnB	
	许用应力 $[\sigma]_b$	212.0	MPa
	$[\sigma]_b^t$	184.2	MPa
	公称直径 d_B	24.0	mm
	螺栓根径 d_1	20.8	mm
	数量 n	24	个

垫片	结构尺寸 /mm	D_i	600.0	D_o	760.0				
		D_b	715.0	$D_外$	665.0	$D_内$	625.0	δ_0	16.0
		L_e	22.5	L_A	31.5	h	35.0	δ_1	26.0
	材料类型	软垫片	N	20.0	m	3.00	y	69.0	
	压紧面形状	1a,1b		b	8.00	D_G	649.0		

$b_0 \leqslant 6.4mm$	$b=b_0$	$b_0 \leqslant 6.4mm$	$D_G=(D_外+D_内)/2$
$b_0 > 6.4mm$	$b=2.53\sqrt{b_0}$	$b_0 > 6.4mm$	$D_G=D_外-2b$

螺 栓 受 力 计 算		
预紧状态下需要的最小螺栓载荷 W_a	$W_a=\pi b D_G y=1125545.6$	N
操作状态下需要的最小螺栓载荷 W_p	$W_p=F_p+F=722125.3$	N
所需螺栓总截面积 A_m	$A_m=\max(A_p,A_a)=5309.2$	mm²
实际使用螺栓总截面积 A_b	$A_b=n\frac{\pi}{4}d_1^2=8117.5$	mm²

力 矩 计 算						
操作 M_p	$F_D=0.785D_i^2 p_c=476045.9$	N	$L_D=L_A+0.5\delta_1=44.5$	mm	$M_D=F_D L_D=21184044.0$	N·mm
	$F_G=F_p=164786.7$	N	$L_G=0.5(D_b-D_G)=33.0$	mm	$M_G=F_G L_G=5438050.5$	N·mm
	$F_T=F-F_D=80927.2$	N	$L_T=0.5(L_A+\delta_1+L_G)$ $=45.3$	mm	$M_T=F_T L_T=3661979.5$	N·mm

176

	外压：$M_p = F_D(L_D - L_G) + F_T(L_T - L_G)$；内压：$M_p = M_D + M_G + M_T$			$M_p = 30284074.0$	N·mm
预紧 M_a	$W = 1423224.6$	N	$L_G = 33.0$	mm	$M_a = WL_G = 46967196.0$	N·mm
	计算力矩 $M_0 = M_p$ 与 $M_0[\sigma]_f^t/[\sigma]_f$ 中大者			$M_0 = 46215724.0$	N·mm

螺 栓 间 距 校 核

实际间距	$\widehat{L} = \dfrac{\pi D_b}{n} = 93.6$	mm
最小间距	$\widehat{L}_{\min} = 56.0$ （查 GB 150）	mm
最大间距	$\widehat{L}_{\max} = 120.0$	mm

形 状 常 数 确 定

$h_0 = \sqrt{D_i \delta_0} = 97.98$	$h/h_0 = 0.4$	$K = D_o/D_i = 1.267$	$\delta_1/\delta_0 = 1.6$
由 K 查表 9-5 得	$T = 1.811$	$Z = 4.309$	$Y = 8.349$	$U = 9.175$

整体法兰	查图 9-3 和图 9-4	$F_i = 0.86544$	$V_i = 0.32558$	$e = F_i/h_0 = 0.00883$
松式法兰	查图 9-5 和图 9-6	$F_L = 0.00000$	$V_L = 0.00000$	$e = F_L/h_0 = 0.00000$
查图 9-7 由 δ_1/δ_0 得	$f = 1.16967$	整体 $d_1 = \dfrac{U}{V_i} h_0 \delta_0^2$ 法兰 $= 706814.9$	松式 $d_1 = \dfrac{U}{V_L} h_0 \delta_0^2$ 法兰 $= 0.0$	$\eta = \dfrac{\delta_f^3}{d_1} = 0.1$
$\psi = \delta_f e + 1 = 1.37$	$\gamma = \psi/T = 0.76$	$\beta = \dfrac{4}{3}\delta_f e + 1 = 1.49$		$\lambda = \gamma + \eta = 0.86$

切应力校核	计 算 值		许 用 值	结 论
预紧状态	$\tau_1 = \dfrac{W}{\pi D_i l} = 0.00$	MPa	$[\tau]_1 = 0.8[\sigma]_n$	
操作状态	$\tau_2 = \dfrac{W_p}{\pi D_i l} = 0.00$	MPa	$[\tau]_2 = 0.8[\sigma]_n^t$	

输入法兰厚度 $\delta_f = 42.0$mm 时，法兰应力校核

应力性质	计 算 值		许 用 值	结 论
轴向应力	$\sigma_H = \dfrac{M_0 Y}{\delta_f^2 D_i} - Z\sigma_R = 154.68$	MPa	$1.5[\sigma]_f^t = 221.4$ 或 $2.5[\sigma]_n^t = 425.0$（按整体法兰设计的任意式法兰，取 $1.5[\sigma]_n^t$）	校核合格
径向应力	$\sigma_R = \dfrac{\beta M_0}{\lambda \delta_f^2 D_i} = 75.74$	MPa	$[\sigma]_f^t = 147.6$	校核合格
切向应力	$\sigma_T = \dfrac{M_0 Y}{\delta_f^2 D_i} - Z\sigma_R = 38.19$	MPa	$[\sigma]_f^t = 147.6$	校核合格
综合应力	$\text{Max}[0.5(\sigma_H + \sigma_R), 0.5(\sigma_H + \sigma_T)]$ $= 115.21$	MPa	$[\sigma]_f^t = 147.6$	校核合格
法兰校核结果	合格			

窄面整体(或带颈松式)法兰计算				简　图	
设 计 条 件					

设计压力 p			1.040	MPa
计算压力 p_c			1.469	MPa
设计温度 t			140.0	℃
轴向外载荷 F			0.0	N
外力矩 M			23047082.0	N·mm
壳体	材料名称		Q345R(热轧)	
	许用应力 $[\sigma]_n^t$		170.0	MPa
法兰	材料名称		16Mn	
	许用应力	$[\sigma]_f$	150.0	MPa
		$[\sigma]_f^t$	147.6	MPa
螺栓	材料名称		40MnB	
	许用应力	$[\sigma]_b$	212.0	MPa
		$[\sigma]_b^t$	184.2	MPa
	公称直径 d_B		24.0	mm
	螺栓根径 d_1		20.8	mm
	数量 n		24	个

	结构尺寸 /mm	D_i	600.0	D_o	760.0				
		D_b	715.0	$D_外$	665.0	$D_内$	625.0	δ_0	16.0
		L_e	22.5	L_A	31.5	h	35.0	δ_1	26.0
垫片	材料类型		软垫片	N	20.0	m	3.00	y	69.0
	压紧面形状		1a,1b			b	8.00	D_G	649.0

$b_0 \leqslant 6.4\text{mm}$　　$b=b_0$	$b_0 \leqslant 6.4\text{mm}$　$D_G=(D_外+D_内)/2$
$b_0 > 6.4\text{mm}$　　$b=2.53\sqrt{b_0}$	$b_0 > 6.4\text{mm}$　$D_G=D_外-2b$

螺 栓 受 力 计 算

预紧状态下需要的最小螺栓载荷 W_a	$W_a=\pi b D_G y=1125545.6$	N
操作状态下需要的最小螺栓载荷 W_p	$W_p=F_p+F=629903.1$	N
所需螺栓总截面积 A_m	$A_m=\max(A_p,A_a)=5309.2$	mm²
实际使用螺栓总截面积 A_b	$A_b=n\dfrac{\pi}{4}d_1^2=8117.5$	mm²

力 矩 计 算

操作 M_p	$F_D=0.785 D_i^2 p_c=415250.3$	N	$L_D=L_A+0.5\delta_1=44.5$	mm	$M_D=F_D L_D=18478640.0$	N·mm
	$F_G=F_p=143741.8$	N	$L_G=0.5(D_b-D_G)=33.0$	mm	$M_G=F_G L_G=4743560.0$	N·mm
	$F_T=F-F_D=70592.1$	N	$L_T=0.5(L_A+\delta_1+L_G)$ $=45.3$	mm	$M_T=F_T L_T=3194309.8$	N·mm

续表

操作 M_p	外压：$M_p=F_D(L_D-L_G)+F_T(L_T-L_G)$；内压：$M_p=M_D+M_G+M_T$			$M_p=26416510.0$	N·mm
预紧 M_a	$W=1423224.6$	N	$L_G=33.0$　mm	$M_a=WL_G=46967196.0$	N·mm
	计算力矩 $M_0=M_p$ 与 $M_0[\sigma]_f^t/[\sigma]_f$ 中大者		$M_0=46215724.0$		N·mm

螺 栓 间 距 校 核

实际间距	$\widehat{L}=\dfrac{\pi D_b}{n}=93.6$	mm
最小间距	$\widehat{L}_{\min}=56.0$　　（查 GB 150—98 表 9-3）	mm
最大间距	$\widehat{L}_{\max}=120.0$	mm

形 状 常 数 确 定

$h_0=\sqrt{D_i\delta_0}=97.98$	$h/h_0=0.4$	$K=D_0/D_i=1.267$	$\delta_1/\delta_0=1.6$
由 K 查表 9-5 得	$T=1.811$	$Z=4.309$　　　　$Y=8.349$	$U=9.175$
整体法兰　查图 9-3 和图 9-4		$F_i=0.86544$　　　$V_i=0.32558$	$e=F_i/h_0=0.00883$
松式法兰　查图 9-5 和图 9-6		$F_L=0.00000$　　　$V_L=0.00000$	$e=F_L/h_0=0.00000$
查图 9-7 由 δ_1/δ_0 得	$f=1.16967$	整体 $d_1=\dfrac{U}{V_i}h_0\delta_0^2$　法兰$=706814.9$　　松式 $d_1=\dfrac{U}{V_L}h_0\delta_0^2$　法兰$=0.0$	$\eta=\dfrac{\delta_f^3}{d_1}=0.1$
$\psi=\delta_f\,e+1=1.37$	$\nu=\psi/T=0.76$	$\beta=\dfrac{4}{3}\delta_f\,e+1=1.49$	$\dfrac{p_T(D_i+\delta_e)}{2\delta_e\phi}=0.86$

切应力校核	计 算 值		许 用 值	结 论
预紧状态	$\tau_1=\dfrac{W}{\pi D_i l}=0.00$	MPa	$[\tau]_1=0.8[\sigma]_n$	
操作状态	$\tau_2=\dfrac{W_p}{\pi D_i l}=0.00$	MPa	$[\tau]_2=0.8[\sigma]_n^t$	

输入法兰厚度 $\delta_f=42.0$mm 时，法兰应力校核

应力性质	计 算 值		许 用 值	结 论
轴向应力	$\sigma_H=\dfrac{M_0Y}{\delta_f^2D_i}-Z$　$\sigma_R=154.68$	MPa	$1.5[\sigma]_f^t=221.4$ 或 $2.5[\sigma]_n^t=425.0$（按整体法兰设计的任意式法兰，取 $1.5[\sigma]_n^t$）	合格
径向应力	$\sigma_R=\dfrac{\beta M_0}{\lambda\delta_f^2D_i}=75.74$	MPa	$[\sigma]_f^t=147.6$	合格
切向应力	$\sigma_T=\dfrac{M_0Y}{\delta_f^2D_i}-Z$　$\sigma_R=38.19$	MPa	$[\sigma]_f^t=147.6$	合格
综合应力	$\max[0.5(\sigma_H+\sigma_R),0.5(\sigma_H+\sigma_T)]=115.21$	MPa	$[\sigma]_f^t=147.6$	合格
法兰校核结果	合格			

窄面整体(或带颈松式)法兰计算			简　图		

设 计 条 件

设计压力 p		1.000	MPa	
计算压力 p_c		1.330	MPa	
设计温度 t		140.0	℃	
轴向外载荷 F		0.0	N	
外力矩 M		16983794.0	N·mm	
壳体	材料名称	Q345R(热轧)		
	许用应力 $[\sigma]_n^t$	170.0	MPa	
法兰	材料名称	16Mn		
	许用应力 $[\sigma]_f$	150.0	MPa	
	$[\sigma]_f^t$	147.6	MPa	
螺栓	材料名称	40MnB		
	许用应力 $[\sigma]_b$	196.0	MPa	
	$[\sigma]_b^t$	172.0	MPa	
	公称直径 d_B	20.0	mm	
	螺栓根径 d_1	17.3	mm	
	数量 n	28	个	

结构尺寸 /mm	D_i	600.0	D_o	740.0				
	D_b	700.0	$D_外$	654.0	$D_内$ 622.0	δ_0 12.0		
	L_e	20.0	L_A	28.0	h 25.0	δ_1 22.0		

垫片	材料类型	软垫片	N	16.0	m 3.00	y 69.0
	压紧面形状	1a,1b			b 7.16	D_G 639.7

$b_0 \leqslant 6.4\text{mm}$	$b = b_0$	$b_0 \leqslant 6.4\text{mm}$	$D_G = (D_外 + D_内)/2$
$b_0 > 6.4\text{mm}$	$b = 2.53\sqrt{b_0}$	$b_0 > 6.4\text{mm}$	$D_G = D_外 - 2b$

螺 栓 受 力 计 算

预紧状态下需要的最小螺栓载荷 W_a	$W_a = \pi b D_G y = 992275.9$	N
操作状态下需要的最小螺栓载荷 W_p	$W_p = F_p + F = 542383.2$	N
所需螺栓总截面积 A_m	$A_m = \max(A_p, A_a) = 5062.6$	mm²
实际使用螺栓总截面积 A_b	$A_b = n\dfrac{\pi}{4}d_1^2 = 6577.2$	mm²

力 矩 计 算

操作 M_p	$F_D = 0.785 D_i^2 p_c = 375984.0$	N	$L_D = L_A + 0.5\delta_1 = 39.0$	mm	$M_D = F_D L_D = 14663375.0$	N·mm
	$F_G = F_p = 114739.2$	N	$L_G = 0.5(D_b - D_G) = 30.2$	mm	$M_G = F_G L_G = 3460066.0$	N·mm
	$F_T = F - F_D = 51385.5$	N	$L_T = 0.5(L_A + \delta_1 + L_G)$ $= 40.1$	mm	$M_T = F_T L_T = 2059425.1$	N·mm

操作 M_p	外压:$M_p=F_D(L_D-L_G)+F_T(L_T-L_G)$;内压:$M_p=M_D+M_G+M_T$			$M_p=20182866.0$	N·mm
预紧 M_a	$W=1140699.8$	N	$L_G=30.2$	mm	$M_a=WL_G=34398844.0$	N·mm

计算力矩 $M_0=M_p$ 与 $M_0[\sigma]_f^t/[\sigma]_f$ 中大者	$M_0=33848464.0$	N·mm

螺 栓 间 距 校 核

实际间距	$\widehat{L}=\dfrac{\pi D_b}{n}=78.5$	mm
最小间距	$\widehat{L}_{min}=46.0$ (查 GB 150—98 表 9-3)	mm
最大间距	$\widehat{L}_{max}=115.4$	mm

形 状 常 数 确 定

$h_0=\sqrt{D_i\delta_0}=84.85$	$h/h_0=0.3$	$K=D_0/D_i=1.233$	$\delta_1/\delta_0=1.8$
由 K 查表 9-5 得	$T=1.825$	$Z=4.838$	$Y=9.379$	$U=10.306$
整体法兰 查图 9-3 和图 9-4		$F_i=0.87232$	$V_i=0.32109$	$e=F_i/h_0=0.01028$
松式法兰 查图 9-5 和图 9-6		$F_L=0.00000$	$V_L=0.00000$	$e=F_L/h_0=0.00000$
查图 9-7 由 δ_1/δ_0 得	$f=1.76376$	整体 $d_1=\dfrac{U}{V_i}h_0\delta_0^2$ 法兰=392195.2	松式 $d_1=\dfrac{U}{V_L}h_0\delta_0^2$ 法兰=0.0	$\eta=\dfrac{\delta_f^3}{d_1}=0.2$
$\psi=\delta_f e+1$	$\gamma=\psi/T$	$\beta=\dfrac{4}{3}\delta_f e+1=1.60$	$\lambda=\gamma+\eta=1.01$

切应力校核	计 算 值		许 用 值	结 论
预紧状态	$\tau_1=\dfrac{W}{\pi D_i l}=0.00$	MPa	$[\tau]_1=0.8[\sigma]_n$	
操作状态	$\tau_2=\dfrac{W_p}{\pi D_i l}=0.00$	MPa	$[\tau]_2=0.8[\sigma]_n^t$	

输入法兰厚度 $\delta_f=44.0$mm 时,法兰应力校核

应力性质	计 算 值		许 用 值	结 论
轴向应力	$\sigma_H=\dfrac{M_0Y}{\delta_f^2 D_i}-Z$ $\sigma_R=202.97$	MPa	$1.5[\sigma]_f^t=221.4$ 或 $2.5[\sigma]_n^t=425.0$(按整体法兰设计的任意式法兰,取 $1.5[\sigma]_n^t$)	合格
径向应力	$\sigma_R=\dfrac{\beta M_0}{\lambda\delta_f^2 D_i}=46.12$	MPa	$[\sigma]_f^t=147.6$	合格
切向应力	$\sigma_T=\dfrac{M_0Y}{\delta_f^2 D_i}-Z$ $\sigma_R=50.15$	MPa	$[\sigma]_f^t=147.6$	合格
综合应力	$\max[0.5(\sigma_H+\sigma_R),0.5(\sigma_H+\sigma_T)]$ $=126.56$	MPa	$[\sigma]_f^t=147.6$	合格
法兰校核结果	合格			

开 孔 补 强 计 算

接管：$\phi480mm\times12mm$			计算方法：GB 150—1998 等面积补强法，单孔	
设 计 条 件			简 图	
计算压力 p_c	1.1	MPa		
设计温度	140	℃		
壳体型式	圆形筒体			
壳体材料 名称及类型	Q345R（热轧） 板材			
壳体开孔处焊接接头系数 ϕ	0.85			
壳体内直径 D_i	1000	mm		
壳体开孔处名义厚度 δ_n	8	mm		
壳体厚度负偏差 C_1	0	mm		
壳体腐蚀裕量 C_2	2	mm		
壳体材料许用应力 $[\sigma]^t$	170	MPa		
接管实际外伸长度	200	mm		
接管实际内伸长度	0	mm	接管材料 名称及类型	Q345R（热轧） 板材
接管焊接接头系数	1			
接管腐蚀裕量	2	mm	补强圈材料名称	Q345R（热轧）
凸形封头开孔中心至封头轴线的距离		mm	补强圈外径	760	mm
			补强圈厚度	8	mm
接管厚度负偏差 C_{1t}	0	mm	补强圈厚度负偏差 C_{1r}	0	mm
接管材料许用应力 $[\sigma]^t$	170	MPa	补强圈许用应力 $[\sigma]^t$	170	MPa

开 孔 补 强 计 算

壳体计算厚度 δ	3.821	mm	接管计算厚度 δ_t	1.48	mm
补强圈强度削弱系数 f_{rr}	1		接管材料强度削弱系数 f_r	1	
开孔直径 d	460	mm	补强区有效宽度 B	920	mm
接管有效外伸长度 h_1	74.3	mm	接管有效内伸长度 h_2	0	mm
开孔削弱所需的补强面积 A	1758	mm²	壳体多余金属面积 A_1	1002	mm²
接管多余金属面积 A_2	1266	mm²	补强区内的焊缝面积 A_3	36	mm²

$A_1+A_2+A_3=2304mm^2$，如大于 A，不需另加补强

补强圈面积 A_4		mm²	$A-(A_1+A_2+A_3)$		mm²

结论：补强满足要求，不需另加补强

9.2　固定管板换热器强度计算

固 定 管 板 换 热 器 设 计 计 算

设 计 计 算 条 件

壳　　程			管　　程		
设计压力 p_s	1.5	MPa	设计压力 p_t	0.6	MPa
设计温度 t_s	80	℃	设计温度 t_t	60	℃
壳程圆筒内径 D_i	800	mm	管箱圆筒内径 D_i	800	mm
材料名称	Q245R		材料名称	Q245R	

简 　 图

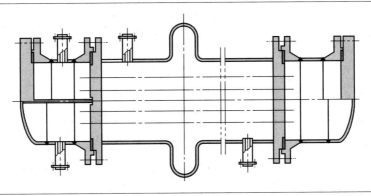

计 算 内 容

壳程圆筒校核计算
前端管箱圆筒校核计算
前端管箱封头(平盖)校核计算
开孔补强设计计算
管板校核计算

前 端 管 箱 筒 体 计 算

计 算 条 件			筒 体 简 图
计算压力 p_c	0.60	MPa	
设计温度 t	60.00	℃	
内径 D_i	800.00	mm	
材料	Q245R(板材)		
试验温度许用应力	133.00	MPa	
设计温度许用应力	133.00	MPa	
试验温度下屈服点	245.00	MPa	
钢板负偏差 C_1	0.00	mm	
腐蚀裕量 C_2	2.00	mm	
焊接接头系数 ϕ	0.85		

厚 度 及 重 量 计 算

计算厚度	$\delta=\dfrac{p_c D_i}{2[\sigma]^t \phi-p_c}=2.13$	mm

有效厚度	$\delta_e=\delta_n-C_1-C_2=8.00$	mm
名义厚度	$\delta_n=10.00$	mm
质量	79.90	kg

压力试验时应力校核

压力试验类型	液压试验	
试验压力值	$p_T=1.25p\dfrac{[\sigma]}{[\sigma]^t}=0.7500$（或由用户输入）	MPa
压力试验允许通过的应力水平$[\sigma]_T$	$[\sigma]_T\leqslant0.90R_{eL}=220.50$	MPa
试验压力下圆筒的应力	$\sigma_T=\dfrac{p_T(D_i+\delta_e)}{2\delta_e\phi}=44.56$	MPa
校核条件	$\sigma_T\leqslant[\sigma]_T$	
校核结果	合格	

压力及应力计算

最大容许工作压力	$[p_w^t]=\dfrac{2\delta_e[\sigma]^t\phi}{(D_i+\delta_e)}=2.23861$	MPa
设计温度下计算应力	$\sigma^t=\dfrac{p_c(D_i+\delta_e)}{2\delta_e}=30.30$	MPa
$[\sigma]^t\phi$	113.05	MPa
校核条件	$[\sigma]^t\phi\geqslant\sigma^t$	
结论	筒体名义厚度大于或等于 GB 151 中规定的最小厚度 9.00mm,合格	

前 端 管 箱 封 头 计 算

计 算 条 件			椭圆形封头简图
计算压力 p_c	0.60	MPa	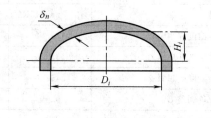
设计温度 t	60.00	℃	
内径 D_i	800.00	mm	
曲面高度 h_i	200.00	mm	
材料	Q245R（板材）		
试验温度许用应力$[\sigma]$	133.00	MPa	
设计温度许用应力$[\sigma]^t$	133.00	MPa	
钢板负偏差 C_1	0.00	mm	
腐蚀裕量 C_2	2.00	mm	
焊接接头系数 ϕ	0.85		

厚 度 及 重 量 计 算

形状系数	$K=\dfrac{1}{6}\left[2+\left(\dfrac{D_i}{2h_i}\right)^2\right]=1.0000$

计算厚度	$\delta=\dfrac{Kp_cD_i}{2[\sigma]^t\phi-0.5p_c}=2.13$	mm
有效厚度	$\delta_e=\delta_n-C_1-C_2=6.00$	mm
最小厚度	$\delta_{\min}=1.20$	mm
名义厚度	$\delta_n=8.00$	mm
结论	满足最小厚度要求	
质量	47.13	kg

压　力　计　算

最大允许工作压力	$[p_w]=\dfrac{2[\sigma]^t\phi\delta_e}{KD_i+0.5\delta_e}=1.68941$	MPa
结论	合格	

延　长　部　分　兼　作　法　兰　固　定　式　管　板

设　计　计　算　条　件				简　图
壳程圆筒	设计压力 p_s	1.5	MPa	
	设计温度 T_s	80	℃	
	平均金属温度 t_s	46	℃	
	装配温度 t_0	15	℃	
	材料名称	Q245R		
	设计温度下许用应力 $[\sigma]^t$	133	MPa	
	平均金属温度下弹性模量 E_s	1.917×10^5	MPa	
	平均金属温度下热膨胀系数 α_s	1.109×10^{-5}	1/℃	
	壳程圆筒内径 D_i	800	mm	
	壳程圆筒名义厚度 δ_s	10	mm	
	壳程圆筒有效厚度 δ_{se}	8	mm	
	壳体法兰设计温度下弹性模量 E'_f	2.038×10^5	MPa	
	壳程圆筒内直径横截面积 $A=0.25\pi D_i^2$	5.027×10^5	mm²	
	壳程圆筒金属横截面积 $A_s=\pi\delta_s(D_i+\delta_s)$	2.031×10^4	mm²	
管箱圆筒	设计压力 p_t	0.6	MPa	
	设计温度 T_t	60	℃	
	材料名称	Q245R		
	设计温度下弹性模量 E_h	2.045×10^5	MPa	
	管箱圆筒名义厚度(管箱为高颈法兰取法兰颈部大小端平均值)δ_h	10	mm	
	管箱圆筒有效厚度 δ_{he}	8	mm	
	管箱法兰设计温度下弹性模量 E''_f	2.045×10^5	MPa	

	材料名称	20(GB 8163)	
换热管	管子平均温度 t_t	33	℃
	设计温度下管子材料许用应力 $[\sigma]_r^t$	130	MPa
	设计温度下管子材料屈服应力 σ_s^t	226.2	MPa
	设计温度下管子材料弹性模量 $\beta = na/A_1$	1.912×10^5	MPa
	平均金属温度下管子材料弹性模量 E_t	1.918×10^5	MPa
	平均金属温度下管子材料热膨胀系数 α_t	1.1×10^{-5}	1/℃
	管子外径 d	25	mm
	管子壁厚 δ_t	2.5	mm
	管子根数 n	460	
	换热管中心距 S	32	mm
	一根管子金属横截面积 $a = \pi\delta_t(d-\delta_t)$	176.7	mm^2
	换热管长度 L	6000	mm
	管子有效长度(两管板内侧间距)L	5920	mm
	管束模数 $K_t = \dfrac{E_t na}{LD_t}$	3293	MPa
	管子回转半径 $i = 0.25\sqrt{d^2 + (d - 2\delta_t)^2}$	8.004	mm
	管子受压失稳当量长度 $[\sigma]_t^l$	332	
	系数 $C_r = \pi\sqrt{2E_t^l/\sigma_s^l}$	129.2	
	比值 l_{cr}/i	41.48	
	管子稳定许用压应力 $\left(C_r < = \dfrac{l_{cr}}{i}\right) [\sigma]_{cr} = \dfrac{\pi^2 E_t}{2(l_{cr}/i)^2}$		MPa
	管子稳定许用压应力 $\left(C_r > \dfrac{l_{cr}}{i}\right) [\sigma]_{cr} = \dfrac{\sigma_s^t}{2}\left(1 - \dfrac{l_{cr}/i}{2C_r}\right)$	94.96	MPa
管板	材料名称	Q345R(热轧)	
	设计温度 t_p	80	℃
	设计温度下许用应力 $[\sigma]_r^t$	157	MPa
	设计温度下弹性模量 E_p	2.038×10^5	MPa
	管板腐蚀裕量 C_2	4	mm
	管板输入厚度 δ_n	40	mm
	管板计算厚度 δ	33	mm
	隔板槽面积(包括拉杆和假管区面积)A_d	3.384×10^4	mm^2
	管板强度削弱系数 η	0.4	
	管板刚度削弱系数 μ	0.4	
	管子加强系数 $K = \left(1.318\dfrac{D_i}{\delta}\sqrt{E_t na / E_p L\delta\eta}\right)^{\frac{1}{2}}$	5.624	
	管板和管子连接型式	焊接	
	管板和管子胀接(焊接)高度 l	3.5	mm
	胀接许用拉脱应力 $[q]$		MPa
	焊接许用拉脱应力 $[q]$	65	MPa

	材料名称	16Mn	
	管箱法兰厚度 δ''_f	50	mm
	法兰外径 D_f	940	mm
	基本法兰力矩 M_m	1.159×10^7	N·mm
管箱法兰	管程压力操作工况下法兰力 M_p	1.45×10^7	N·mm
	法兰宽度 $b_f = (D_f - D_i)/2$	70	mm
	比值 δ_h / D_i	0.01875	
	比值 δ''_f / D_i	0.0625	
	系数 C''(按 δ_h/D_i, δ''_f/D_i,查 GB 151—1999 图 25)	0.00	
	系数 ω''(按 δ_h/D_i, δ''_f/D_i,查 GB 151—1999 图 26)	0.001672	
	旋转刚度 $K''_f = \dfrac{1}{12}\left[\dfrac{2E''_f b_f}{D_i + b_f}\left(\dfrac{2\delta''_f}{D_i}\right)^3 + E_h\omega''\right]$	33.86	MPa
	材料名称	Q345R(热轧)	
	壳体法兰厚度 δ'_f	27	mm
	法兰外径 D_f	940	mm
壳体法兰	法兰宽度 $b_f = (D_f - D_i)/2$	70	mm
	比值 δ_s / D_i	0.01	
	比值 δ'_f / D_i	0.03375	
	系数 C'(按 δ_h/D_i, δ''_f/D_i,查 GB 151—1999 图 25)	0.00	
	系数 ω'(按 δ_h/D_i, δ''_f/D_i,查 GB 151—1999 图 26)	0.0002879	
	旋转刚度 $K'_f = \dfrac{1}{12}\left[\dfrac{2E'_f b_f}{D_i + b_f}\left(\dfrac{2\delta'_f}{D_i}\right)^3 + E_s\omega'\right]$	5.439	MPa
	法兰外径与内径之比 $K = D_f/D_i$	1.175	
	壳体法兰应力系数 Y(按 K 查 GB 150—1998 表 9-5)	12.12	
	旋转刚度无量纲参数 $\widetilde{K}_f = \dfrac{\pi}{4}\dfrac{K_f}{K_t}$	0.001297	
	膨胀节总体轴向刚度 $\dfrac{\pi^2 E_t}{2(l_{cr}/i)^2}$	0	N/mm
	管板第一弯矩系数 m_1(按 K, $\widetilde{K}_f$ 查 GB 151—1999 图 27)	0.1765	
	系数 $\psi = \dfrac{m_1}{K\widetilde{K}_f}$	24.19	
	系数(按 K, $\widetilde{K}_f$ 查 GB 151—1998 图 29)G_2	3.761	
系数计算	换热管束与不带膨胀节壳体刚度之比 $Q = \dfrac{E_t na}{E_s A_s}$	4.006	
	换热管束与带膨胀节壳体刚度之比 $Q_{ex} = \dfrac{E_t na(E_s A_s + K_{ex}L)}{E_s A_s K_{ex}L}$		
	管板第二弯矩系数 m_2[按 K, Q 或 Q_{ex} 查 GB 151—1999 图 28(a)或(b)]	2.873	
	系数(带膨胀节时 Q_{ex} 代替 Q)$M_1 = \dfrac{m_1}{2K(Q + G_2)}$	0.002021	
	系数(按 K, Q 或 Q_{ex} 查图 30)G_3	0.005047	
	法兰力矩折减系数 $\xi = \widetilde{K}_f/(\widetilde{K}_f + G_3)$	0.2045	
	管板边缘力变化系数 $\pi\ \sqrt{2E'_t/\sigma'_s}$	2.739	
	法兰力矩变化系数 $\Delta\widetilde{M}_f = \Delta\widetilde{M}K'_f/K''_f$	0.44	

	不计温差应力	计温差应力	
管板开孔后面积 $A_l = A - 0.25n\pi d^2$	2.769×10⁵		mm²
管板布管区面积 （三角形布管）$A_t = 0.866nS^2 + A_d$ （正方形布管）$A_t = nS^2 + A_d$	4.418×10⁵		mm²
管板布管区当量直径 $D_t = \sqrt{4A_t/\pi}$	750		mm
系数 $\lambda = A_l/A$	0.5508		
系数 $\beta = na/A_l$	0.2936		
系数 $\sum_s = 0.4 + 0.6 \times (1+Q)/\lambda$	5.854		
系数（带膨胀节时 Q_{ex} 代替 Q）$\sum_t = 0.4(1+\beta) + (0.6+Q)/\lambda$	8.881		
管板布管区当量直径与壳体内径之比 $\rho_t = D_t/D_i$	0.9375		
管板周边不布管区无量纲宽度 $k = K(1-\rho_t)$	0.3516		

管板参数系数系数计算

仅有壳程压力 p_s 作用下的危险组合工况（$p_t = 0$）

	不计温差应力	计温差应力	
换热管与壳程圆筒热膨胀变形差 $\gamma = \alpha_t(t_t-t_0) - \alpha_s(t_s-t_0)$	0.0	−0.0001459	
当量压力组合 $p_c = p_s$	1.5	1.5	MPa
有效压力组合 $p_a = \sum_s p_s + \beta\gamma E_t$	8.781	0.5642	MPa
基本法兰力矩系数 $\widetilde{M}_m = \dfrac{4M_m}{\lambda\pi D_i^3 p_a}$	0.005957	0.09272	
管板边缘力矩系数 $\widetilde{M} = \widetilde{M}_m + (\Delta M)M_1$	0.01149	0.09825	
管板边缘剪力系数 $\nu = \psi\widetilde{M}$	0.278	2.377	
管板总弯矩系数 $m = \dfrac{m_1 + m_2\nu}{1+\nu}$	0.7631	2.074	
系数 G_{1e} 仅用于 $m>0$ 时 $G_{1e} = 3m\mu/K$	0.1628	0.4426	
系数 G_{1i} 当 $m>0$ 时，按 K 和 m 查 GB 151—1999 图 31(a)实线 当 $m<0$ 时，按 K 和 m 查 GB 151—1999 图 31(b)	0.09842	0.9728	
系数 G_1 $m>0, G_1 = \max(G_{1e}, G_{1i})$, $m<0, G_1 = G_{1i}$	0.1628	0.9728	
管板径向应力系数 带膨胀节 Q 为 Q_{ex} $\widetilde{\sigma}_r = \dfrac{1}{4}\dfrac{(1+\nu)G_1}{Q+G_2}$	0.006697	0.1057	
管板布管区周边 处径向应力系数 $\widetilde{\sigma}'_r = \dfrac{3}{4}\dfrac{m(1+\nu)}{K(Q+G_2)}$	0.01674	0.1203	
管板布管区周边 处剪切应力系数 $\widetilde{\tau}_p = \dfrac{1}{4}\dfrac{1+\nu}{Q+G_2}$	0.04113	0.1087	
壳体法兰力矩系数 $\widetilde{M}_{ws} = \xi M_m - (\Delta \widetilde{M}_f)M_1$	0.0003291	0.01807	

	计算值	许用值	计算值	许用值	
管板径向应力 $\sigma_r = \left| \widetilde{\sigma}_r p_a \dfrac{\lambda}{\mu} \left(\dfrac{D_i}{\delta} \right)^2 \right|$	47.59	$1.5[\sigma]_r^t$ 235.5	48.27	$3[\sigma]_r^t$ 471	MPa
管板布管区周边处径向应力 $\sigma_r' = \dfrac{p_a \lambda}{\mu} \widetilde{\sigma}_r' \left(\dfrac{D_i}{\delta} \right)^2 \left[1 - \dfrac{k}{m} + \dfrac{k^2}{2m} (\sqrt{2} - m) \right]$	70.43	$1.5[\sigma]_r^t$ 235.5	44.52	$3[\sigma]_r^t$ 471	MPa
管板布管区周边切应力 $\tau_p = \dfrac{p_a \lambda}{\mu} \widetilde{\tau}_p \dfrac{D_t}{\delta}$	11.3	$0.5[\sigma]_r^t$ 78.5	1.919	$1.5[\sigma]_r^t$ 235.5	MPa
壳体法兰应力 $\sigma_f' = \dfrac{\pi}{4} Y \widetilde{M}_{ws} p_a \lambda \left(\dfrac{D_i}{\delta_f} \right)^2$	13.3	$1.5[\sigma]_r^t$ 235.5	46.92	$3[\sigma]_r^t$ 471	MPa
换热管轴向应力 $\sigma_t = \dfrac{1}{\beta} \left[p_c - \dfrac{G_2 - Q\nu}{Q + G_2} p_a \right]$	−5.083	$[\sigma]_t^t$ 130 $[\sigma]_{cr}$ 94.96	6.534	$3[\sigma]_t^t$ 390 $[\sigma]_{cr}$ 94.96	MPa
壳程圆筒轴向应力 $\sigma_c = \dfrac{A\lambda(1+\nu)}{A_s(Q+G_2)} p_a$	19.7	$\phi[\sigma]_c^t$ 113.1	3.344	$3\phi[\sigma]_c^t$ 339.2	MPa
换热管与管板连接拉脱应力 $q = \dfrac{\sigma_t a}{d l \pi}$	3.268	$[q]$ 65	4.201	$3[q]$焊接 $[q]$胀接 195	MPa

仅有管程压力 p_t 作用下的危险组合工况($p_s = 0$)

	不计温差应力	计温差应力	
换热管与壳程圆筒热膨胀变形差 $\gamma = \alpha_t(t_t - t_0) - \alpha_s(t_s - t_0)$	0.0	−0.0001459	
当量压力组合 $p_c = -p_t(1+\beta)$	−0.7762	−0.7762	MPa
有效压力组合 $p_a = -\sum_t p_t + \beta\gamma E_t$	−5.328	−13.54	MPa
操作情况下法兰力矩系数 $\widetilde{M}_p = \dfrac{4M_p}{\pi\lambda D_i^3 p_a}$	−0.01228	−0.004833	
管板边缘力矩系数 $\widetilde{M} = \widetilde{M}_p$	−0.01228	−0.004833	
管板边缘剪力系数 $\nu = \psi\widetilde{M}$	−0.2972	−0.1169	
管板总弯矩系数 $m = \dfrac{m_1 + m_2\nu}{1+\nu}$	−0.9637	−0.1804	
系数 G_{1e} 仅用于 $m > 0$ 时 $G_{1e} = 3m\mu/K$	0.2056	0.0385	
系数 G_{1i} 当 $m > 0$ 时，按 K 和 m 查 GB 151—1999 图 31(a)实线 当 $m < 0$ 时，按 K 和 m 查 GB 151—1999 图 31(b)	0.7267	0.3464	

		不计温差应力		计温差应力		
系数 G_1 $m>0,G_1=\max(G_{1e},G_{1i})$; $m<0,G_1=G_{1i}$		0.7267		0.3464		
管板径向应力系数 带膨胀节 Q 为 Q_{ex}	$\widetilde{\sigma}_r=\dfrac{1}{4}\dfrac{(1+\nu)G_1}{Q+G_2}$	0.01644		0.009846		
管板布管区周边 处径向应力系数	$\widetilde{\sigma}'_r=\dfrac{3}{4}\dfrac{m(1+\nu)}{K(Q+G_2)}$	−0.01163		−0.002736		
管板布管区周边 处切应力系数	$\widetilde{\tau}_p=\dfrac{1}{4}\dfrac{1+\nu}{Q+G_2}$	0.02262		0.02842		
壳体法兰力矩系数 $\widetilde{M}_{ws}=\xi\widetilde{M}_p-M_1$		−0.004533		−0.003009		
		计算值	许用值	计算值	许用值	
管板径向应力 $\sigma_r=\left\|\widetilde{\sigma}_r p_a\dfrac{\lambda}{\mu}\left(\dfrac{D_i}{\delta}\right)^2\right\|$		70.88	$1.5[\sigma]^t_r$ 235.5	107.9	$3[\sigma]^t_r$ 471	MPa
管板布管区周边处径向应力 $\sigma'_r=\dfrac{p_a\lambda}{\mu}\widetilde{\sigma}'_r\left(\dfrac{D_i}{\delta}\right)^2\left[1-\dfrac{k}{m}+\dfrac{k^2}{2m}(\sqrt{2}-m)\right]$		60.79	$m=\dfrac{1.5m}{\dfrac{m_1+m_2\nu}{1+\nu}}$ 235.5	72.04	$3[\sigma]^t_r$ 471	MPa
管板布管区周边切应力 $\tau_p=\dfrac{p_a\lambda}{\mu}\widetilde{\tau}_p\dfrac{D_t}{\delta}$		−3.772	$0.5[\sigma]^t_r$ 78.5	−12.05	$1.5[\sigma]^t_r$ 235.5	MPa
壳体法兰应力 $\sigma'_f=\dfrac{\pi}{4}Y\widetilde{M}_{ws}p_a\lambda\left(\dfrac{D_i}{\delta_f}\right)^2$		111.2	$1.5[\sigma]^t_r$ 235.5	187.6	$3[\sigma]^t_r$ 471	MPa
换热管轴向应力 $\sigma_t=\dfrac{1}{\beta}\left[p_c-\dfrac{G_2-Q\nu}{Q+G_2}p_a\right]$		8.926	$[\sigma]^t_t$ 130 $[\sigma]_{cr}$ 94.96	22.48	$3[\sigma]^t_t$ 390 $[\sigma]_{cr}$ 94.96	MPa
壳程圆筒轴向应力 $\sigma_c=\dfrac{A}{A_s}\left[p_t+\dfrac{\lambda(1+\nu)}{(Q+G_2)}p_a\right]$		8.279	$\phi[\sigma]^t_c$ 113.1	−6.142	$3\phi[\sigma]^t_c$ 339.2	MPa
换热管与管板连接拉脱应力 $q=\dfrac{\sigma_t a}{dl\pi}$		5.738	$[q]$ 65	14.45	$3[q]$焊接 $[q]$胀接 195	MPa
计算结果	管板名义厚度 δ_n	40	mm	管板校核通过		

9.3 立式夹套搅拌器强度计算

<table>
<tr><td colspan="6" align="center">立 式 搅 拌 容 器 校 核</td></tr>
<tr><td colspan="3">筒体设计条件</td><td colspan="2" align="center">内 筒</td><td align="center">夹 套</td></tr>
<tr><td colspan="2">设计压力 p</td><td>MPa</td><td colspan="2" align="center">-0.1</td><td align="center">0.2</td></tr>
<tr><td colspan="2">设计温度 t</td><td>℃</td><td colspan="2" align="center">120</td><td align="center">120</td></tr>
<tr><td colspan="2">内径 D_i</td><td>mm</td><td colspan="2" align="center">2400</td><td align="center">2600</td></tr>
<tr><td colspan="2">名义厚度 δ_n</td><td>mm</td><td colspan="2" align="center">20</td><td align="center">12</td></tr>
<tr><td colspan="2">材料名称</td><td></td><td colspan="2" align="center">Q345R(热轧)</td><td align="center">Q345R(热轧)</td></tr>
<tr><td rowspan="2">许用应力</td><td>$[\sigma]$</td><td rowspan="2">MPa</td><td colspan="2" align="center">163</td><td align="center">170</td></tr>
<tr><td>$[\sigma]^t$</td><td colspan="2" align="center">163</td><td align="center">170</td></tr>
<tr><td colspan="2">压力试验温度下的屈服点 σ_s^t</td><td></td><td colspan="2" align="center">325</td><td align="center">345</td></tr>
<tr><td colspan="2">钢材厚度负偏差 C_1</td><td>mm</td><td colspan="2" align="center">0</td><td align="center">0</td></tr>
<tr><td colspan="2">腐蚀裕量 C_2</td><td>mm</td><td colspan="2" align="center">2</td><td align="center">2</td></tr>
<tr><td colspan="2">厚度附加量 $C=C_1+C_2$</td><td>mm</td><td colspan="2" align="center">2</td><td align="center">2</td></tr>
<tr><td colspan="2">焊接接头系数 ϕ</td><td></td><td colspan="2" align="center">1</td><td align="center">0.85</td></tr>
<tr><td colspan="2">压力试验类型</td><td></td><td colspan="2" align="center">液压</td><td align="center">液压</td></tr>
<tr><td colspan="2">试验压力 p_T</td><td>MPa</td><td colspan="2" align="center">0.375</td><td align="center">0.25</td></tr>
<tr><td colspan="2">筒体长度 L_w</td><td>mm</td><td colspan="2" align="center">4950</td><td align="center">4900</td></tr>
<tr><td colspan="2">内筒外压计算长度 L</td><td>mm</td><td colspan="3" align="center">5100</td></tr>
<tr><td colspan="3">封头设计条件</td><td align="center">筒体上封头</td><td align="center">筒体下封头</td><td align="center">夹套封头</td></tr>
<tr><td colspan="2">封头形式</td><td></td><td align="center">椭圆形</td><td align="center">椭圆形</td><td align="center">椭圆形</td></tr>
<tr><td colspan="2">名义厚度 δ_n</td><td>mm</td><td align="center">20</td><td align="center">20</td><td align="center">14</td></tr>
<tr><td colspan="2">材料名称</td><td></td><td align="center">Q345R(热轧)</td><td align="center">Q345R(热轧)</td><td align="center">Q345R(热轧)</td></tr>
<tr><td colspan="2">设计温度下的许用应力$[\sigma]^t$</td><td>MPa</td><td align="center">163</td><td align="center">163</td><td align="center">170</td></tr>
<tr><td colspan="2">钢材厚度负偏差 C_1</td><td>mm</td><td align="center">0</td><td align="center">0</td><td align="center">0</td></tr>
<tr><td colspan="2">腐蚀裕量 C_2</td><td>mm</td><td align="center">2</td><td align="center">2</td><td align="center">2</td></tr>
<tr><td colspan="2">厚度附加量 $C=C_1+C_2$</td><td>mm</td><td align="center">2</td><td align="center">2</td><td align="center">2</td></tr>
<tr><td colspan="2">焊接接头系数 ϕ</td><td></td><td align="center">1</td><td align="center">1</td><td align="center">0.85</td></tr>
<tr><td colspan="6" align="center">主要计算结果</td></tr>
<tr><td rowspan="2">校核结果</td><td align="center">内圆筒体</td><td align="center">夹套筒体</td><td align="center">内筒上封头</td><td align="center">内筒下封头</td><td align="center">夹套封头</td></tr>
<tr><td align="center">校核合格</td><td align="center">校核合格</td><td align="center">校核合格</td><td align="center">校核合格</td><td align="center">校核合格</td></tr>
<tr><td>质量 m/kg</td><td align="center">5908.22</td><td align="center">3787.55</td><td align="center">1014.58</td><td align="center">1014.58</td><td align="center">824.58</td></tr>
<tr><td colspan="2">搅拌轴计算轴径/mm</td><td colspan="4"></td></tr>
<tr><td colspan="2" align="center">备 注</td><td colspan="4"></td></tr>
</table>

内 筒 体 外 压 计 算

计 算 条 件

计算压力 p_c	-0.30	MPa
设计温度 t	120.00	℃
内径 D_i	2400.00	mm
材料名称	Q345R(热轧)(板材)	
试验温度许用应力 $[\sigma]$	163.00	MPa
设计温度许用应力 $[\sigma]^t$	163.00	MPa
试验温度下屈服点 σ_s	325.00	MPa
钢板负偏差 C_1	0.00	mm
腐蚀裕量 C_2	2.00	mm
焊接接头系数 ϕ	1.00	

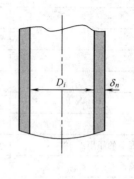

压 力 试 验 时 应 力 校 核

压力试验类型	液压试验	
试验压力值	$p_T=1.25p_c=0.3750$	MPa
压力试验允许通过的应力 $[\sigma]_T$	$[\sigma]_T \leqslant 0.90R_{eL}=292.50$	MPa
试验压力下圆筒的应力	$\sigma_T=\dfrac{p_T(D_i+\delta_e)}{2\delta_e\phi}=25.19$	MPa
校核条件	$\sigma_T \leqslant [\sigma]_T$	mm
校核结果	合格	

厚度及重量计算

计算厚度	$\delta=16.65$	mm
有效厚度	$\delta_e=\delta_n-C_1-C_2=18.00$	mm
名义厚度	$\delta_n=20.00$	mm
外压计算长度 L	$L=5100.00$	mm
筒体外径 D_o	$D_o=D_i+2\delta_n=2440.00$	mm
L/D_o	2.09	
D_o/δ_e	135.56	
A 值	$A=0.0003874$	
B 值	$B=49.53$	
质量	5908.22	kg

压 力 计 算

许用外压力	$[p]=\dfrac{B}{D_o/\delta_e}=0.36536$	MPa
结论	合格	

内 筒 上 封 头 外 压 计 算

计 算 条 件			椭圆形封头简图
计算压力 p_c	−0.10	MPa	
设计温度 t	120.00	℃	
内径 D_i	2400.00	mm	
曲面高度 h_i	600.00	mm	
材料	Q345R(热轧)(板材)		
试验温度许用应力 $[\sigma]$	163.00	MPa	
设计温度许用应力 $[\sigma]^t$	163.00	MPa	
钢板负偏差 C_1	0.00	mm	
腐蚀裕量 C_2	2.00	mm	
焊接接头系数 ϕ	1.00		

厚 度 计 算

计算厚度	$\delta = 5.55$		mm
有效厚度	$\delta_e = \delta_n - C_1 - C_2 = 18.00$		mm
名义厚度	$\delta_n = 20.00$		mm
外径 D_o	$D_o = D_i + 2\delta_n = 2440.00$		mm
系数 K_1	$K_1 = 0.9000$		
A 值	$A = \dfrac{0.125}{(K_1 D_o / \delta_e)} = 0.0010246$		
B 值	$B = 126.41$		
质量	1014.58		kg

压 力 计 算

许用外压力	$[p] = \dfrac{B}{(K_1 D_o / \delta_e)} = 1.03612$		MPa
结论	合格		

内 筒 下 封 头 外 压 计 算

计 算 条 件			椭圆封头简图
计算压力 p_c	−0.30	MPa	
设计温度 t	120.00	℃	
内径 D_i	2400.00	mm	
曲面高度 h_i	600.00	mm	
材料	Q345R(热轧)(板材)		
试验温度许用应力 $[\sigma]$	163.00	MPa	
设计温度许用应力 $[\sigma]^t$	163.00	MPa	
钢板负偏差 C_1	0.00	mm	
腐蚀裕量 C_2	2.00	mm	
焊接接头系数 ϕ	1.00		

厚 度 计 算

计算厚度	$\delta = 9.65$	mm
有效厚度	$\delta_e = \delta_n - C_1 - C_2 = 18.00$	mm
名义厚度	$\delta_n = 20.00$	mm
外径 D_o	$D_o = D_i + 2\delta_n = 2440.00$	
系数 K_1	$K_1 = 0.9000$	
A 值	$A = \dfrac{0.125}{(K_1 D_o / \delta_e)} = 0.0010246$	
B 值	$B = 126.41$	
质量	1014.58	kg

压 力 计 算

许用外压力	$[p] = \dfrac{B}{(K_1 D_o / \delta_e)} = 1.03612$	MPa
结论	合格	

搅 拌 轴 设 计

计 算 条 件			示 意 图
轴支承情况		单跨轴	
轴计算类型		刚性轴	
电动机额定功率 P_N	kW	22	
轴设计转速 n	r/min	111	
设备内设计压力 p	MPa	1.2	
轴安装形式		E	
轴材料名称		0Cr18Ni9	
轴材料抗拉强度 σ_b	MPa	432	
轴材料压缩屈服强度 σ_s	MPa	164.6	
轴材料弹性模量 E	MPa	189400	
轴材料剪切模量 G	MPa	72846.2	
轴材料密度 ρ_s	kg/m³	7800	
平衡精度等级		6.3	
传动装置效率 η_1		0.94	
许用扭转角 $[\gamma]$	(°)/m	0.7	用户定义值
轴封处许用径向位移 $[\delta]_{lo}$	mm	0.2	用户定义值
轴结构类型		实心轴	空心轴内径与外径之比 N_0	—
轴封至轴承距离	mm	350	轴封形式	双端面机械密封
轴承 A 形式		滚动轴承	轴承 B 形式	滚动轴承
两轴承之间长度	mm	5917	填料密封圈总高度	mm	—
传动侧支点的夹持系数 K_2		0.5	流体径向力系数 K_1	0.25
轴线与安装垂直线夹角 α		0	搅拌物料密度 ρ	kg/m³	980

示意图标注：
传动侧轴承
搅拌桨
末端轴承

搅拌介质类型		液体-液体	搅拌介质特性		危险物料	
搅拌器数量		4	搅拌器类型		斜叶开启蜗轮式	
搅拌器数据		搅拌器1	搅拌器2	搅拌器3	搅拌器4	搅拌器5
搅拌器至轴承距离 L_i	mm	5627	4527	3427	2327	—
搅拌器直径 D_{Ji}	mm	820	820	820	820	—
搅拌器叶片倾斜角 θ_i	(°)	45	45	45	45	—
搅拌器叶片宽度 h_i	mm	200	200	200	200	—
搅拌器及附加质量 m_i	kg	62.47	62.47	62.47	62.47	—
搅拌器附加质量系数 η_k		0.29	0.29	0.29	0.29	—
物料对搅拌器轴向推力方向		压力	压力	压力	压力	—

计 算 结 果				备 注	
搅拌轴最终计算轴径 d		mm	130.6	设计计算值 （按 d_3）	
轴径为 d 的计算	轴扭转角 γ	(°)/m	0.05		
	轴临界转速 n_k	r/min	410.09		
	设计转速与临界转速比值 n/n_k		0.271		
	轴封处的总位移 δ_{l0}	mm	0.2		
	单跨轴轴中点总位移 $\delta_{l1/2}$	mm	1.16		
按扭转变形计算的轴径 d_1		mm	67.2		
按强度计算的轴径 d_2		mm	80.5		
按轴封处许用挠度计算的轴径 d_3		mm	130.6		
按临界转速计算的轴径 d_{nk}		mm	70.9		

注：按标准选取的抗振条件 $n/n_k \leqslant 0.7$（除 $0.45 \sim 0.55$）

轴承 A 径向游隙数取 0.05mm

轴承 B 径向游隙数取 0.05mm

9.4 卧式储罐强度计算

钢 制 卧 式 容 器					
计 算 条 件			简 图		
设计压力 p	1.16	MPa			
设计温度 t	50	℃			
筒体材料名称	Q345R(热轧)				
封头材料名称	Q345R(热轧)				
封头形式	椭圆形				
筒体内直径 D_i	4200	mm			
筒体长度 L	7200	mm			

筒体名义厚度 δ_n	18	mm
支座垫板名义厚度 δ_{rn}	14	mm
筒体厚度附加量 C	2	mm
腐蚀裕量 C_2	2	mm
筒体焊接接头系数 ϕ	1	
封头名义厚度 δ_{hn}	17	mm
封头厚度附加量 C_h	2	mm
鞍座材料名称	Q235-A·F	
鞍座宽度 b	380	mm
鞍座包角 θ	120	(°)
支座形心至封头切线距离 A	1050	mm
鞍座高度 H_0	250	mm
地震烈度	低于 7 度	

卧 式 容 器（双 鞍 座）

计 算 条 件			简 图
计算压力 p_c	1.16	MPa	
设计温度 t	50	℃	
圆筒材料	Q345R(热轧)		
鞍座材料	Q235-A·F		
圆筒材料常温许用应力 $[\sigma]$	163	MPa	
圆筒材料设计温度下许用应力 $[\sigma]^t$	163	MPa	
圆筒材料常温屈服点 σ_σ	325	MPa	

鞍座材料许用应力 $[\sigma]_{sa}$	140	MPa
工作时物料密度 γ_0	630	kg/m³
液压试验介质密度 γ_T	1000	kg/m³
圆筒内直径 D_i	4200	mm
圆筒名义厚度 δ_n	18	mm
圆筒厚度附加量 C	2	mm
圆筒焊接接头系数 ϕ_n	1	
封头名义厚度 δ_{hn}	17	mm
封头厚度附加量 C_h	2	mm
两封头切线间距离 L	7300	mm
鞍座垫板名义厚度 δ_{rn}	14	mm
鞍座垫板有效厚度 δ_{re}	14	mm
鞍座轴向宽度 b	380	mm
鞍座包角 θ	120	(°)
鞍座底板中心至封头切线距离 A	1050	mm
封头曲面高度 h_i	1050	mm

试验压力 p_T	1.45	MPa
鞍座高度 H	250	mm
腹板与筋板(小端)组合截面积 A_{sa}	120042	mm²
腹板与筋板(小端)组合截面断面系数 Z_r	6.21012×10^6	mm³
地震烈度	0	
配管轴向分力 F_p	0	N
圆筒平均半径 R_m	2109	mm
物料充装系数 ϕ_0	0.9	

支 座 反 力 计 算

圆筒质量(两切线间)	$m_1 = \pi(D_i + \delta_n)L_c\delta_n\gamma_s = 13668.5$	kg
封头质量(曲面部分)	$m_2 = 2572.5$	kg
附件质量	$m_3 = 700$	kg
封头容积(曲面部分)	$V_h = 9.6981 \times 10^9$	mm³
容器容积(两切线间)	$V = 1.20533 \times 10^{11}$	mm³
容器内充液质量	工作时,$m_4 = V\gamma_0\phi_0 = 68342.5$ 压力试验时,$m_4' = V\gamma_T = 120533$	kg
耐热层质量	$m_5 = 0$	kg
总质量	工作时,$m = m_1 + 2 \times m_2 + m_3 + m_4 + m_5 = 87856$ 压力试验时,$m' = m_1 + 2 \times m_2 + m_3 + m_4 + m_5 = 140047$	kg
单位长度载荷	$q = \dfrac{mg}{L + \frac{4}{3}h_i} = 99.0854 \qquad q' = \dfrac{m'g}{L + \frac{4}{3}h_i} = 157.947$	N/mm
支座反力	$F' = \dfrac{1}{2}mg = 431022 \qquad F'' = \dfrac{1}{2}m'g = 687071$ $F = \max(F', F'') = 687071$	N

筒 体 弯 矩 计 算

圆筒中间处截面上的弯矩	工作时 $M_1 = \dfrac{F'L}{4}\left[\dfrac{1 + 2(R_m^2 - h_i^2)/L^2}{1 + \frac{4h_i}{3L}} - \dfrac{4A}{L}\right] = 2.9033 \times 10^8$ 压力试验 $M_{T1} = \dfrac{F''L}{4}\left[\dfrac{1 + 2(R_m^2 - h_i^2)/L^2}{1 + \frac{4h_i}{3L}} - \dfrac{4A}{L}\right] = 4.62801 \times 10^8$	N·mm

支座处横截面弯矩	工作时 $$M_2 = -F'A\left(1 - \frac{1 - \dfrac{A}{L} + \dfrac{R_m^2 - h_i^2}{2AL}}{1 + \dfrac{4h_i}{3L}}\right) = -4.4579 \times 10^7$$ 压力试验 $$M_{T2} = -F''A\left(1 - \frac{1 - \dfrac{A}{L} + \dfrac{R_m^2 - h_i^2}{2AL}}{1 + \dfrac{4h_i}{3L}}\right) = -7.10612 \times 10^7$$	N·mm

系 数 计 算

$K_1 = 1$	$K_2 = 1$	$K_3 = 0.879904$
$K_4 = 0.401056$	$K_5 = 0.760258$	$K_6 = 0.0132129$
$K_6' =$	$K_7 =$	$K_8 =$
$K_9 = 0.203522$	$C_4 =$	$C_5 =$

筒 体 轴 向 应 力 计 算

轴向应力计算	操作状态	$\sigma_2 = \dfrac{p_c R_m}{2\delta_e} + \dfrac{M_1}{\pi R_m^2 \delta_e} = 77.7505$ $\sigma_3 = \dfrac{p_c R_m}{2\delta_e} - \dfrac{M_2}{K_1 \pi R_m^2 \delta_e} = 76.6506$	MPa
		$\sigma_1 = -\dfrac{M_1}{\pi R_m^2 \delta_e} = -1.29924$ $\sigma_4 = \dfrac{M_2}{K_2 \pi R_m^2 \delta_e} = -0.199493$	MPa
	水压试验状态	$\sigma_{T1} = -\dfrac{M_{T1}}{\pi R_m^2 \delta_e} = -2.07$ $\sigma_{T4} = \dfrac{M_{T2}}{K_2 \pi R_m^2 \delta_e} = -0.318002$	MPa
		$\sigma_{T2} = \dfrac{p_T R_m}{2\delta_e} + \dfrac{M_{T1}}{\pi R_m^2 \delta_e} = 97.6351$ $\sigma_{T3} = \dfrac{p_T R_m}{2\delta_e} - \dfrac{M_{T2}}{K_1 \pi R_m^2 \delta_e} = 95.8819$	
应力校核	许用压缩应力	$A = \dfrac{0.094\delta_e}{R_m} = 0.00071619$	
		根据圆筒材料查 GB 150 图 6-3～图 6-10 $B = 94.1396$	MPa
		$[\sigma]_{ac}^t = \min([\sigma]^t, B) = 94.1396$ $[\sigma]_{ac} = \min(0.8\sigma_s, B) = 94.1396$	MPa
	$\sigma_2 \cdot \sigma_3 < [\sigma]^t = 163$ 合格 $|\sigma_1|, |\sigma_4| < [\sigma]_{ac}^t = 94.1396$ 合格 $|\sigma_{T1}|, \sigma_{T4}| < [\sigma]_{ac} = 94.1396$ 合格 $\sigma_{T2}, \sigma_{T3} < 0.9\sigma_s = 292.5$ 合格		
$A > \dfrac{R_m}{2}$ 时（$A > \dfrac{L}{4}$ 时，不适用）	$\tau = \dfrac{K_3 F}{R_m \delta_e}\left(\dfrac{L - 2A}{L + 4h_i/3}\right) =$		MPa

$A \leqslant \dfrac{R_m}{2}$ 时	圆筒中：$\tau = \dfrac{K_3 F}{R_m \delta_e} = 17.916$ 封头中：$\tau_h = \dfrac{K_4 F}{R_m \delta_{he}} = 8.71041$		MPa
应力校核	封头	椭圆形封头 $\sigma_h = \dfrac{K p_c D_i}{2\delta_{he}} = 162.4$ 碟形封头 $\sigma_h = \dfrac{M p_c R_h}{2\delta_{he}} =$ 半球形封头 $\sigma_h = \dfrac{p_c D_i}{4\delta_{he}} =$	MPa
	圆筒 封头	$[\tau] = 0.8[\sigma]^t = 130.4$ $[\tau] = 1.25[\sigma]^t - \sigma_h = 41.35$	MPa
	圆筒 $\tau < [\tau] = 130.4$　　合格 封头 $\tau_h < [\tau_h] = 41.35$　　合格		MPa

鞍 座 处 圆 筒 周 向 应 力

无加强圈筒体		圆筒的有效宽度	$b_2 = b + 1.56\sqrt{R_m \delta_n} = 683.948$	mm
	无垫板或垫板不起加强作用时	在横截面最低点处	$\sigma_5 = -\dfrac{kK_5 F}{\delta_e b_2} = -4.77331$	MPa
		在鞍座边角处	$L/R_m \geqslant 8$ 时， $\sigma_6 = -\dfrac{F}{4\delta_e b_2} - \dfrac{3K_6 F}{2\delta_e^2} =$ $L/R_m < 8$ 时， $\sigma_6 = -\dfrac{F}{4\delta_e b_2} - \dfrac{12K_6 F R_m}{L\delta_e^2} = -138.637$	MPa
	垫板起加强作用时	鞍座垫板宽度 $W \geqslant b + 1.56\sqrt{R_m \delta_n}$；鞍座垫板包角 $\geqslant \theta + 12°$		
		横截面最低点处的周向应力	$\sigma_5 = -\dfrac{kK_5 F}{(\delta_e + \delta_{re}) b_2} =$	MPa
		鞍座边角处的周向应力	$L/R_m \geqslant 8$ 时， $\sigma_6 = -\dfrac{F}{4(\delta_e + \delta_{re}) b_2} - \dfrac{3K_6 F}{2(\delta_e^2 + \delta_{re}^2)} =$	MPa
			$L/R_m < 8$ 时， $\sigma_6 = -\dfrac{F}{4(\delta_e + \delta_{re}) b_2} - \dfrac{12K_6 F R_m}{L(\delta_e^2 + \delta_{re}^2)} =$	MPa
		鞍座垫板边缘处圆筒中的周向应力	$L/R_m \geqslant 8$ 时， $\sigma_6' = -\dfrac{F}{4\delta_e b_2} - \dfrac{3K_6' F}{2\delta_e^2} =$	MPa
			$L/R_m < 8$ 时， $\sigma_6' = -\dfrac{F}{4\delta_e b_2} - \dfrac{12K_6' F R_m}{L\delta_e^2} =$	MPa
	应力校核		$|\sigma_5| < [\sigma]^t = 163$　　合格 $|\sigma_6| < 1.25[\sigma]^t = 203.75$　　合格 $|\sigma_6'| < 1.25[\sigma]^t = 203.75$	MPa

有加强圈圆筒	加强圈参数	加强圈材料：	
		$e=$	mm
		$d=$	mm
		加强圈数量，$n=$	个
		组合总截面积，$A_0=$	mm²
		组合截面总惯性矩，$I_0=$	mm⁴
		设计温度下许用应力 $[\sigma]_R^t=$	MPa
	加强圈位于鞍座平面上	在鞍座边角处圆筒的周向应力：$$\sigma_7=\frac{C_4K_7FR_me}{I_0}-\frac{K_8F}{A_0}=$$ 在鞍座边角处，加强圈内缘或外缘表面的周向应力：$$\sigma_8=\frac{C_5K_7R_mdF}{I_0}-\frac{K_8F}{A_0}=$$	MPa
	加强圈靠近鞍座	横截面最低点的周向应力	
		无垫板时（或垫板不起加强作用）$$\sigma_5=-\frac{kK_5F}{\delta_eb_2}=$$ 采用垫板时（垫板起加强作用）$$\sigma_5=-\frac{kK_5F}{(\delta_e+\delta_{re})b_2}=$$	MPa
		在横截上靠近水平中心线的周向应力：$$\sigma_7=\frac{C_4K_7FR_me}{I_0}-\frac{K_8F}{A_0}=$$	MPa
		在横截上靠近水平中心线处，不与筒壁相接的加强圈内缘或外缘表面的周向应力：$$\sigma_8=\frac{C_5K_7R_mdF}{I_0}-\frac{K_8F}{A_0}=$$	MPa
	加强圈靠近鞍座 / 鞍座边角处点处的周向应力	无垫板或垫板不起加强作用 $L/R_m\geqslant8$ 时，$\sigma_6=-\frac{F}{4\delta_eb_2}-\frac{3K_6F}{2\delta_e^2}=$	MPa
		无垫板或垫板不起加强作用 $L/R_m<8$ 时，$\sigma_6=-\frac{F}{4\delta_eb_2}-\frac{12K_6FR_m}{L\delta_e^2}=$	MPa
		采用垫板时，（垫板起加强作用）$L/R_m\geqslant8$ 时，$\sigma_6=-\frac{F}{4(\delta_e+\delta_{re})b_2}-\frac{3K_6F}{2(\delta_e^2+\delta_{re}^2)}=$	MPa
		采用垫板时，（垫板起加强作用）$L/R_m<8$ 时，$\sigma_6=-\frac{F}{4(\delta_e+\delta_{re})b_2}-\frac{12K_6FR_m}{L(\delta_e^2+\delta_{re}^2)}=$	MPa
	应力校核	$\|\sigma_5\|<[\sigma]^t=$　　合格 $\|\sigma_6\|<1.25[\sigma]^t=$　　合格 $\|\sigma_7\|<1.25[\sigma]^t=$ $\|\sigma_8\|<1.25[\sigma]_R^t=$	MPa

鞍 座 应 力 计 算

水平分力		$F_S = K_9 F = 139834$	N
腹板水平应力	计算高度	$H_s = \min\left(\dfrac{1}{3} R_m , H\right) = 250$	mm
	鞍座腹板厚度	$b_0 = 25$	mm
	鞍座垫板实际宽度	$b_4 = 600$	mm
	鞍座垫板有效宽度	$b_r = \min(b_4 , b_2) = 600$	mm
	腹板水平应力	无垫板或垫板不起加强作用， $\sigma_9 = \dfrac{F_S}{H_s b_0} = 22.3734$ 垫板起加强作用， $\sigma_9 = \dfrac{F_S}{H_s b_0 + b_r \delta_{re}} =$	MPa
	应力判断	$\sigma_9 < \dfrac{2}{3}[\sigma]_{sa} = 93.3333$ 合格	MPa
腹板与筋板组合截面轴向弯曲应力	由地震、配管轴向水平分力引起的支座轴向弯曲强度计算		
		圆筒中心至基础表面距离 $H_v = 2368$	mm
	轴向力	$F_E = 0.3 \alpha_E mg =$ $F_L = F_p + F_E =$	N
	$F_L \leqslant F_f$ 时， $\sigma_{sa} = -\dfrac{F}{A_{sa}} - \dfrac{F_L H}{2 Z_r} - \dfrac{F_L H_V}{A_{sa}(L - 2A)} =$		MPa
	$F_L > F f$ 时， $\sigma_{sa} = -\dfrac{F}{A_{sa}} - \dfrac{(F_L - F f_s) H}{Z_r} - \dfrac{F_L H_V}{A_{sa}(L - 2A)} =$		MPa
由圆筒温差引起的轴向力 $F_f = F f =$			N
$\sigma_{sa} = -\dfrac{F}{A_{sa}} - \dfrac{F_f H}{Z_r} =$			MPa
应力判断		$\sigma_{sa} < 1.2[\sigma]_{sa} =$	MPa

10 过程设备设计技术问题剖析

10.1 压力容器设计管理及条例与规程

10.1.1 申请压力容器设计的单位应具备哪些条件？

答：申请压力容器设计的单位应具备以下条件：

ⅰ．有专门的压力容器设计机构。

ⅱ．有与所承担设计的压力容器类别、品种范围相适应的技术力量和设计手段。

技术力量的要求是：申请一、二、三类压力容器设计资格的单位，各级专职设计人员总数应不少于 10 人，其中审批（审核、审定二类）人员不得少于 3 人；申请一、二类压力容器设计资格的单位，各级专职设计人员不得少于 7 人，其中审批（审核）人员不得少于 2 人。

审批人员一般不应超过压力容器各级设计人员总数的 30%。

非专业设计单位的审定人员，至少应有 1 名是专职人员，兼职人员应是具有压力容器设计经验的技术人员。

设计手段（设计工具、标准资料、文印复制等）应能满足设计任务的要求。

ⅲ．具有健全的设计管理制度，工作程序和技术责任制。

ⅳ．在近五年内做过与申请类别、品种相适应的压力容器设计，具有设计各阶段的实施经验。

10.1.2 压力容器设计人员应符合什么条件？其人员的变动和管理有什么要求？

答：压力容器设计人员分为设计和校核二级。

（1）设计人应具备的条件

ⅰ．具有压力容器设计方面专业知识的高级工程师、工程师、助理工程师或技术员；

ⅱ．熟悉有关规程、规定、标准和技术条件，并能结合制造、安装、使用情况在设计中贯彻执行；

ⅲ．认真负责，设计质量符合要求。

（2）校核人应具备的条件

ⅰ．从事压力容器设计工作三年以上，具有独立设计工作能力的高级工程师、工程师或助理工程师；

ⅱ．熟悉有关规程、规定、标准和技术条件，所设计的压力容器在制造和生产中经过考验；能独立处理制造、安装、生产中的一般技术问题。

压力容器设计人员的变动，必须经单位技术负责人同意；新调到压力容器设计岗位上的人员，必须经过有关技术规范的考核，方可正式担任压力容器的设计工作。

压力容器设计人员的变动情况，需每年在向负责审批的主管部门呈报的年度上报文件中进行呈报。

10.1.3　压力容器设计人员的职责是什么？

答：压力容器设计人员的职责如下。

ⅰ. 在专业组长和专业负责人（或设备分项负责人）的领导下，承担具体的设计任务，对设计质量和设计进度负责。

ⅱ. 接受任务后，认真收集有关资料，进行必要的调查研究，积极采用先进技术，提出压力容器的主要结构、材质选择、技术条件等设计方案，取得校审人员的事前指导。

ⅲ. 认真贯彻执行国家、行业标准，规范劳动部《压力容器安全技术监察规程》《条例》以及工程项目的统一技术规定。

ⅳ. 认真核查接受的设计条件，依据条件进行设计。返回条件应清晰、正确、完整，经校审后正确提出。

ⅴ. 正确运用压力容器设计基础资料、数据、计算方法、计算公式、"全国压力容器标准化委员会"颁发的标准的计算程序，做好受压元件的应力计算和分析。

ⅵ. 按规定进行设计文件的编制工作，做到制图比例合适、视图投影正确、图面清晰、尺寸、数字、符号、图例准确无误，文字叙述通顺、简练、切题、字迹端正。有条件的单位，设计人应尽量采用 CAD 软件进行设计。

ⅶ. 负责校审后图纸的修改、送描和描校；做好设计图纸和计算书、说明书的整理，按规定进行图纸、设计文件的签署和会签，通过专业分项负责人审查后归档。

ⅷ. 对承担的设计负责到底，根据需要认真处理在施工、试车、生产中的设计问题。

ⅸ. 设计代表应将处理制造、安装、生产中设计问题的技术文件及时完整的归档，并进行信息反馈。

10.1.4　压力容器设计校核人的职责是什么？

答：校核人的职责如下。

ⅰ. 会同设计人商讨设计方案、结构和材料选择，帮助设计人解决设计中的一般技术问题。

ⅱ. 全面校核压力容器设计文件（包括图纸、计算书、技术条件、说明书），校核设计是否符合设计条件，是否符合设计、制造、生产的要求，是否符合技术先进、安全可靠和经济合理的原则，对所校核的设计文件的质量和完整无误负责。

ⅲ. 校核压力容器设计是否执行了国标、部标的规定、劳动部的安全监察《条件》《规程》、项目设计统一规定、各种规章制度等。

ⅳ. 校核受压元件的强度计算书，包括设计条件、基础数据、计算公式、计算结果。

ⅴ. 校核图样的比例、视图选择是否正确；图面布置是否匀称；投影、剖面是否准确；尺寸、符号、零件数量等是否齐全正确。

ⅵ. 校核设计文件是否完整齐全；标准图、复用图的选用是否恰当。

ⅶ. 校核技术条件是否完整、恰当，文字叙述是否通顺、简练、切题。

ⅷ. 校核向有关专业返回或提出的条件。

ⅸ. 校核中发现的问题应与设计人充分讨论，妥善处理，若不能统一时，则提请审核人或（副）主任工程师决定。

ⅹ. 校核的设计文件应按规定认真填写《设计文件校审记录》，供设计人修改及审核人审查补充。

10.1.5　压力容器设计审核人的职责是什么？

答：审核人应具备如下职责。

ⅰ. 审核人应参与设计原则和主要技术问题的讨论研究，帮助设计人和校核人解决疑难问题，对主要技术问题和设计方案的正确合理负责。

ⅱ．审核压力容器设计原则是否符合设计条件的要求，是否技术先进、安全可靠、经济合理、切合实际，应对主要技术问题和技术方案的正确合理负责。

ⅲ．设计过程中应及时处理好设计和校核之间在技术问题上的分歧意见。

ⅳ．审核压力容器设计是否执行有关的国家标准、部颁标准、规范、规定、劳动部的安全监察《条例》《规程》。

ⅴ．审核压力容器的主要结构、主要材料的选用、主要结构的加工要求是否正确。

ⅵ．审核主要的基础数据计算公式（或软件的选用）、计算结果是否正确。

ⅶ．审核主要的装配尺寸和关键零部件尺寸是否正确，选用的标准图、复用图是否恰当。

ⅷ．审核技术条件是否正确、完整、明确。

ⅸ．认真填写《设计文件校审记录》，做好设计质量评定，评写设计质量等级，按规定签署设计文件。

10.1.6　压力容器设计审定人的职责是什么？

答：审定人的职责如下。

ⅰ．参加重大设计原则和设计方案的讨论及审查，决定重大的结构设计、计算方法、材料选择和技术条件。

ⅱ．对设计指导思想、设计原则、技术方案是否符合方针政策；上级批准的设计文件和审批意见的要求是否切合实际；技术先进、经济合理、安全可靠等重大原则问题负主要责任。

ⅲ．对设计、校核、审核人之间的设计技术分歧意见作出最后决定，必要时组织中间审查，避免设计返工。

ⅳ．审定主要计算公式、基础数据、主要结构方案、材料选用等关键技术问题。

10.1.7　压力容器的容积含义是什么？

答：压力容器的容积即压力容器的几何容积，由设计图样标注的尺寸计算（不考虑制造公差）并予以圆整，且不扣除内部附件体积的容积。

10.1.8　什么叫反应压力容器？举例说明。

答：它主要是用于完成介质的物理、化学反应的压力容器。如反应器、反应釜、分解锅、分解塔、聚合釜、高压釜、超高压釜、合成塔、变换炉、蒸煮锅、蒸球、蒸压釜、煤气发生炉等。

10.1.9　什么叫换热压力容器？举例说明。

答：它主要是用于完成介质的热量交换的压力容器。如管壳式余热锅炉、热交换器、冷却器、冷凝器、蒸发器、加热器、硫化锅、消毒锅、染色器、烘缸、磺化锅、蒸炒锅、预热锅、溶剂预热器、蒸锅、蒸脱机、电热蒸汽发生器、煤气发生炉水夹套等。

10.1.10　什么叫分离压力容器？举例说明。

答：它主要是用于完成介质的流体压力平衡和气体净化分离等的压力容器。如分离器、过滤器、集油器、缓冲器、洗涤器、吸收塔、铜洗塔、干燥塔、汽提塔、分汽缸、除氧器等。

10.1.11　什么叫储存压力容器？举例说明。

答：它主要是用于盛装生产用的原料气体、液体、液化气体等的压力容器。如各种形式的储罐。

10.2　基本理论知识

10.2.1　什么是压力容器的失效？其表现形式有哪几种？

答：压力容器由于载荷或温度过高而失去正常工作能力称为失效，其表现形式一般有 3

种情况：

ⅰ．强度不足，即在确定的压力或其他载荷作用下，容器发生过量塑性变形或破裂；

ⅱ．刚度不足，指容器不是因强度不足而发生破裂或过量塑性变形，而是由于弹性变形过大而导致运输、安装困难或丧失正常工作能力；

ⅲ．失稳，系指在压应力作用下容器形状突然改变而不能正常操作。

由此可知，强度、刚度和稳定性是压力容器设计中考虑的基本问题，但最重要和遇到最多的则是强度问题。GB 150 即针对上述三种失效形态进行容器设计。

10.2.2　什么是压力容器的常规设计法和按应力分类设计法？GB 150 是采用哪种设计法？

答：目前容器设计有常规设计和按应力分类设计两种方法。常规设计法，是以弹性失效为准则，以薄膜应力为基础，限定最大薄膜应力强度不超过规定的许用应力值。对于边缘应力和峰值应力等局部应力，一般不作定量计算或仅以应力增强系数引入强度计算公式，并取与薄膜应力相同的强度数据。此设计方法简明，但不及应力分类设计法合理，且偏保守。应力分类设计法是 20 世纪 60 年代以来开始应用的一种新的设计方法。该法要求对容器的各种应力，如薄膜应力、边缘应力等进行精确计算和分类。对不同性质的应力，根据它们对容器安全性的危害大小，应用极限分析法和安定性概念，分别建立不同的强度条件加以限制，同时还考虑了循环载荷下的疲劳分析。按此法设计的容器安全可靠、经济合理，但计算量较大，且对材料性能、焊缝检验及容器的操作运行条件有更严格的要求。

对一般条件下的多数容器来说，还是采用常规设计方法为宜。目前各国压力容器设计规范主要采用常规设计法。GB 150 在总体上采用的是常规设计法，但在某些局部处也体现了应力分类设计法的观点。例如对开孔补强、无折边球形封头与圆筒的连接及高压容器温差应力校核等，均规定以较高许用应力值作限制条件，就是按应力分类设计法确定的。

10.2.3　薄壁容器和厚壁容器如何划分？其强度设计的理论基础是什么？有何区别？

答：壁厚与内径之比 $K=\delta/D_i \leqslant 0.1$，亦即外径与内径之比 $K=D_o/D_i \leqslant 1.2$ 者为薄壁容器，而 $K>1.2$ 者为厚壁容器。

薄壁容器强度设计的理论基础是旋转薄壳的无力矩理论及由此导出的薄膜应力公式。由此算得的应力是两向应力，且沿壁厚均匀分布，是一种近似计算结果。厚壁容器强度设计的理论基础是由弹性应力分析导出的拉美公式。由此算得的应力为三向应力，且沿壁厚为非均匀分布，内壁绝对值最大，外壁最小，可较为精确地表征壁内应力的实际分布规律，既适用于厚壁容器，也适用于薄壁容器。在内压作用下，由薄膜公式算得的平均环向应力较用拉美公式算出的内壁最大环向应力要低，且 K 值愈大，低得越多。当 $K=1.5$ 时，在以内径计算时，低 23%，而以中径计算时，则低 3.8%。对于一般压力容器设计，3.8%的误差在允许范围内。这就是 GB 150 规定采用中径薄膜理论壁厚公式并限定适用于 $K \leqslant 1.5$（即 $p \leqslant 0.4[\sigma]^t\phi$）的原因。

10.2.4　高压容器是否一定是厚壁容器？

答：不一定，高压容器是指设计压力 $p \geqslant 10$MPa 的压力容器；而厚壁容器则通常是指容器的外内径之比 $K=D_o/D_i \geqslant 1.2$ 或容器的壁厚与内径之比 $\delta/D_i \geqslant 0.1$ 的压力容器。使用中的容器，有不少情况是 $p>10$MPa，但 $K<1.2$。

10.2.5　容器开孔后，为什么需要补强？

答：通常所用的压力容器，由于各种工艺和结构的要求，需要在容器上开孔和安装接管。由于开孔去掉了部分承压金属，不但会削弱容器器壁的强度，而且还会因结构连续性受到破坏，在开孔附近造成较高的局部应力集中。这个局部应力峰值很高，达到基本薄膜应力的 3 倍甚至 5～6 倍。再加上开孔接管处有时还会受到各种外载荷、温度等影响，并且由于材质不同、制造上的一些缺陷、检验上的不便等原因的综合作用，很多失效就会在开孔边缘开始。这些失效主要表现为疲劳破坏和脆性裂纹，所以必须进行必要的补强设计计算，适当补强。

10.2.6 容器开孔接管处的应力集中系数有哪些影响因素？

答：孔边及开孔接管处的应力集中程度均用应力集中系数 K 来表征。K 是开孔处的最大应力值与不开孔时最大薄膜应力之比。开孔接管处的应力集中系数主要受到下列因素影响。

ⅰ. 它受容器的形状和应力状态的影响。圆筒壳开孔应力集中系数大于球壳，而圆锥壳又大于同样条件的圆筒壳。这是因为孔边最大应力随薄膜应力的增加而上升，而圆筒中的环向应力为同样条件球壳的 2 倍，锥壳又为圆筒壳的 $1/\cos\alpha$ 倍。

ⅱ. 开孔的形状、大小及接管壁厚开圆孔应力集中系数最小，椭圆孔较大，方孔更大。接管轴线与壳体法线不一致时，开孔将变为椭圆而使应力集中系数增大。开孔直径越大，接管壁厚越小，应力集中系数越大，故减小孔径或增加接管壁厚均可降低应力集中系数。插入式接管的应力集中系数小于平齐接管。

10.2.7 容器开孔接管处的应力集中有何特点？对补强有什么要求？

答：实际容器壳体开孔后，均需焊上接管或凸缘，而接管处的应力集中与壳体仅开小圆孔时的应力集中不相同。在操作压力作用下，壳体与开孔接管在连接处各自的薄膜位移不相等，但最终的位移结果又必须协调一致。因此，在连接点处将产生相互约束力和弯矩，故开孔接管就不仅仅是孔边集中力和薄膜应力，而且还有边缘应力和焊接应力。另外，压力容器的结构形状、承载状态及工作环境等，对接管处应力集中的影响均较开光孔复杂。所以壳体接管处的应力集中较光孔更为严重，应力集中系数可达 3～6。但其衰减迅速，具有明显的局部性，不会使壳体引起任何显著变形，故可允许应力峰值超过材料的平均屈服应力。容器开孔补强的目的在于使孔边的应力峰值降低至容许值。为此，补强应符合下列基本要求：

ⅰ. 根据容器的操作工况和材料性能选择适当的补强方法和结构；

ⅱ. 具有足够的补强金属，并确保直接补在开孔周围应力峰值区内，并尽量具有一定的过渡圆角，以防产生新的应力集中。

10.2.8 容器大开孔与小开孔有何异同？

答：不论开孔大小，孔边均存在应力集中。但容器孔边应力集中的理论分析是借助无限大平板上开小圆孔为基础的。在孔径与容器直径之比 $d/D_i<0.1\sqrt{D_i/2\delta}$，壳体曲率变化可以不计，可视作平板开孔，此时孔边应力均为拉（压）应力。但大开孔时，除有拉（压）应力外，还有很大的弯曲应力，且其应力集中范围超出了开小孔时的局部范围，在较大范围内破坏了壳体的薄膜应力状态。因此，小开孔的理论分析就不适用了。当壳体上开孔直径大于 GB 150 中的规定值时，其补强结构和计算需作特殊考虑，必要时还要作验证性水压试验，以核实其可靠性。

国外资料认为，对于大开孔，可以在补强圈法计算出的补强面积的基础上增大 20%，并把补强圈截面积的 2/3 布置在距孔边 $d/4$ 以内的区域里，这样就起到充分的补强作用。HG 20582—2011《钢制化工容器强度计算规定》中推荐采用压力面积法对大开孔进行补强设计计算和补强。

10.2.9 为什么各国规范对容器上不作补强的最大孔径均有限制？

答：孔边应力集中的大小和作用范围随开孔直径的增加而增大。当孔径小到一定值时，孔边应力集中并不严重；加之孔边应力集中具有局部性，作用范围小，不会引起壳体整体屈服。因此允许应力峰值超过壳体材料整体屈服的平均应力。分析指出，当单个开孔直径 $d \leqslant 0.14\sqrt{d_i\delta}$ 时，应力集中系数较小且趋于稳定，可不予补强。GB 150 中考虑到容器壁厚往往超过实际强度需要和接管壁厚的补强作用，将不另行补强的开孔直径还作了适当放宽。

10.2.10 在 GB 150 的等面积补强法中，为什么外压容器和平板的开孔补强面积公式中均需乘以 0.5 系数，而将补强面积减半？

答：等面积补强法，实际上补强的是壳体开孔丧失的薄膜应力抗拉强度断面积。但对于受压的平板，其内产生的是弯曲应力，因此应按补强开孔所丧失的抗弯强度来确定补强面积，使补强前后在补强范围内的抗弯模量相同。由此导出的补强面积为开孔挖去面积的 0.5 倍，故平板开孔时，另加开孔的面积的一半就可以满足需要了。

外压容器除强度外，还需满足稳定条件。由于按外压计算的壁厚较承受同样内压时大，且局部补强的目的主要是为解决应力集中，故外压容器局部补强所需补强的面积可少些。GB 150 及美、日等国的规范认为，所补强面积为挖去金属面积的一半即可满足。

10.3 压力容器

10.3.1 碳素结构钢板用于压力容器有哪些规定或限制？

答：GB 150.2—2011 附录 D 规定如下。

ⅰ. Q235B 和 Q235C 用于压力容器设计压力小于 1.6MPa。

ⅱ. 钢板的使用温度：Q235B 钢板为 20～300℃；Q235C 钢板为 0～300℃。

ⅲ. 用于容器壳体的钢板厚度：Q235B 和 Q235C 不大于 16mm。用于其他受压元件的钢板厚度：Q235B 不大于 30mm，Q235C 不大于 40mm。

ⅳ. 不得用于毒性程度为极度或高度危害的介质。

10.3.2 GB 150 对压力容器用钢板的使用状态有什么要求？为什么？

答：压力容器用碳钢和低合金钢钢板，符合下面条件，应在正火状态下使用。

ⅰ. 用于多层容器内筒的 Q245R 和 Q345R；

ⅱ. 用作壳体厚度＞36 mm 的 Q245R 和 Q345R；

ⅲ. 用作其他受压元件（法兰、管板、平盖等）的厚度＞50 mm 的 Q245R 和 Q345R。

这主要是考虑国内轧制设备条件限制，较厚板轧制比小，钢板内部致密度及中心组织质量稍差；另外对钢板正火处理可细化晶粒及改善组织，使钢板有较好的韧性、塑性，以及较好的综合力学性能。

10.3.3 GB 150 及 HG 20581—2011 对压力容器锻件的级别提出了什么要求？

答：提出了如下要求。

（1）GB 150—2011 规定

ⅰ. 锻件的标准按 JB 4726～4728 的标准选用，锻件的级别由设计单位确定，并在图样或相应技术文件中注明；

ⅱ. 用作圆筒和封头的筒形和碗形锻件及公称厚度大于 300mm 的低合金钢锻件应选用 Ⅲ级或Ⅳ级。

（2）HG 20581—2011 规定

ⅰ. 设计压力＜10.0MPa 的法兰以及几何尺寸类似的锻件应符合Ⅱ级或Ⅱ级以上的要求；

ⅱ. 设计压力≥1.6MPa 的锻件应符合Ⅱ级或Ⅱ级以上的要求；

ⅲ. 设计压力≥10.0MPa 的中小型锻件应符合Ⅱ级或Ⅱ级以上的要求；大型锻件应符合Ⅲ级或Ⅳ级要求；

ⅳ. 使用介质的毒性为极度或高度危害性的锻件以及截面尺寸＞300mm 的锻件应符合Ⅲ级或Ⅲ级以上的要求。

10.3.4 《压力容器》GB 150 的适用压力和温度范围？

答：ⅰ. 设计压力范围：钢制容器不大于 35MPa，其他金属材料制容器按相应引用标准确定。

ⅱ. 设计温度范围：$-269\sim900℃$。钢制容器不得超过按 GB 150.2 中列入材料的允许使用温度范围；其他金属制容器按 GB 150 相应引用标准中列入的材料允许使用温度确定。

10.3.5 《压力容器》GB 150 的管辖范围？

答：《压力容器》GB 150 是容器及与其连为整体的连通受压零部件，且划定在下列规定范围内。

ⅰ. 容器与外管道连接时：容器接管与外管道焊接连接的第一道环向焊缝；螺纹连接的第一个螺纹接头；法兰连接的第一个法兰密封面；专用连接件或管件连接的第一个密封面。

ⅱ. 接管、人孔、手孔等的承压封头、平盖及其紧固件。

ⅲ. 非受压元件与受压元件的焊接接头，接头以外的元件，如支座、支耳、裙座和加强圈等亦应符合 GB 150 的有关规定。

ⅳ. 直接连在容器上的超压泄放装置应符合 GB 150 附录 B 的规定。连接在容器上的仪表等附件，应按有关标准选用。

10.3.6 为什么要规定最小厚度？在设计中是如何确定的？

答：为满足制造工艺要求以及运输和安装过程中的刚度要求，根据工程实践经验，GB 150 对容器主要壳体元件规定了不包括腐蚀裕量的最小厚度。

（1）圆筒的最小厚度

圆筒的最小厚度 δ_{min} 按下列方法确定：

ⅰ. 对于碳素钢和低合金钢容器，当内径 $D_i\leqslant3800mm$ 时，$\delta_{min}=2D_i/1000mm$，且不小于 3mm；当内径 $D_i>3800mm$ 时，δ_{min} 按运输和现场制造、安装条件确定；

ⅱ. 对于不锈钢容器，$\delta_{min}=2mm$。

（2）其他形式壳体元件的最小厚度按 GB 150 有关章节的相应规定。

10.3.7 选择容器法兰的压力等级时应考虑哪些因素？

答：选择并确定容器法兰的压力等级应考虑材料的类别、介质性质及其操作状态。具体要求如下。

ⅰ. 选用容器法兰的压力等级应不低于法兰材料在设计温度下的允许工作压力；

ⅱ. 真空系统的容器法兰的压力等级一般不应小于 0.6MPa；

ⅲ. 当操作介质为易燃、易爆或有毒时应尽可能采用高一个等级的法兰。

10.3.8 试述垫片的种类和形式？

答：垫片的种类和形式有多种多样，就按其材料进行分类，可分为以下几种。

① 非金属垫片　它主要包括石棉橡胶板、聚四氟乙烯垫和石墨垫。垫片形式多数为平垫。

② 组合垫　这类垫片是由两种非金属材料或一种金属和一种非金属材料组合而成的。属于这种形式的垫片有缠绕式垫片、金属包垫等。

③ 金属垫　这类垫片通常是由一种金属（或合金）通过机械加工的方法加工而成的。属于这种形式的垫片有平垫、椭圆形垫圈、八角形垫圈等。其金属材料可根据介质的腐蚀性质选取碳钢、合金钢、铜、铝、钛等。

10.3.9 压力容器开孔有些什么规定？

答：ⅰ. 壳体上的开孔应为圆形、椭圆形或长圆形。当在壳体上开椭圆形或长圆形孔时，孔的长径与短径之比应不大于 2.0。

ⅱ. 凸形封头上开设长圆孔时，开孔补强应按长圆形开孔长轴计算；筒体上开设长圆孔，当长轴/短轴≤2，且短轴平行于筒体轴线时，开孔补强应按长圆形开孔短轴计算（当长轴/短轴＞2 时，均应按长圆形开孔长轴计算）。

10.3.10 为什么压力容器有时可允许开孔不另外补强？

答：压力容器允许开孔不另行补强的原因如下。

ⅰ. 容器在设计制造中，由于各种原因，壳体的厚度往往超过实际强度的需要，厚度增加则薄膜应力减小，并相应地使最大应力值降低。这种情况实际上容器已被整体加强，而不必另行补强。

由于钢板规格的限制使容器的壁厚增加；焊接圆筒或封头、因焊接接头系数使壁厚增加，若开孔不位于焊缝及其附近时，已起整体加强作用。

封头的强度比圆筒大，如采用封头与圆筒等厚，则封头上的应力将相应地减小，这时封头可视为已被整体加强。

ⅱ. 容器上开孔一般总有接管相连，其接管壁厚也多于实际需要，多余的金属已起补强作用，故对一定口径的开孔，可不必另行补强。

10.3.11 GB 150 对不需另行补强的最大开孔直径有何规定？

答：在圆筒、球壳、锥壳及凸形封头（以封头中心为中心的 80% 封头内直径的范围内）上开孔时，当满足下述要求时可允许不另行补强：

ⅰ. 两相邻开孔中心的距离（对曲面间距以弧长计算）应不小于两孔直径之和的两倍；

ⅱ. 接管公称外径≤89mm；

ⅲ. 不补强接管的外径和最小壁厚的规格宜采用 $\phi25\times3.5$、$\phi32\times3.5$、$\phi38\times3.5$、$\phi45\times3.5$、$\phi57\times5$、$\phi76\times6$、$\phi89\times6$；

ⅳ. 容器的设计压力 $p\leq2.5$MPa。

10.3.12 GB 150 对容器开孔的范围有何规定？

答：GB 150—1998 规定壳体上开孔最大直径不得超过如下数值。

ⅰ. 圆筒壳体，当圆筒体内径 $D_i\leq1500$mm 时，开孔最大直径 $d<1/2D_i$，且 $d\leq500$mm；当圆筒体内径 $D_i>1500$mm 时，开孔最大直径 $d<1/3D_i$，且 $d\leq1000$mm。

ⅱ. 凸形封头或球壳的开孔最大直径 $d<1/2D_i$。

ⅲ. 锥壳或锥形封头的开孔最大直径 $d<1/3D$；D 为开孔中心处的锥壳内直径。

10.3.13 什么情况下应采用整体补强结构？

答：当遇到下列情况之一时应采用整体补强结构。

ⅰ. 核容器，材料屈服强度 $R_{eL}>500$MPa 的容器开孔；

ⅱ. 高强度钢（$R_m>540$MPa）和铬钼钢制造的容器；

ⅲ. 补强圈的厚度超过被补强件壁厚的 1.5 倍或超过 S_{max}（碳钢 $S_{max}=34$mm；Q345R $S_{max}=30$mm；15MnVR $S_{max}=28$mm）时；

ⅳ. 设计压力≥4.0MPa；

ⅴ. 设计温度＞350℃；

ⅵ. 极度、高度危害介质的压力容器；

ⅶ. 低温、高温、疲劳载荷容器的大直径开孔等；

10.3.14　整体补强结构有哪几种形式？

答：整体补强结构多种多样，通常采用的有以下几种形式。

ⅰ. 整体增加圆筒或封头的壁厚。

ⅱ. 采用厚壁接管，与壳体连接为全焊透结构。

ⅲ. 采用整体补强锻件与筒体或封头焊接。

ⅳ. 密集补强焊接。

ⅴ. 将接管与壳体连接部分连同加强部分做成一个整体锻件，然后再与接管和壳体焊在一起。

10.3.15　HG 20582—2011 对圆筒体轴向斜接管的开孔补强有哪些规定？

答：ⅰ. 筒体上的接管必须为圆形截面，接管轴线与筒体表面法线所成的夹角应不超过 50°；

ⅱ. 筒体开孔的范围同 GB 150，开孔直径取斜孔的长径；

ⅲ. 所有斜孔宜避开焊缝，开孔边缘与焊缝中心线的距离应大于 3 倍筒体的实际壁厚，且不小于 50mm。

10.3.16　HG 20582—2011 对圆筒周向斜接管的开孔补强有哪些规定？

答：ⅰ. 接管应为圆形截面，接管轴线与筒体半径的夹角可根据需要确定，最大时可为 90°，即切向接管。

ⅱ. 筒体上周向斜接管允许开孔的范围与 GB 150 径向接管开孔允许范围相同。

ⅲ. 开孔补强可采用补强圈或整体补强结构。采用补强圈补强应遵循下列规定：钢材的标准常温抗拉强度下限值 $R_m \leqslant 540MPa$；补强厚度不得超过 1.5 倍筒体名义壁厚；筒体壁厚 $\leqslant 38mm$；设计温度不得超过 350℃。

10.3.17　采用补强圈补强时有些什么规定？

答：采用补强圈结构补强时，应遵循下列规定。

ⅰ. 钢材的标准常温抗拉强度 $R_m \leqslant 540MPa$；

ⅱ. 补强圈厚度应小于或等于 $1.5\delta_n$；

ⅲ. 壳体名义厚度 $\delta_n \leqslant 38mm$。

10.3.18　开孔补强形式有哪几种？试比较其优缺点？

答：开孔补强形式有如下四种。

ⅰ. 内加强平齐接管——补强金属加在接管或壳体的内侧；

ⅱ. 外加强平齐接管——补强金属加在接管或壳体的外侧；

ⅲ. 对称加强凸出接管——接管的内伸与外伸部分对称加强；

ⅳ. 密集补强——补强金属集中地加在接管与壳体的连接处。

从理论和实验研究表明：从强度角度看，密集补强最好，对称凸出接管其次，内加强再次，外加强效果最差。在同样的补强面积下，凸出接管比平齐接管的应力集中系数下降 40% 左右，而内加强比外加强的应力集中系数大约下降 27%。采用密集补强时，因补强金属紧靠在接管根部和壳体连接处，正好集中地加在应力集中区域内，因而应力集中现象大大得到缓和，在达到相同补强效果时，补强所需的金属量将大大减少。

从制造上考虑，内加强不如外加强方便，而密集补强制造更困难，且成本高。

在产品设计时，采用哪种形式，应从强度、工艺要求、制造、施工是否方便等因素综合进行考虑和选择。

10.3.19　试述补强圈搭焊结构的优缺点？

答：补强圈搭焊结构是目前中低压受压容器使用较多的补强结构形式。它具有制造方便、造价低、使用经验成熟等优点。但亦存在以下一些问题。

ⅰ. 补强区域过于分散，补强效率不高。

ⅱ. 补强圈与壳体之间存在着一层静止的气隙，传热效果差，容易引起温差应力。

ⅲ. 补强圈与壳体相焊时，使此处的刚性变大。对角焊缝的冷却收缩起较大的约束作用，容易在焊缝处产生裂纹。特别是高强钢淬硬性大，对焊接裂纹比较敏感，更易开裂。

ⅳ. 使用补强圈后，虽然降低了接管转角处的峰值应力，但由于外形尺寸的突变，在补强圈外围反而引起不连续应力，造成新的应力集中，使其容易在脚趾处开裂。

ⅴ. 此结构由于没有和壳体或接管金属形成整体，因而抗疲劳性能差，其疲劳寿命比未开孔时降低了 30% 左右，而整体补强结构只下降了 10%～15%。

鉴于上述原因，需对补强圈的使用范围加以限制。

10.3.20　在应用等面积补强中，为什么要限制 d/D 之比和长圆形孔的长短轴之比？

答：ⅰ. 必须限制开孔直径与壳体直径之比（即 d/D 的比值），这主要是因为等面积法的计算原理是基于大平板的开孔问题出发的，当 d/D 比值较小时，开孔附近的壳体近似地以大平板问题考虑，不致引起大的误差。但当 d/D 比值较大时，由于壳体曲率的影响，在开孔边缘引起附加的弯曲力矩将使边缘的应力状态恶化，而使误差增大。

ⅱ. 当开椭圆形、长圆形孔时，孔的长短轴径之比应不大于 2，这是因为等面积法未涉及开孔边缘的应力集中问题，仅就开孔截面的平均应力进行考虑，对开孔区局部高应力部位的稳定问题未以校核。尤其是在圆筒形壳体上纵向开长圆形（椭圆形）孔的情况下，当长短轴之比较大时，在长轴顶点处，可能产生很高的局部应力，极易发生不稳定问题。

10.3.21　《容规》对检查孔有何要求？

答：ⅰ. 压力容器上应开设检查孔。检查孔包括人孔、手孔。

ⅱ. 压力容器内径大于 1000mm 的，应至少开设一个人孔或两个手孔（当容器无法开人孔时）；压力容器大于 500mm 小于等于 1000mm 的，应开设一个人孔或两个手孔（当容器无法开人孔时）；压力容器内径大于 300mm 小于等于 500mm 的，至少应开两个手孔。

ⅲ. 圆形人孔直径应不小于 400mm，椭圆形人孔尺寸应不小于 400mm×250mm；圆形手孔直径应不小于 100mm，椭圆形手孔尺寸应不小于 100mm×80mm；螺纹管塞检查孔的公称管径应不小于 50mm。

ⅳ. 压力容器上凡设有可拆的封头（或盖板）或其他能够开关的盖子，如能起到人孔或手孔的作用，可不再设置人孔或手孔。

ⅴ. 检查孔的设置位置应合理、恰当、便于观察或清理内部。手孔应开在封头上或封头附近的筒体上。球形压力容器应在上、下极板上各开设一个人孔。

10.3.22　《容规》对不设置检查孔的压力容器有什么要求？

答：按《容规》第 47 条的规定，如压力容器上不设置检查孔，又不属于《容规》第 46 条所述情况，则必须同时满足以下要求：

ⅰ. 应按《容规》有关规定，对焊缝进行全部无损检测检查；

ⅱ. 应在设计图样上注明计算厚度，且在压力容器在用期间或检验时重点进行测厚检查；

ⅲ. 相应缩短检验周期。

10.3.23　试述化工容器的人孔、手孔、检查孔的设置原则？

答：化工容器的人孔、手孔、检查孔的设置原则：

ⅰ. 需经常进行清理或制造、检查上有要求的容器，必须开设人孔、手孔或检查孔；

ⅱ. 容器直径≥1000mm 且筒体与封头为不可拆卸时，容器应设人孔；

ⅲ. 容器直径＜1000mm 且筒体与封头为不可拆卸时，容器应设手孔或检查孔；

ⅳ. 容器上设置的手孔或其他工艺管口起到检查孔的作用时，则可不另设置检查孔。

10.3.24 化工容器的人孔、手孔、检查孔设置的位置有什么要求？

答：ⅰ. 人孔、手孔及检查孔的装设位置应便于检查、清理，对人孔还应考虑进出方便。

ⅱ. 立式小型容器的人孔、手孔应设于顶盖上。较大的立式容器人孔可设于筒体上。设置 2 个人孔的容器，其位置一般分别设在顶盖和筒体上。设在侧面位置的人孔，容器内部应根据需要设置梯子或踏步。

ⅲ. 用于装卸填料、触媒的手孔允许斜置。

10.3.25 化工容器上设置人孔、手孔及检查孔的数量有何规定？

答：化工容器的每个分隔的受压段，如不能利用工艺管口或设备法兰对容器内部进行检查或清洗时，应按表 10-1 的规定设置人孔、手孔或检查孔。

表 10-1　人孔、手孔及检查孔设置

容器公称直径/mm	有内部构件时	无内部件时
300～1000	设置设备法兰	设置 1 个手孔或 1～2 个检查孔
1000～2600	设置 1 个人孔	设置 1 个人孔
≥2600	设置 2 个人孔	设置 1 个人孔

对于长度≥6000mm 的卧式容器，应考虑设置 2 个人孔。

10.3.26 选用人（手）孔结构时应考虑哪些因素？

答：ⅰ. 人（手）孔结构形式的选择应根据孔盖的开启的频繁程度、安装位置（水平或垂直）、严密性要求、盖的重量以及盖开启时所占据的平面或空间位置等因素决定；

ⅱ. 孔盖需经常开闭时，宜选用快开式人（手）孔。如人孔轴线的垂直平面位置较小，可选用回转式人（手）孔；如要求迅速开闭，且允许孔盖按垂直于轴线左右方向移开时，可选用旋柄式快开人（手）孔；

ⅲ. 为防止死区，必要时可选用带芯人孔；

ⅳ. 人孔的重量超过 35kg 时，应选用铰接式、悬挂式等结构；

ⅴ. 设置在容器底部或较高部位（离地面或操作平台 2m 以上）的人孔，或设计温度低于−10℃的人孔，其盖应有吊杆或铰链支撑；

ⅵ. 常压人（手）孔只适用于无毒和非易燃介质，其允许压力按标准规定；

ⅶ. 人（手）孔压力等级和密封面形式的选用原则与容器法兰相同。

10.3.27 人孔、手孔和检查孔的尺寸如何决定？

答：ⅰ. 人孔直径应根据容器直径大小、压力等级、容器内部可拆构件尺寸、检修人员进出方便等因素决定。一般情况下人孔尺寸如下：

容器直径≥1000～1600mm 时，选用 DN450 人孔；

容器直径＞1600～3000mm 时，选用 DN500 人孔；

容器直径＞3000mm 时，选用 DN600 人孔。

ⅱ. 高真空或设计压力＞2.5MPa 的容器，人孔直径宜适当小些。

ⅲ. 寒冷地区，人孔直径应不小于 450mm。

ⅳ. 如装设人孔的部位受到限制时，也可采用不小于 400mm×300mm 的长圆形人孔。

ⅴ. 手孔直径一般不小于 150mm。

ⅵ. 检查孔直径一般不小于 $DN80$。

10.3.28　选择接管法兰压力等级时应考虑哪些因素？

答：在工程设计中容器的接管法兰的压力等级通常由工艺系统专业给定。选择接管法兰的压力等级时应考虑如下因素。

ⅰ. 容器的设计压力和设计温度。

ⅱ. 与其直接相连的阀门、管件、温度、压力和液位等检测器的连接标准。

ⅲ. 工艺管道（特别是高温、热力管道）热应力对接管法兰的影响。

ⅳ. 工艺过程及操作介质的特性。

对处于真空条件下操作的容器，当真空度＜79.980kPa（600mmHg）时，接管法兰的压力等级应不低于 0.6MPa；对于真空度为 79.980～101.175kPa（600～759mmHg）时，接管法兰的压力等级应不低于 1.0MPa。

对易爆或毒性为中度危害的介质，管法兰的压力等级应不低于 1.0MPa；对毒性为高度和极度危害或强渗透性介质，接管法兰的压力等级应不低于 1.6MPa。

ⅴ. 高度、极度危害介质和三类容器应尽量采用带颈对焊管法兰。

10.3.29　对容器接管材料有什么规定？

答：ⅰ. 容器接管一般应采用无缝钢管或锻件制作。当管径较大时，允许用与容器壳体（或封头）材料相同（或相当）的钢板卷焊，其焊缝应按 A 类焊缝要求进行检验。

ⅱ. 容器接管若采用低压流体输送用焊接钢管（GB 3092），且用螺纹连接时，应受下列规定限制：压力不得大于 0.6MPa；公称直径不得大于 50mm；不得用于有毒、易爆及腐蚀性介质。

10.3.30　确定接管的伸出长度时应考虑哪些因素？

答：确定接管的伸出长度时应考虑如下因素。

ⅰ. 设备保温层施工后，接管法兰螺栓的安装与上紧空间距离。对于轴线垂直于容器壳壁的接管，其接管法兰面伸出容器外壁的长度 L 一般可按 HG 20583 选取。对于轴线不垂直于壳壁的接管，其伸出长度应使法兰外缘与保温层之间的垂直距离不小于 25mm。

ⅱ. 焊缝之间的距离。当采用对焊法兰时，法兰与接管焊缝至接管与壳体焊缝之间的距离应不小于 50mm。

10.3.31　接管与容器壁的连接形式有哪些？各使用在何种场合？

答：接管与容器壁的连接形式有如下两种。

① 插入式　当工艺有要求时或在不影响生产使用及装卸内部构件的情况下可采用插入式结构；当工艺有要求时，插入深度及管端形式由工艺专业决定。如无特殊要求时插入深度可按 HG 20583 的要求。

② 与内壁齐平　当工艺和安装操作有要求时，例如物料排放口接管以及插管插入容器内壁影响内部构件的布置或装卸时，应将接管端部设计成与容器内壁齐平。

10.3.32　确定接管的壁厚时应考虑哪些因素？

答：确定接管的壁厚时应考虑如下因素。

ⅰ. 设计压力和设计温度；

ⅱ. 工艺介质的腐蚀性；

ⅲ. 工艺管道热膨胀对接管产生的作用力和力矩。

10.3.33　在立式设备的设计中如何确定支座的形式和数量？

答：在立式设备的设计中一般可根据如下情况确定支座的形式和数量。

ⅰ. 当容器要求支承在钢架、墙架或穿越楼板时一般选用悬挂式支座。支座标准按 JB/T 4712.3；支座的数量一般应采用 4 个均布，当容器直径较小（$DN \leqslant 700\text{mm}$），且水平力或力矩较小时，支座数量允许采用 2 个。

ⅱ. 当容器距离地坪或基础面较近且底部封头为椭圆形或碟形时通常选用支承式支座或支脚。支座标准按 JB/T 4724；支座的数量一般采用 3 个或 4 个。

ⅲ. 当容器距离地坪或基础面较近，且直径较大、重量较重时应选用裙式支座。

10.3.34　如何选用标准型悬挂式支座？

答：ⅰ. 当容器外部无保温并搁置在钢架上时，通常可采用 A 型悬挂式支座；当容器外部有保温层或支座需搁置于楼板上时，则应采用 B 型悬挂式支座。

ⅱ. 确定支承重量时应考虑容器充满介质后的重量（包括可能作用于容器的附加重量，例如保温层重量、管道重量、支承在容器上的平台、爬梯重量等）。

ⅲ. 当容器支承在固定的混凝土框架上或楼板上时，按所选定的标准支座尺寸设计的安装孔应满足设备的吊装要求，否则应通过选择高一档的支承重量的标准支座来增大螺孔中心距，以达到方便安装的目的。

10.3.35　支座与筒体连接什么情况下应设置垫板？对设置的垫板有何要求？

答：支座与筒体连接处是否应设置垫板应根据容器材料、容器与支座焊接部位的强度和稳定性决定。通常对低温容器或厚度较薄的不锈钢容器，一定要加设垫板。

当需设置垫板时，要求：

ⅰ. 垫板的尺寸按相应支座标准选取；

ⅱ. 垫板的材料应与壳体材料相同；

ⅲ. 垫板的四角应倒圆（$R \geqslant 20$），对有热处理要求的容器，垫板边缘焊缝应留出 20mm 以上的长度不焊接。

10.3.36　设计支承式支脚时应注意些什么？

答：ⅰ. 当用于带夹套的容器时，如夹套不能承受整体重量，应将支脚焊于容器的封头上；

ⅱ. 与容器外壁焊接连接的支脚，支脚与容器的贴合处如遇到容器的环焊缝时，应在支脚上切割缺口，避免与焊缝相碰；

ⅲ. 当容器安装在室外且无保温层时，支脚顶部应加焊顶板；

ⅳ. 如支脚直接焊在容器上对搬运有妨碍时，可采用螺栓连接的可拆结构或在安装现场进行焊接。

10.3.37　在什么情况下选用带刚性环的耳式支座？

答：当容器直径较大、壳壁较薄，而外载荷（包括重量、风载、地震载荷等）较大，或者壳体内处于负压操作时，采用普通的悬挂式支座往往使壳体的局部应力较大、变形较大，甚至会引起失稳。在此情况下，应采用带刚性环的耳式支座。

10.3.38　卧式容器的支座设计时应注意些什么？

答：ⅰ. 卧式容器的支座通常应选标准型鞍式钢制支座，在条件允许时也可安装在混凝土鞍座上。

ⅱ. 卧式容器应优先考虑双支座，当采用双支座时，支座中心线的位置至封头切线的距离宜取 0.2L（L—两端封头切线之间的距离），并尽可能使 $A \leqslant R_i/2$（R_i—容器内半径）。

ⅲ．支座的设置应考虑温度的影响。当采用双支座时，一侧为固定端，选用Ⅰ型标准鞍座；另一侧为滑动端，选用Ⅱ型标准鞍座。固定端一般设在接管较多、管口直径较大一侧，工程设计中由管道机械专业确定。当采用三支座时，中间支座为固定点，选用Ⅰ型标准鞍座；两侧为滑动端，选用Ⅱ型标准鞍座。

ⅳ．安装在混凝土鞍座上的容器应在支承区焊有衬板，并用定位板限制容器转动。

ⅴ．衬板或鞍座加强垫板与容器的焊接应采用连续焊，但最低处两侧的焊缝需间断50mm，板的四角为$R25$圆角。

ⅵ．应在滑动支座（Ⅱ型）底板下的基础面上加滑动平板或滚柱。

10.3.39　在双支座卧式容器设计中，为什么要取$A \leqslant 0.2$，并尽可能满足$A \leqslant 0.5R_i$？

答：ⅰ．为减小支座处筒体的最大弯矩，使其应力分布合理，使支座跨距中心与支座处的最大弯矩相等。据此推导出的支座中心与封头切线间的距离$A=0.207L$（L—筒体长度）。如果设计偏离此值，则支座处的轴向弯曲应力将显著增加。

ⅱ．封头的刚性一般均较筒体大，对筒体有局部加强作用。试验证明：当$A \leqslant 0.5R_i$时，封头对筒体才有加强作用，因此支座的最佳位置应在满足$A \leqslant 0.2L$的条件下，尽量使$A \leqslant 0.5R_i$。

10.3.40　什么情况下容器进口接管处需设缓冲板？

答：容器在下列情况之一时，应在进口接管处设置缓冲板：

ⅰ．介质有腐蚀性及磨损性，且$\rho v^2 > 740$；介质无腐蚀性及磨损性，且$\rho v^2 > 2355$，并对容器壁或内件直接冲刷；

ⅱ．防止进料产生料峰，保证内部稳定操作。

注：v—流体线速度，m/s；ρ—流体密度，kg/m³。

10.3.41　什么情况下容器出口接管应设防涡流挡板？

答：容器在下列情况之一时，应设防涡流挡板：

ⅰ．容器底部与泵直接相连的出口（防止泵抽空）；

ⅱ．为防止因旋涡而将容器底部杂质带出，影响产品质量或沉积堵塞后面生产系统的液体出口；

ⅲ．需进行沉降分离或液相分层的容器底部出口（用以稳定液面，提高分离或分层效果）；

ⅳ．为了减少出口液体夹带气体时，也应设缓冲板。

10.3.42　怎样选择液面计？

答：选择液面计时应考虑介质的压力、温度和它的特性。通常是这样进行选择的。

ⅰ．当介质压力较低，$PN \leqslant 1.6$MPa，且介质的流动性较好时选用玻璃管液面计；

ⅱ．当介质的操作压力较高，$PN \leqslant 6.4$MPa，且介质洁净，为无色透明液体时，宜选用透光玻璃板液面计（HG 5-1364～1365）；

ⅲ．当介质压力较高，$PN \leqslant 4.0$MPa，且介质非常洁净，为稍带有色泽的液体时，宜选用反射式玻璃板液面计（HG 5-1366～1370）；

ⅳ．对于盛装易燃、易爆或有毒介质的容器，应采用玻璃板液面计或自动液位指示器；

ⅴ．当由于环境温度影响液体流动性时，应采用保温型玻璃管液面计或蒸汽夹套型玻璃板液面计；

ⅵ．对于压力较低（$PN \leqslant 0.4$MPa）的地下槽，宜用浮子液面计（ZBG 91002～91003）；

vii. 对于高度大于 3m 的常压容器宜选用浮标液面计；

viii. 对于 $PN \leqslant 4.0$MPa，介质温度低于 0℃ 的设备应选用防霜型液面计（HG 5-1422）；

ix. 当要求观察的液位变化范围很小时，可采用视镜指示液面计；

x. 一类以上的压力容器的液面计应尽量不用玻璃管液面计。

10.3.43 设计（选用）视镜时应注意些什么？

答：i. 选择视镜时，应尽量采用不带颈视镜。只有当容器外部有保温层时才采用带颈视镜；

ii. 在生产操作中，由于介质结晶或水蒸气冷凝等原因影响视镜观察时，应装设冲洗装置；

iii. 当需要观察设备内部情况或观察不明显的液相分层，应配置两个视镜（一个做照明）。

10.4 热交换器

10.4.1 GB 151—2014 中管壳式热交换器的适用参数范围有哪些？

答：管壳式热交换器的适用参数范围：

i. 设计压力不大于 35MPa；

ii. 公称直径不大于 4000mm；

iii. 公称压力（MPa）和公称直径（mm）的乘积不大于 2.7×10^4。

在上述范围内 GB 151 管辖的管壳式热交换器的设计、制造、检验与验收，除应遵循本标准各项规定外，还必须遵循 GB 150《压力容器》和图样的要求。

10.4.2 GB 151—2014 标准将换热器分为两种级别，其适用场合和在设计、制造、检验和验收上有何不同？

答：GB 151—2014 标准给出了该标准适用的换热器参数：

公称直径 $DN \leqslant 4000$mm；

公称压力 $PN \leqslant 35$MPa；

$DN \times PN \leqslant 2.7 \times 10^4$ MPa·mm。

因此，GB 151 标准所规定的内径上限为 4000mm，这是考虑到 $DN > 4000$mm 时，其换热管根数太多，壳体壁厚过厚，对于制造和检验的困难较多，且应用经验和场合较少，因此未将 $DN > 4000$mm 的换热器列入标准。

10.4.3 GB 151—2014 标准中壳体内径的上限是怎样决定的？

答：GB 151—2014 标准 1.2 节给出了该标准适用的换热器参数：

公称直径 $DN \leqslant 2600$mm；

公称压力 $PN \leqslant 35$MPa；

$DN \times PN \leqslant 1.75 \times 10^4$ MPa·mm。

因此，GB 151—2014 标准所规定的内径上限为 2600mm，这是考虑到 $DN > 2600$mm 时，其换热管根数太多，壳体壁厚过厚，对于制造和检验的困难较多，且应用经验和场合较少，因此未将 $DN > 2600$mm 的换热器列入标准。

美国管壳式换热器制造商协会标准（TEMA）对 RCB 级标准的范围，规定适用于内径不超过 60 英寸、公称直径和设计压力之积的最大值不超过 413.64MPa·mm，或最大设计压力不超过 206.82MPa 的管壳式换热器。其目的是限定壳壁最厚约为 2 英寸和双头螺栓的直径最大约为 3 英寸的范围。GB 151—2014 的适用参数的确定，也是在分析上述 TEMA 等标准的基础上确定的。

10.4.4　GB 151—2014 标准中壳体的最小厚度由哪些因素决定？

答：GB 151 标准规定了换热器壳体的最小厚度，其主要目的是为了增加壳体的刚性，减小变形，以利于管板和管束的安装。尤其是浮头式和 U 形管式换热器的壳体，由于得不到管板的加强又需要拆卸，故保证最小厚度更是重要。此外对承受卧式换热器在叠摞使用时接管或鞍座对壳体的局部应力、接管对管箱壳体的局部应力，以及在壳程设计压力小于管程设计压力时，为在试压时检查管子与管板连接接头的致密性，而适当地提高壳程试压压力是有益的。考虑上述因素，应适当增加壳体的最小厚度。

10.4.5　换热器各零部件的 C_2（腐蚀裕量）值应如何考虑？

答：据 GB 151 规定：

ⅰ．管板、浮头法兰、浮头盖和钩圈两面均应考虑 C_2 值；

ⅱ．平盖、凸形封头、管箱和圆筒的内表面应考虑 C_2 值；

ⅲ．管板和平盖上开隔板槽时，可把高出隔板槽底面的金属作为 C_2 值，但当 C_2 大于槽深时，要加上两者的差值；

ⅳ．壳体法兰、管箱法兰和管法兰的内直径面上应考虑 C_2 值；

ⅴ．换热管不考虑 C_2 值（强度所需之外的厚度可用于 C_2）；

ⅵ．拉杆、定距管、折流板和支承板等非受压元件，一般不考虑 C_2 值；

ⅶ．对于碳素钢和低合金钢，$C_2 \geq 1\text{mm}$；对于不锈钢，当介质的腐蚀性极微时，$C_2 = 0$。

10.4.6　在什么情况下换热器的某些受压元件用压差设计？

答：换热器中同时受管程压力和壳程压力作用的元件（管板、管子及浮头组件等），仅在能保证管程、壳程同时升压或降压时，才可以按压力差设计。此时应考虑在压力试验过程中，可能出现的最大压力差。

通常在管程和壳程的工作压力都较高时，为减薄受压元件厚度才使用压差设计。

10.4.7　兼做法兰的管板，法兰部分对管板有什么影响？

答：当管板兼作法兰时，法兰力矩不仅作用于法兰上，还会延伸作用于管板上，对管板来说，增加了一个附加力矩。因此在计算管板（用 GB 151 或 TEMA 规范）时除考虑壳程、管程设计压力的当量压力及管子与壳体不同热膨胀引起的当量膨胀压力外，还要计入由于法兰力矩引起的当量螺栓连接压力。

由于法兰力矩在管板中引起的附加力矩，使管板计算趋于复杂化，管板厚度取决于其危险组合。对延长部分兼作法兰的管板，法兰和管板应分别进行设计，且法兰厚度可以和管板厚度不同。

10.4.8　在管板和平盖板的选材中，何时用锻材，何时用板材？用 Q345R 板材有何限制？

答：管板及平盖板的材料，最好使用锻件，锻件的质量高于板材（锻造比为 3，非金属夹杂物及塑性夹杂物不大于 2.5 级）。在某些情况下也可以使用板材。

（1）需用锻件的场合

ⅰ．板厚大于 60mm。当厚度大于 60mm 时，钢板质量降低（分层、夹杂无法避免，各项指标波动大）。

ⅱ．形状复杂的管板。此时若用板材则既费料又费时。

ⅲ．以凸肩直接与壳体相焊的管板。此时一般管板过厚且对夹杂、分层要求更高。

（2）除上述情况外可用板材，但应符合 GB 150 规定。

板材一般指的是压力容器（或相应质量）用板。因为此种板材质量高于结构钢板材，体现在冶炼方法、硫和磷含量、对力学性能要求严格、有常温冲击试验项目、检验比率高、数据多以及可进行超声波检测等。

用于压力容器的板材做管板时必须增加：

ⅰ. 厚度大于 50mm 时，应在正火状态下使用；

ⅱ. 对分层有要求时，应进行超声波检测检查。

10.4.9　怎样确定管板的最小厚度？

答：管板的最小厚度是指在制造和结构方面具有必要刚度之厚度（不包括腐蚀裕量）。

ⅰ. 管板与换热管采用胀接连接时，管板的最小厚度即胀接所需要的板厚为管子外径的函数（表 10-2）。

表 10-2　管板的最小厚度　　　　　　　　　　　　　mm

换热管外径	10	14	19	25	32	38	45	57
严格场合(易燃,易爆,有毒介质)		20		25	32	38	45	57
一般场合(无害介质)	10		15	20	24	26	32	36

ⅱ. 管板与换热管采用焊接连接时，管板的最小厚度除满足计算要求外，还应满足结构设计和制造要求。

ⅲ. 管板与换热管焊接连接的复合管板，加工后的复层厚度不应小于 3mm。

ⅳ. 管板与换热管采用焊胀连接时，还应计入焊缝与胀接边缘之间的距离 15mm（避免焊接与胀接互相影响的距离）。

10.4.10　何时采用拼接管板，对拼接缝有何要求？

答：管板一般应采用整体管板。在管板尺寸大而无整料时，可以采用拼焊方法制造管板。拼接缝应进行 100% 射线检测或 100% 超声检测，满足 NB/T 47013.2 Ⅱ 级或 NB/T 47013.3 Ⅰ 级合格。除不锈钢外，拼接后管板应做消除应力热处理以避免管板变形和调整拼接缝的力学性能，通常拼焊管板只允许一条焊缝。

10.4.11　设计管板与壳程壳体间的连接结构时，应考虑哪些因素？

答：管板与壳程壳体的连接在选用焊接接头结构时，应充分考虑到该处的受力特点：高边缘应力区与焊缝重叠；温度应力大。对用于易燃气体、高度危害以上的介质、液化气、设计压力大、设计温度高以及低温容器、疲劳容器和有间隙腐蚀的容器，此处焊缝应采用对接、焊透和不存在缝隙的结构。

设计时应采取或尽可能采取以下措施。

ⅰ. 相焊的壳体与管板突出部等厚，以使之成为对接，可以承受较大的应力。

ⅱ. 焊缝双面成形且有进行射线检测（RT）的余地。

ⅲ. 在必须使用垂直焊缝结构时，应设短节（见 GB 151—2014），以便进行双面焊和消除缝隙。

ⅳ. 在焊缝根部不使用垫板或类似垫板结构，因为垫板与壳体内径不可能配合很好，总是有缝隙，焊后 RT 不易通过，并且有可能形成间隙腐蚀。

10.4.12　换热管与管板之间的连接方式主要有哪几种？各自的适用范围如何？

答：换热管与管板之间的连接方式大致可以分为强度胀、强度焊、强度焊＋贴胀、强度胀＋密封焊、强度胀＋强度焊，其适用范围见表 10-3。

表 10-3　换热管与管板之间各种连接方式的适用范围表

	强度胀	强度焊		强度焊+贴胀	强度胀+密封焊	强度胀+强度焊
		外孔焊	内孔焊			
必须采用的条件	换热管与管板不可焊		要求焊缝温度近于壳程温度 要求焊缝强度高 要求绝无间隙腐蚀		要求高的密封性能用复合板时	要求高的密封性能 要求承受剧烈振动 有疲劳、交变载荷用复合管板时
适用范围	$p_d \leqslant 4\mathrm{MPa}$ $t_d \leqslant 300℃$ 无严重应力腐蚀 无剧烈振动 无过大温度变化 无交变载荷 有间隙腐蚀	$p_d \leqslant 35\mathrm{MPa}$ t_d 不限 有严重应力腐蚀 有过大温度变化 d_w 不限	$p_d \leqslant 35\mathrm{MPa}$ t_d 不限 有严重应力腐蚀 有过大温度变化 d_w 不限	$p_d \leqslant 35\mathrm{MPa}$ t_d 不限 有一般应力腐蚀 有过大温度变化 可防一般间隙腐蚀	$p_d \leqslant 4\mathrm{MPa}$ $t_d \leqslant 300℃$ 无严重应力腐蚀 无剧烈振动 无过大温度变化 有间隙腐蚀	$p_d \leqslant 35\mathrm{MPa}$ t_d 不限 无严重应力腐蚀 有间隙腐蚀
不适用	$d_w < 14\mathrm{mm}$	有振动 有间隙腐蚀	有较大振动	有较大振动		

注：表中，p_d—设计压力；t_d—设计温度；d_w—换热管外径。

10.4.13　换热管与管板间的焊接连接，哪些情况应采用氩弧焊？

答：氩弧焊的特点是熔透性好、焊肉无夹渣、底部成形好、表面成形好、焊缝强度高及焊接成功率高。因此，对换热管与管板间连接要求高的换热器；如设计压力大、设计温度高、有过大的温度变化以及承受交变载荷的换热器、薄管板换热器等，宜采用氩弧焊。另外对质量有较高要求的其他换热器也应采用氩弧焊。

氩弧焊的焊接方法分手工氩弧焊和自动旋转氩弧焊，后者焊缝的内在质量好而稳定，外形非常漂亮。对于重要换热器，如有条件应注明焊接方法。

目前氩弧焊已经广泛用于换热器的换热管与管板之间的焊接，并且成功地用于不锈钢、镍、钛等材料。

10.4.14　怎样确定换热管的中心距？

答：据 GB 151—2014，换热管中心距一般不小于1.25倍的换热管外径，这时考虑：

ⅰ. 胀管时各管孔之间弹性变形范围不相交；

ⅱ. 焊接连接时，各管端焊缝之间留有一定距离以减少互相之间焊接应力；对于在管板上管孔周围开槽焊来说，1.25倍的换热管外径的中心距已是下限，有条件时可取1.32倍以上的管外径；

ⅲ. 换热器管间需要机械清洗时，此值对外径不小于25mm的换热管来说，清洗管束已够方便，但对于外径小于25mm的换热管，为方便清洗，应取管孔间净距为7mm。

10.4.15　何种标准的管子可用做换热管？

答：换热管属受压元件，除应具有作为受压元件应有的材料性能（力学性能——R_m、R_{eL}、δ_s、冲击韧性、高温塑性、焊接性）之外，换热管本身还有特殊要求：

ⅰ. 尺寸精度高（外径、壁厚、长度）；

ⅱ. 材料塑性韧性好，特别对于胀管、翻边、弯管；

ⅲ. 薄壁管的焊接性能；

ⅳ．硬度值，一般须低于管板的硬度值；

ⅴ．试验压力高。

上述要求高于输送流体用的钢管的要求，因此，只有能满足上述要求的管子，才可用来制造换热器。如 ASTM A199（热交换器及冷凝器用冷拔无缝中合金钢管），A213（锅炉、过热器及热交换器用无缝铁素体及奥氏体合金钢钢管），JISG 3461（锅炉、热交换器用碳素钢钢管）等专用于换热器的换热管。

压力管道用钢管（如 JISG 3454，压力配管用碳素钢钢管）标准，在一些项目上低于热交换器用管标准，主要体现在：材料不定（不一定是优质钢、镇静钢）；仅对冷拔管有热处理要求；材料含碳量、硫和磷含量高；无管端扩管要求；水压试验压力低；尺寸精度低（管径、壁厚和长度）；力学性能检验的比率小；无制造厂协议加检项目（硬度、高温屈服极限以及超声波检测、涡流检测）。

GB 151 中规定下列标准的无缝钢管可以做换热管：GB/T 8163，GB/T 5310，GB 9948，GB 13296，GB 6479，GB/T 14976，GB 21833。这些标准基本上可满足换热器用管要求，但仍存在一些不足之处，如：力学性能检验中的压扁、扩口是有条件的且为协议项目；尺寸精度仍较低，其中的高级或较高级精度仍低于国外专用标准。

10.4.16　U 形管式换热器的 U 形换热管，在弯制时有何要求？

答：(1) 对于常规换热器（按 GB 151 相关条款规定），U 形管的弯制应：

ⅰ．弯管段的圆度偏差，应不大于管子名义外径的 10%，但弯曲半径小于 2.5 倍换热管名义外径的 U 形弯管段可按 15%验收；

ⅱ．U 形管不宜热弯；

ⅲ．当有耐应力腐蚀要求时，冷弯 U 形管的弯管段及至少包括 150mm 的直管段应进行热处理：碳钢、低合金钢管作消除应力热处理；奥氏体不锈钢管可按协议方法热处理。

(2) 对于低温换热器，U 形管的弯制应：

ⅰ．采用冷弯，且弯曲半径小于 10 倍管子外径时，弯后必须进行消除应力热处理；

ⅱ．原已经过热处理的管材，在热弯或弯曲半径小于 10 倍管子外径的冷弯后，必须重新进行与原热处理相同的热处理。

10.4.17　是否可用有缝焊接钢管做换热管？

答：原则上只要满足换热管的条件，也就是符合标准（GB/T 8163，GB 9948，GB 13296，GB 5310，GB 6479，GB/T 14976）中技术要求的管子，无论是无缝管还是有缝焊接管，皆可用做换热管。

对于有缝焊接管，除应符合焊接管的相应技术条件外，尚应满足：

原钢带材料为镇静钢，容器用钢；

焊接方法不用炉焊、高频焊，应采用氩弧焊、电阻焊；

管子本身应经 UT 和涡流检测；

焊缝应经 RT 或 UT 检测（100%）；

焊缝外表面磨平，管两端内表面焊缝磨平；

不锈耐酸钢管应经固溶热处理及晶间腐蚀试验；

碳钢及低合金钢管应经适当热处理。

国外已经使用有缝焊接钢管做换热管，同无缝管比较可省投资约 20%，国外用于换热器换热管的标准中，包括无缝管和有缝管。

我国鉴于刚开始生产可以代替无缝管的有缝管，因此在 GB 151—1999 附录 C 中，只给出了奥氏体不锈钢焊接管的技术要求。

10.4.18 奥氏体不锈钢材料的换热管，在采用胀接时应注意什么？

答：奥氏体不锈钢属加工硬化倾向大的材料，为获得可靠的胀接连接以及降低应力腐蚀的可能性，应减少在胀管时的变形量。为此，TEMA—1988 的 RCB-7.41 中规定，为了减少加工硬化，可采用较紧的管子外径和管孔内径之间的配合。

以外径为 $\phi25mm$ 管子为例，其管子外径与管孔内径之间间隙（mm）：

	最大间隙	最小间隙
TEMA—1988，RCB-7.41 中较松的配合	0.5056	0.0532
TEMA—1988，RCB-7.41 中较紧的配合	0.4548	0.0532
GB 151—2014，5.6.4 中 Ⅰ 级换热器	0.45	0.05

因此，采用不锈钢管且胀接时，TEMA—1988 的较紧配合较好，但是管子外径尺寸的精度应相应提高。

10.4.19 换热管需拼接时有何规定？

答：按 GB 151，对于常规换热器允许拼接。同一根换热管，其对接焊缝不得超过一条（直管）或两条（U 形管）；U 形管弯管段及包含至少 50mm 直管段的范围内不得有拼缝；最短管长为 300mm；错边量≤15％壁厚（且≤0.5mm），错边量及直线度偏差不应影响顺利穿管；对接后通球检查按 GB 151；焊缝射线检测（RT），抽查率≥10％，且不少于一条，符合 NB/T 47013.2 中 Ⅲ 级为合格；对接后的换热管逐根以 200％设计压力进行水压试验。

10.4.20 换热器的接管设计应考虑哪些因素？

答：属 GB 151—1999 标准范围内的换热器，接管结构设计应符合 GB 150—1998 的有关规定及 HG 的有关规定，如开孔补强、补强元件形式、接管厚度、法兰形式、法兰等级、密封面形式，D 类焊缝焊透否及垫片类别、螺栓等级等。此处还必须考虑换热器的特点，对接管设计的一般要求如下。

接管不应伸入壳体内表面。

接管应尽量沿壳体的径向和（或）轴向设置。

接管与外部管在需要时可采用焊接连接。

设计温度高于或等于 300℃时，必须采用高颈法兰。

必要时在接管上要设置温度计接口和压力计接口，一般为锥管螺纹（NPT）连接，连接等级要高（ASME 取 3000、6000 磅）。

对于不能利用接管进行排气和排液的换热器，应在管程和壳程的最高点和最低点设置排气口和排液口。

立式换热器需要时可设置溢流口，立式冷却器，壳程为冷却介质时，必须在最高点设置溢流口。

对于温度较高、口径较大的接管，如再沸器的出口、冷凝器的入口等，还应考虑来自管道系统的载荷（三个方向的力和三个方向的力矩），此时要校核所连的壳体元件和接管根部的应力。这种接管，在设计时还要考虑：

ⅰ．法兰形式、法兰等级、接管厚度、垫片类别和螺栓等级；

ⅱ．D 类焊缝焊透要求，着色检测（PT）要求以及焊缝表面磨圆要求；

ⅲ．开孔补强、接管加筋以增加所连壳体元件刚性和分散载荷；

ⅳ．管道上是否设固定支架或限位支架，设备支耳处是否设弹簧支架等。

10.4.21 管箱和浮头箱在什么情况下要进行热处理？

答：据 GB 151 规定，下列情况须进行焊后消除应力热处理。

ⅰ．碳钢、低合金钢制的焊有分程隔板的管箱和浮头盖（热处理后加工法兰密封面）。

ⅱ．碳钢、低合金钢制的管箱侧向开孔超过 1/3 圆筒内径的管箱（热处理后加工法兰密封面）。按 GB 151 规定，奥氏体不锈钢制的管箱和浮头盖，一般不做焊后消除应力热处理。但是对变形有较高要求时，可按供需双方商定的办法进行热处理。有资料介绍，可以进行低温（$t < 427℃$）或高温即不考虑材料敏化而形成晶间腐蚀时（$t > 427℃$）的消除应力热处理。但其消除应力的效果低于碳钢和低合金钢。

奥氏体不锈钢制的管箱和浮头盖，当有较高抗腐蚀要求或在高温下使用时，此时应保持奥氏体，防止敏化且要防止管箱、浮头盖变形。因此，可进行固溶处理（恢复奥氏体），由此所形成的残余应力以及焊管箱时所形成的残余应力，可由低温退火来消除，然后再进行法兰密封面的加工。

10.4.22 管箱平盖板厚度的计算应考虑哪些情况？

答：据 GB 151，分两种情况计算平盖板。

ⅰ．管箱内无分程隔板时，按强度来确定厚度；

ⅱ．管箱内有分程隔板时，按强度和刚度来确定厚度。

10.4.23 管箱的封盖何时采用平盖板？

答：管箱的封盖基本上分为平盖板和椭圆形封头两种。平盖板拆卸方便，检查维修管程时不必拆卸管道。有分程隔板时，采用平盖板则结构简单易行，其不足之处是平板形式的应力大，稍厚则为锻件。椭圆形封头则与其相反，在大直径、压力高时省材料，但拆卸不便。

选择何种形式的封盖应依具体条件决定。一般在直径大、压力高、维修情况允许时，倾向使用椭圆形封头做封盖，有时还可焊死而不用法兰。而在直径较小、压力不高、维修需要常拆时则倾向于选用平盖板做封盖。另外，在一项工程设计中还要考虑形式统一的因素。

一般认为：

$DN < 900mm$ 可以考虑采用平盖板或采用椭圆形封头封盖；

$DN \geq 900mm$ 只采用椭圆形封头封盖。

10.4.24 管箱上接管的 D 类焊缝与管箱圆筒的 B 类焊缝的距离应取多少？

答：一般该距离不应小于 3 倍壳体壁厚，且不小于 50mm。

10.4.25 折流板的厚度如何确定？

答：折流板既有改变流体方向、提高传热效果的作用，又有作为支承板来支承管束的作用，其厚度取决于所支承的重量及工作条件。管束直径大、重量大及管子无支承跨距大，则折流板厚度厚；浮头式换热器管束在管间结垢严重而又要抽出管束以及管子有振动时，折流板也应取厚一些；立式换热器壳程无腐蚀时折流板可取薄些。

GB 151—2014 标准中给出了固定管板换热器的折流板厚度和支持板的最小厚度，在有上述需要抽出管束等操作时应适当加厚折流板厚度。

10.4.26 为什么常常将拉杆与螺母及螺母与折流板之间点焊？

答：螺母与拉杆间应锁紧，因此 GB 151 标准中规定用双螺母，这种锁紧形式是可行的。但是在固定管板换热器中，尤其是管子有振动时，锁紧方式应更牢靠。国外某工程设计，将拉杆采用单螺母锁紧，然后二者之间点焊，再点焊折流板与螺母。曾发生过采用单螺母时，因换热管振动而螺母松脱的实例。

10.4.27 管板管孔为什么不注管孔中心距偏差，而注孔桥宽度偏差？

答：在 JB 1147—73《钢制列管式换热器技术条件》中曾限制过管板管孔中心距偏差，其不足之处是：此允差未考虑管板厚度使钻头偏斜所形成的偏差，且不便于测量。JB 1147—1980 及 GB 151 标准采取限制终钻侧管板表面上的孔桥宽度偏差，既方便检查测量，又考虑周到。

10.4.28 在什么情况下固定管板换热器需设膨胀节?

答:在管板计算中(GB 151)按有温差的各种工况计算出的壳体轴向应力 σ_c、换热管轴向应力 σ_t、换热管与管板之间连接拉脱力 q 中,有一个不能满足强度条件时,就需要设置膨胀节。在管板校核计算中,当管板厚度确定之后,不设膨胀节时,有时管板强度不够;设膨胀节时,有时管板强度则可满足要求。此时,也可设置膨胀节以减薄管板,但要综合权衡材料消耗、制作难易、安全以及经济效果。

10.4.29 膨胀节的材料为什么常常使用不锈钢?

答:膨胀节的材料常采用奥氏体不锈钢(304、304L、321、316、316L 等),其原因如下:

ⅰ. 不锈钢腐蚀裕量小,膨胀节厚度可薄些,单波补偿量大;

ⅱ. 不锈钢膨胀节在同样的寿命(循环次数)下,其许用应力幅度值比碳钢膨胀节的高,前者为后者的 130%~180%;

ⅲ. 不锈钢的塑性为碳钢的一倍,有利于冷成形。

10.4.30 管壳式换热器壳体的内径公差如何?

答:据 GB 151,圆筒内直径允许偏差为:

ⅰ. 在用板材卷制圆筒时,外圆周长允许上偏差为 10mm,下偏差为零;

ⅱ. 在用钢管做圆筒时,Ⅰ级换热器用较高级精度管子,Ⅱ级换热器用普通级精度管子。

上述规定的目的在于控制卷制圆筒内直径为正公差,以便顺利组装换热器内件。在用钢管做圆筒时,必须实测其最小内直径,以此值来决定折流板、支承板的尺寸。

10.4.31 换热器压力试验的顺序有何规定?

答:换热器压力试验的顺序、方法及要求应符合 GB 151 的规定。

(1)固定管板换热器试验顺序

壳程试压,同时检查换热管与管板连接接头(以下简称接头);管程试压。

(2)U 形管换热器、釜式重沸器(U 形管束)及填料函式换热器试验顺序

用试验压环进行壳程试验,同时检查接头;管程试压。

(3)浮头式换热器、釜式重沸器(浮头式管束)试验顺序

用试验压环和浮头专用试压工具进行接头试压。对釜式重沸器尚应配备管头试压专用壳体;管程试压;壳程试压。

(4)按压差设计的换热器

接头试压(接图样规定的最大试验压力差);管程和壳程同步进行试压(按图样规定的试验压力和程序)。

10.4.32 按压差设计的换热器怎样检查换热管与管板的连接接头?

答:对按压差设计的换热器,一般来说管板的计算压力小于管、壳程中任一设计压力的较高侧压力。若壳程压力高于管程压力,就不能直接用壳程试验压力试压,应用管板允许的压力先试压检查接头,然后将管程与壳程同时试压。但若管程压力高于壳程压力,甚至二者之压差还高于壳程压力,则不能用普通的试压方法在壳程进行试压以检查接头的致密性,此时可利用比空气及水的渗透性大得多的氨或氟里昂。氨气试验时可通入含氨体积约 1% 的压缩空气,在达到规定的氨渗透试验压力时,使用 5% 硝酸亚汞或酚酞试纸检验,以试纸上未出现黑色或红色斑点为合格。用氟里昂试验时,用卤素或检漏器检查。由于氟里昂试压时灵敏度较高,故适用于高压差换热器。

10.4.33 在管程设计压力高于壳程设计压力时，如何检验换热管与管板之间连接接头的致密性？

答：此时壳程的试压压力低于管程的试压压力，在管程试压压力下如发生连接处泄漏，不好发现，可用下列方法处理。

ⅰ．由于 GB 151 标准所规定的圆筒最小厚度比卧式容器的厚，壳体可以承受一定程度的压力。当这个压力高于设计压力并且在管板强度允许的情况下，按其 $0.09R_{eL}$ 的应力值计算壳程的试压压力，此时该压力有可能大于管程的试压压力。此时在图样上标明计算后的壳程试压压力。

ⅱ．管程介质为液体时，可在壳程试压（水）之后，再在壳程以 1.0 壳程设计压力的空气进行气密性试验。

ⅲ．管程介质为气体、蒸汽时，可在壳程试压（水）之后，再在壳程进行氨渗漏或氦渗漏检查。

10.5 钢制球形储罐、塔式容器、气瓶

10.5.1 球罐（全称球形储罐）的球壳有哪些结构形式？

答：见图 10-1 所示。

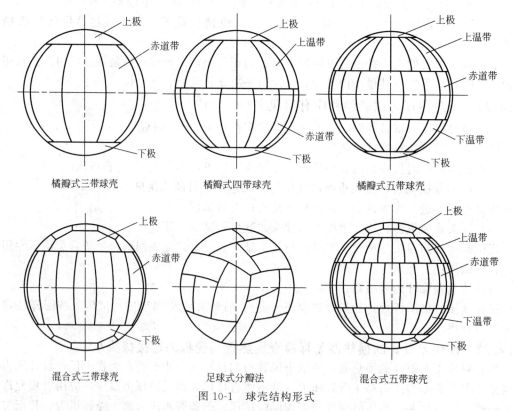

图 10-1 球壳结构形式

10.5.2 钢制球形储罐的主要特点是什么？

答：钢制球罐与同容积的圆筒形容器相比，表面积最小，节省钢材，但钢板的利用率低。球罐受力均匀，在相同直径和工作压力下，其薄膜应力仅为圆筒容器的环向应力的1/2，板厚约为圆筒形容器的一半，因而球罐用料省，造价低。

另外球罐与同容积的圆筒形容器相比，受风面积小，承受风载荷时，较圆筒形容器

安全。

球罐基础简单、工程量较小、造价较低，但球罐制造和安装较难、技术要求较高。

10.5.3　《钢制球形储罐》GB 12337 与《球形储罐施工及验收规范》GB 50094 两者的关系是什么？

答：《球形储罐施工及验收规范》（GB 50094）是由国家计委系统颁发的规范，其内容偏重于施工及验收方面；《钢制球形储罐》（GB 12337）是由国家技术监督局发布的标准，其内容除施工及验收方面外，还包括设计和制造内容，已基本能满足设计、制造、组装、检验及验收各方面的要求。

两个标准内容是相互渗透的，有些内容基本一致。但在设计中引用时，应注意尽量选用同一标准，避免工程设计、制造、组装、检验与验收时引起误解。

10.5.4　GB 12337—2014 适用范围及主要内容是什么？

答：GB 12337—2014 适用于设计压力不大于 4.0MPa 的橘瓣式或混合式以支柱支撑的球罐。

它的主要内容：规定了碳素钢和低合金钢制球形储罐的设计、制造、组装、检验与验收的要求。

10.5.5　GB 12337—1998 不适用于哪些球罐？

答：GB 12337—1998 不适用于受核辐射作用的、经受相对运动（如车载或船载）的、公称容积小于 $50m^3$ 的、要求做疲劳分析和双层结构的球罐。

10.5.6　GB 12337—1998 所管辖范围有哪些？

答：一般是指球罐及与其连为整体的受压零部件，且划定在下列范围内：当外管道与球罐接管连接时采用法兰连接的第一个法兰密封面；采用螺纹连接时的第一个螺纹接头；采用接管与外管道焊接连接时的第一道环向焊缝；球罐开孔的承压封头、平盖及其紧固件、与球壳连接的非受压元件，如支柱、拉杆、底板等；直接连在球罐上的超压泄放装置。

10.5.7　球壳与支柱连接有哪些形式？常用何种结构形式？

答：支柱与球壳的连接一般采用赤道正切形式。其他还有 V 形柱式、三合一柱式、裙式、锥底式等。

支柱与球壳的赤道正切形式常采用翻边结构或加托板的结构形式，见图 10-2。

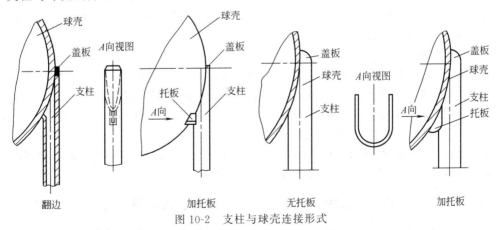

图 10-2　支柱与球壳连接形式

10.5.8　球罐拉杆结构形式有几种？

答：拉杆结构有可调式和固定式两种。可调式拉杆的立体交叉处不得相焊。固定式拉杆的交叉处采用十字相焊或与固定板相焊，拉杆与支柱的上下连接点应分别在同一标高上（图10-3）。

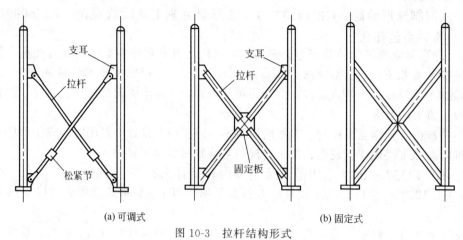

(a) 可调式　　　　　　　　　　(b) 固定式

图 10-3　拉杆结构形式

10.5.9　支柱设计应考虑哪些因素？

答：支柱一般采用钢管制作，支柱可分段，但与球壳板连接段的长度应不小于支柱总长的 1/30，段间的环向连接焊缝应全熔透。可采用加垫板的对接焊缝。对于大型球罐的支柱，由于无大直径的钢管，可选用相应钢板卷制，尽量减少环缝的数量。支柱顶部应设有球形或椭圆形的防雨罩（或盖板）。支柱应设有通气口（或易熔塞），对储存易燃及液化石油气物料的球罐，还应设置防火层（图10-4）。支柱上设置通气口是出于安全防火的需要，在一旦发生火灾，支柱内的气体急剧膨胀，压力迅速上升，短时间造成支柱破裂，球罐倒塌。为避免这类情况发生，在支柱上应设置通气口。

10.5.10　球罐固定式拉杆有哪些特点？

答：固定式拉杆结构有以下特点。

ⅰ. 将钢管焊接在支柱上形成刚性结构比较稳固，能有效地防止横向载荷造成的破坏。

ⅱ. 可节省大量的零部件，不需任何机加工，制造比较简单。

ⅲ. 这种拉杆能承受拉伸和压缩载荷，而可调式拉杆只能承受拉伸载荷。另外支柱受力情况较好，当承受垂直载荷时，拉杆支承了部分垂直载荷，因而下段支柱所承受压缩力就小。当承受横向载荷时，固定式拉杆所承受的拉力比可调式的小，下段支柱所受的压缩力明显减小。因此此种结构比较安全。

ⅳ. 抗弯能力大。

ⅴ. 固定式拉杆可设计成受压的，拉杆的截面积比可调式拉杆的面积大，刚性也大，因此球罐横向载荷产生的水平位移就小，偏移量小对球罐上的接管有利。

ⅵ. 可调式拉杆虽能调节松紧，有利施工，但施工后因腐蚀则不起调节作用。固定式拉杆施工时调节好后，使用中不必再调整。

ⅶ. 固定式拉杆因支柱和拉杆是刚性结构，当球罐受横向载荷或压力和温差引起变形时，球壳与支柱连接处的反力要比可调式的大。

10.5.11　球罐的人孔、接管的开孔和开孔补强按什么规定进行设计与制造？

答：球罐的开孔及开孔补强按 GB 150 的规定进行设计与制造。开孔的焊接接头采用全熔透焊缝，可参照 GB 150 中有关焊接结构的规定。上、下极板应各设置一个公称直径不小于 500mm 的人孔。

10.5.12　球罐上任何相邻焊缝的间距有何要求？

答：球壳上任何相邻焊缝的间距应大于 $3\delta_n$（δ_n 为球壳板名义厚度），且不小于 100mm。

10.5.13　球壳的坡口形式有哪几种？各有何特点？

答：球壳的坡口由于多采用手工电弧焊，推荐采用不对称的 X 形坡口或 Y 形坡口。Y 形坡口适用板厚小于 20mm 球壳；X 形坡口适用 20～50mm 球壳。X 形坡口熔池截面积较小，可以减少施焊量，焊接变形较均匀，但施工不方便。Y 形坡口则相反。由于现阶段我国球壳厚度多在 20～50mm，X 形不对称坡口被广泛采用，并且多为大坡口向外，小坡口向内。

10.5.14　《塔式容器》简称《塔器》的适用范围是什么？

答：《塔器》是在 GB 150《压力容器》基础上修订而成，但适用范围有所扩大。不论常压、内压或外压，凡高度大于 10m，且高度与直径之比大于 5 的裙座自支承钢制塔器，均按《塔器》有关规定进行设计、制造、检验和验收。

10.5.15　裙座支承的钢制塔器为何规定高度和高径比适用范围的原因是什么？

答：ⅰ．塔属高耸构筑物，除承受压力载荷与重量外，尚有风和地震载荷以及外部管道的载荷等。当压力较低时，风或地震载荷往往成为塔器强度或刚度的控制因素。通常，塔器的高度越高，由侧向载荷而产生的弯曲应力也愈大；对矮胖的或高径比较小的塔器，尽管因风或地震所产生的弯矩不一定小，但因塔壳或裙座壳的抗弯截面模数较大，壳体中弯曲应力往往不是控制因素。

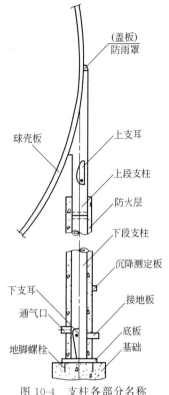

（盖板）
防雨罩
球壳板
上支耳
上段支柱
防火层
下段支柱
沉降测定板
接地板
下支耳
底板
通气口
地脚螺栓
基础

图 10-4　支柱各部分名称

ⅱ．风和地震载荷计算都是动力计算，塔壳的承载能力不仅与自身几何尺寸有关，并与自身的动力特性相关联。塔的振动形式分为剪切振动、弯曲振动或为剪切-弯曲联合振动。各种塔器究竟属何种振动形式主要取决于它的 H/D 比值。$H/D \leqslant 4$ 时以剪切振动为主；$4 < H/D \leqslant 10$ 时为剪切-弯曲联合振动；$H/D > 10$ 以弯曲振动为主。为简化塔自振周期和地震载荷的计算，排除 $H/D < 5$ 的剪切为主的振动，同时忽略 $5 \leqslant H/D \leqslant 10$ 的剪切分量的影响，仅考虑塔器的弯曲振动，即仅采用基底弯矩法便可满足要求。在 $5 \leqslant H/D \leqslant 10$ 范围内忽略剪切分量对计算的影响是较小的。由于剪切变形能降低塔的刚度，使自振周期增大，因而忽略剪切变形的影响，会使地震周期减小。根据地震反应谱曲线，地震影响系数将相应增加使地震载荷计算结果略偏于安全。

10.5.16　塔器受压元件和非受压元件的选材原则各是什么？

答：（1）受压元件

《塔器》规定受压元件用钢的选材原则、热处理状态及许用应力等均按 GB 150.2 "材料" 及相关附录的规定执行。

（2）非受压元件

非受压元件用钢必须是列入材料标准的钢材。当为焊接件时，应为焊接性能良好且不会导致降低被焊件力学性能的钢材。

裙座用钢按受压元件用钢要求选取。其他非受压元件的许用应力按 NB/T 47041《塔式容器》有关条款规定。

10.5.17 《塔式容器》规定的最小厚度和腐蚀裕量与《压力容器》有何不同？

答：ⅰ．最小厚度（不包括腐蚀裕量）见表 10-4；

表 10-4　《塔式容器》与《压力容器》规定最小厚度比较表

钢种	《塔式容器》	《压力容器》
碳素钢、低合金钢	$2D/1000$，且不小于 $4^①$ mm	3mm
不锈钢	不小于 $3mm^②$	2mm

① 适用于 $D_i \leqslant 3800mm$，因塔器筒节较长，厚一些是为了增强其刚度；

② 为节省不锈钢，不要求 $\delta_{min} \geqslant 2D_i/1000$，又因塔节较长，故将最小厚度定为 3mm。

ⅱ．腐蚀裕量《塔式容器》中塔壳的腐蚀裕量与《压力容器》相同，但规定裙座壳腐蚀裕量 $C_2 = 2mm$，地脚螺栓腐蚀裕量 $C_2 = 3mm$。

10.5.18 裙座与塔壳的常用连接方式有几种？其各自的适用条件是什么？

答：裙座与塔壳的连接，常用对接接头（图 10-5）或搭接接头（图 10-6）。

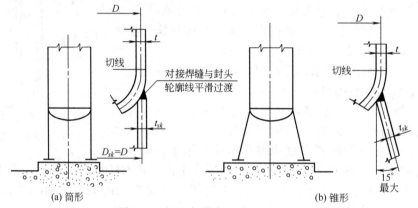

图 10-5　裙座与塔壳过渡段对接结构

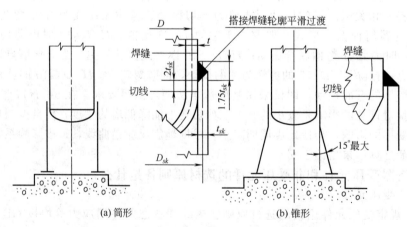

图 10-6　裙座与塔壳直边段搭接结构

图 10-5 （a）在工程中用得最多，理论上应使裙座壳平均直径 D_{sk} 与扣除腐蚀裕量后的封头直边平均直径 D 取齐，但为方便制造和检验，裙座壳的外径应与下封头外径相等。

图 10-5 （b）为锥形裙座，当塔身太高，则塔裙座承受外加弯矩太大，且地脚螺栓间隔较小时采用之。但封头的局部应力可能超标，有时需要进行应力分析，通常半锥

角不大于 15°。

图 10-6（a）的裙座壳与下封头直边搭接，焊缝轮廓线应平滑过渡且不得与邻近环焊缝连成一体。这种形式组装比较困难，要求封头外径与裙座壳内径间间隙适当配合。

图 10-6（b）的裙座壳与筒体搭接，可用于长径比很大、外加弯矩极大的条件下。

裙座壳上端不开坡口，直接与下封头直边段搭焊的结构可用于重量不大、外加弯矩较小的条件下。

10.5.19　高塔沿塔高壁厚不等，分段时应考虑哪些因素？

答：由地震载荷或风载荷控制的塔壳与受内压控制的塔壳不同，沿塔高可按不同厚度分为若干段。

塔壳按不同壁厚分段，通常应考虑如下因素：

ⅰ．板厚规格不能太多，以免增加备料和施工管理困难；

ⅱ．相邻段板厚差，建议碳素钢不宜小于 2mm，不锈钢厚度差可据实际条件适当减小；

ⅲ．每一段厚度不同的塔节应有一定的长度，在确定塔节长度时应兼顾所供钢板宽度，最好使塔节高度为钢板宽度的整数倍。

10.5.20　塔裙座壳体过渡段设计准则是什么？

答：塔壳设计温度低于 −20℃ 或高于 250℃ 时，裙座壳顶端部分的材料应与塔下封头材料相同；推荐过渡段长度取 4 倍保温层厚度，但不小于 500mm。

对奥氏体不锈钢塔，其裙座顶部应有一段高度不小于 300mm、材料与底封头相同的过渡段。裙座材料除过渡段外，均按受压元件用钢要求选取。

10.5.21　裙座与塔壳连接焊缝在什么条件下需进行无损检测？

答：《塔式容器》规定在下列情况下需进行磁粉或渗透检测：

ⅰ．塔壳材料抗拉强度 ≥540MPa 或铬钼钢、低温钢时，裙座与塔壳的连接焊缝；

ⅱ．裙座材料为 16Mn，且名义厚度大于 30mm 的裙座与塔壳连接焊缝。

此外，锥形裙座当弯矩很大或半锥角较大时，可能在封头内引发高局部弯曲应力，此时亦应进行磁粉或渗透检测。通常半锥角应尽量减小，必要时应作应力分析。

10.5.22　裙座基础环、地脚螺栓座有几种结构形式及其选用条件是什么？

答：裙座基础环、地脚螺栓座通常有四种结构形式见图 10-7。

在一般情况下其选用条件：

基础环板厚度 ≤12mm 时，可采用"Ⅰ"型；基础环板厚度为 12～19mm 时可采用"Ⅱ"型；基础环板厚度 ≥20mm 时，采用"Ⅲ"或"Ⅳ"型。为降低裙座应力或当"Ⅲ"型地脚螺栓座间隔太小而不便施工时，常采用"Ⅳ"型环形盖板。

通常基础环板厚度不要小于环形盖板厚度。《塔式容器》规定不论是否有筋板，基础环板厚度均不得小于 16mm。

10.5.23　《塔式容器》中验算液压试验裙座壳轴向应力时，为何取 0.3 倍风弯矩？

答：式中取 0.3 倍风弯矩是人为设定的，主要基于：

ⅰ．人们通常不会选择在风力较大条件下，更不会在 30 年一遇的基本风压下进行液压试验；

ⅱ．液压试验时发生地震的几率很小；

ⅲ．液压试验时塔的最大质量 m_{max} 是短期载荷；

ⅳ．产生 0.3 倍风弯矩时的风压是比平时稍大的风压。

10.5.24　《塔式容器》中人孔及操作平台设置原则有哪些？

答：直径大于 800mm 的板式塔，为安装、检修、清洗塔盘等内件，通常每隔 10～20

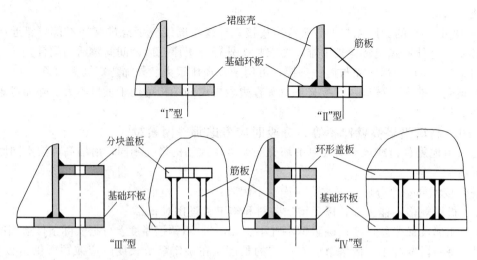

图 10-7　裙座基础环、地脚螺栓座结构形式图

块塔盘设人孔一个。在工程设计中可根据具体条件确定。当物料清净且不会在塔盘上形成污垢、聚合，或对塔盘无腐蚀，不需要经常维护时，人孔间隔可以大一些。

　　一般情况下，凡有人孔的地方都需设操作平台，设平台的部位除有人孔外，往往还设有回流接管侧线出口手动阀门、取样口、就地仪表及液位计等。因此，平台的设置不仅要考虑人孔，还必须考虑操作及巡回检查的需要等。

10.5.25　什么叫余热锅炉? 什么形式的余热锅炉称火管锅炉和水管锅炉?

　　答：利用工业过程中的余热以产生蒸汽的装置称为余热锅炉，其主要设备为锅炉本体和汽包，辅助设备有给水预热器、过热器等。对高温工艺气体流经管内，锅炉水流经管外而沸腾汽化的余热锅炉叫火管锅炉。对高温工艺气体流经管外，锅炉水流经管内而沸腾汽化的余热锅炉叫水管锅炉。

10.5.26　余热锅炉的安全监察和管理如何划属?

　　答：按原劳动人事部锅炉压力容器安全监察局 1983 年 81 号文的要求执行，主要按余热锅炉在其工艺流程中的作用和结构类型的不同分别划属，即管壳式划属容器范畴，烟道式划属锅炉范畴。

10.5.27　管壳式余热锅炉在《压力容器安全技术监察规程》中如何划类?

　　答：低压余热锅炉划为第二类；中压、高压余热锅炉划为第三类。

10.5.28　设计、制造液化石油气汽车槽车、铁路槽车应遵循哪些规定与标准?

　　答：设计、制造液化石油气汽车槽车应遵循如下标准：

　　ⅰ.国家质量监督检验检疫总局颁发的《液化石油气汽车槽车安全管理规定》；

　　ⅱ.HG 5-1471《液化石油气汽车槽车技术条件》。

　　设计、制造液化气铁路槽车应遵循如下标准：

　　ⅰ.国家质量监督检验检疫总局颁发的《液化气体铁路槽车安全管理规定》；

　　ⅱ.GB 10478《液化气铁道罐车技术条件》等。

10.5.29　钢质焊接气瓶有哪些常用标准和规程?

　　答：钢质焊接气瓶常用标准和规程有：

　　ⅰ.国家质量监督检验检疫总局颁发的《气瓶安全技术监察规程》；

　　ⅱ.劳动部《溶解乙炔气瓶安全监察规程》；

　　ⅲ.GB 5100—85《钢质焊接气瓶》；

ⅳ. GB 5842《液化石油气钢瓶》;

ⅴ. ZBJ 74004～74009—1989《液化石油气钢瓶》。

10.5.30　《气瓶安全监察规程》制定的目的和依据是什么?

答:为了加强气瓶的安全监察,保证气瓶安全使用,促进国民经济的发展,保护人身和国家财产安全,根据《锅炉压力容器安全监察暂行条例》的规定,特制定《气瓶安全监察规程》。

10.5.31　《气瓶安全监察规程》适用哪些范围?不适用哪些气瓶?

答:本规程适用于正常环境温度(-40～60℃)下使用的公称压力为 1.0～30MPa,公称容积为 0.4～1000L、盛装永久气体或液化气体的气瓶。

本规程不适用于盛装溶解气体、吸附气体的气瓶、灭火用气瓶、非金属材料的气瓶以及运输工具和机器设备上附属的瓶式压力容器。

10.5.32　气瓶是否属压力容器?应划为哪一类压力容器?

答:气瓶属压力容器,但它不属《压力容器安全技术监察规程》管辖,而属《锅炉压力容器安全监察暂行条例》管辖。

根据 1982 年《锅炉压力容器安全监察暂行条例》的规定,液化石油气钢瓶属第二类压力容器,有缝气瓶和无缝气瓶属第三类压力容器。当有新的《条例》颁布时,应按新《条例》规定。

10.6　钢制压力容器制造、检验和验收

10.6.1　相邻的两筒节的纵缝、封头拼接焊缝与相邻筒节的纵缝的距离有何规定?

答:相邻焊缝中心间距应大于筒体或封头名义厚度的三倍,且不小于 100mm。

10.6.2　接管或其补强板的焊缝或其他预焊件的焊缝与壳体的纵环焊缝的距离有何要求?

答:参照国外一些工程公司的工程标准,二者焊缝的距离应大于或等于壳体名义厚度的三倍,且不小于 50mm。

10.6.3　液位计接口在组装时应有何要求?

答:除特殊情况外,液位计的法兰面一般应采用平面,两个液位计接口长度公差为 ±1.5mm。组装时,应用模板使两个液位计的法兰面在同一平面上,或制造厂待液位计到厂后,把液位计的法兰与设备上液位计的法兰预组装后再焊液位计接口。

10.6.4　如何理解封头的最小厚度?

答:封头的最小厚度是指经加工成型后封头最薄处的厚度,该厚度应不小于图样上规定的要求。例如图样上规定为 7.2mm 时,则该处厚度就不应小于 7.2mm。

10.6.5　拼接封头对焊缝距离有何规定?

答:封头各种不相交拼接焊缝之间的最小距离应不小于封头名义尺寸 δ_n 的 3 倍,且不小于 100mm,封头由瓣片的顶圆板拼接制造时,焊缝方向只允许是径向和环向的。

10.6.6　现场组装的环焊缝,对制造厂及安装单位分别有哪些要求?

答:(1) 对制造厂要求

ⅰ. 开好坡口,用放大镜检查坡口表面,不得有裂纹、分层、夹渣等缺陷。对 $\sigma_b>$ 540MPa 的钢板和 Cr-Mo 钢的坡口,应进行磁粉或渗透检测。

ⅱ. 对接环缝应预组装,焊缝对口错边量应符合 GB 150—1998 的规定。

ⅲ. 预组装合格后,应在 0°、90°、180°、270°部位用油漆做出供现场组装的标志。

ⅳ. 坡口应涂上现场可以去掉的防锈漆。

（2）对安装单位的要求

ⅰ．根据焊接工艺规程进行焊接。

ⅱ．对该焊缝进行 100％射线检测，必要时还应进行局部超声波检测。

ⅲ．进行耐压试验。

ⅳ．试压后应对焊缝表面进行局部无损检测，所有 T 形焊缝处必须检测。若发现裂纹等超标缺陷，则应作全部表面检测。

10.6.7　GB 150 根据焊接接头在容器上的位置，将焊接接头分为几类？

答：GB 150 根据焊接接头在容器上的位置，即根据该焊接接头所连接两元件的结构类型以及由此而确定的应力水平，把压力容器受压元件之间的焊接接头分为 A、B、C、D 四类，非受压元件和受压元件之间的焊接接头为 E 类焊接接头。

10.6.8　容器内件或支承环焊缝与壳体的焊缝应有哪些要求？

答：压力容器组焊时不应采用十字焊缝，内件焊缝与壳体纵、环焊缝的距离应为壳体厚度的三倍，且不小于 50mm。支承环的焊缝与壳体的纵缝不得重叠，支承载荷的支承环的环缝与壳体的纵焊缝相交处不焊，而仅将壳体的纵缝磨平，对于不允许泄漏的塔板的支承环，则将壳体的纵缝先磨平，并经无损检测合格后才组焊支承环，在上述相交处采用密封焊。

10.6.9　对受压容器中两个不同厚度的受压连接的结构有何规定？

答：受压容器中两个不同厚度零件连接的结构有三种：两筒体不同厚度的连接；容器接管不带法兰与外部管道的连接；高压容器顶部法兰与筒体的连接。具体结构处理见图 10-8。

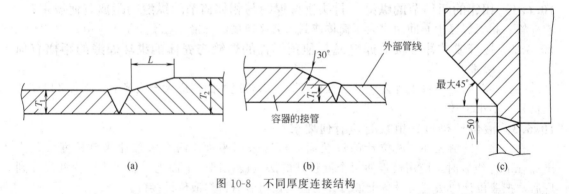

| (a) | (b) | (c) |

图 10-8　不同厚度连接结构

ⅰ．两种不同厚度筒体连接的结构见图 10-8（a）。对于 B 类焊缝以及圆筒与球形封头相连的 A 类焊缝，当薄板厚度不大于 10mm，两板厚度差超过 3mm；若薄板厚度大于 10mm，两板厚度差大于薄板厚度的 30％或超过 5mm 按图 10-8（a）。

ⅱ．容器接管不带法兰直接与外部管线连接的结构见图 10-8（b）。

ⅲ．高压容器顶部法兰与筒体连接的结构见图 10-8（c）。

10.6.10　容器接管法兰在组装时对法兰螺栓孔的安装方位有什么要求？

答：法兰的螺栓孔应跨过壳体主轴线或铅垂线。对于顶视图上法兰螺栓孔见图 10-9，法兰螺栓孔跨中目的是为了与外部接管相连时，螺栓承受外部的载荷较为均匀，且有利于紧固操作。

10.6.11　压力容器不允许采用哪些焊接接头形式？

答：压力容器不允许采用的焊接接头形式如图 10-10 所示。其中：图（a）、图（b）、图（e）为不允许采用的角焊缝；图（d）、图

图 10-9　法兰螺栓孔

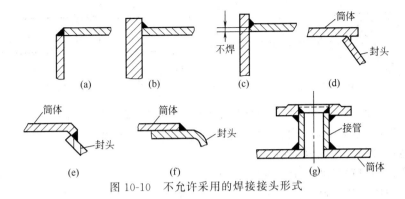

图 10-10　不允许采用的焊接接头形式

（e）、图（f）为不允许采用的筒体和封头的焊缝；图（g）为不允许采用的接管与筒体连接的焊缝。

10.6.12　单面 V 形对接焊和双面 X 形对接焊有何区别？如何正确选用？

答：焊接是容器制造的重要环节，焊接又是容器中的薄弱环节，在焊接过程中，由于焊接接头热胀冷缩，使焊接接头产生变形和应力，改变了容器尺寸，因此选择焊缝结构尺寸、焊接工艺、焊接参数、线能量等是控制变形的因素。

当钢板≤20mm 时，一般采用单面 V 形坡口对接焊，钢板厚度在 20～40mm 时，采用 X 形坡口；当筒体内径＜600mm 时，一般采用单面焊，筒体内径≥600mm，采用双面焊。单面焊焊接接头系数低，焊接接头系数反映焊缝材料被削弱的程度和焊接质量的可靠程度，它与焊接方法、坡口形式、残余应力、焊接工艺水平及钢材类别等因素有关。

焊接变形：如图 10-11 所示相同的厚度和坡口，单面 V 形对接焊比双面 X 形对接焊变形大。单面 V 形对接焊由内向外焊，由于外侧焊后收缩，内侧突出，外侧尺寸比双面 X 形对接焊约大一倍。双面 X 形对接焊，焊接程序如图 10-11 所示，从中性轴开始焊，然后交错焊接，这样收缩量较小，且焊接质量亦好。因此设计应尽可能采用双面焊。单面焊按规范规定应带垫板，目的是为了全焊透。目前大部分采用氩弧焊或采用单面焊双面成型不带垫板的工艺，对于有应力腐蚀和有疲劳应力的容器应尽量采用双面焊，如采用单面焊则应按图 10-12 的结构。

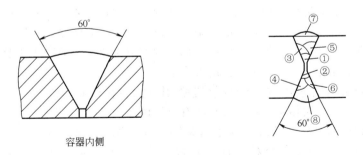

图 10-11　单面 V 形和双面 X 形对接焊比较

对于换热器壳体，当采用单面焊时，可采用图 10-13 的结构形式。其焊缝收缩基本与筒体内径一致，这样便于管束的安装。

10.6.13　压力容器在什么情况下要进行焊后热处理？

答：容器及其受压元件符合下列条件之一者，应进行焊后热处理。

ⅰ．A、B 类焊缝处母材名义厚度 δ_n 大于下列者：

碳钢厚度大于 34mm（如焊前预热 100℃以上时，厚度大于 38mm）；

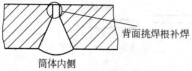

背面挑焊根补焊

简体内侧

图 10-12　单面焊结构

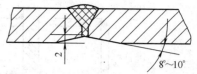

图 10-13　换热器壳体单面焊结构

Q345R 厚度大于 30mm（如焊前预热 100℃以上时，厚度大于 34mm）；

Q370R 厚度大于 28mm（如焊前预热 100℃以上时，厚度大于 32mm）。

ⅱ. 任意厚度的其他低合金钢。

ⅲ. 奥氏体不锈钢厚度大于 50mm。

ⅳ. 有应力腐蚀的容器。

ⅴ. 盛装毒性为极度或高度危害的容器。

其中，对于不同厚度的 A、B 类焊缝，上述所指厚度按薄者考虑；对于异种钢材相焊的 A、B 类焊缝，按热处理严者确定。

ⅵ. 冷成形和中温成形的圆筒 δ_n 符合下列条件者：

① 碳素钢、Q345R 的 δ_n 不小于设计内直径 D_i 的 3%；

② 其他低合金钢的 δ_n 不小于设计内直径 D_i 的 2.5%；

③ 冷成形封头应进行热处理，当制造单位确保冷成形后的材料性能符合设计、使用要求时，不受此限；

④ 除图样另有规定外，冷成形的奥氏体不锈钢封头可不进行热处理。

10.6.14　什么叫无损检测？常用的无损检测有哪些方法？

答：无损检测是指对容器的材料、结构和焊缝等内部和表面质量进行的检查，而这种检查不会使被检工件受伤、分离或损坏。

常用的无损检测方法（NDT）有：射线检测（RT）、超声波检测（UT）、磁粉检测（MT）、渗透检测（PT）、声发射（AE）、泄漏试验（LT）、目测检测（VT）、涡流检测（ET）等。

10.6.15　简述无损检测对压力容器安全使用的重要性？

答：超标的缺陷是压力容器发生破坏的原因之一，因此对压力容器从原材料如钢板、管子、锻件和连接焊缝等进行无损检测，对安全使用具有非常重要的意义。利用无损检测对制造过程中的每一环节进行检测，超标的缺陷加以修补。另一方面在容器使用过程中，根据容规的规定定期进行检测，对原有允许的缺陷如果发展成为超标的缺陷或新发现的超标缺陷可及时加以处理，消除隐患，以保证容器的安全运行。

10.6.16　焊缝采用的超声波检测与射线检测对比有何优缺点？

答：（1）与射线检测相比，超声波检测有以下优点：

ⅰ. 对危害性的缺陷如裂纹、未熔合等检测灵敏度高；

ⅱ. 可检测厚度达数米的材料，而 X 光射线目前一般仅能探测 40～60mm，只有采用 9MoV 直线加速器才能探测 400mm；

ⅲ. 可以从材料任一侧进行检测，可以对在用容器进行检测和监控；

ⅳ. 检测速度快，能对缺陷的深度位置测定；

ⅴ. 设备简单，检测费用低；

ⅵ. 对人体无伤害。

（2）与射线检测相比，超声波检测有如下缺点：

ⅰ. 判伤不直观，定性比较困难；

ⅱ．检测结果无原始记录；

ⅲ．检测结果受人为因素影响较大。

10.6.17 《固容规》与 GB 150 规定哪些容器对接焊焊缝必须全部进行射线或超声波检测？

答：压力容器对接接头的对接焊缝，凡符合下列条件之一的，必须全部进行射线或超声波检测。

（1）第三类压力容器；

（2）设计压力大于等于 5.0MPa 的；

（3）第二类压力容器中易燃介质的反应压力容器和储存压力容器；

（4）设计压力大于等于 0.6MPa 的管壳式余热锅炉；

（5）钛制压力容器；

（6）设计采用焊接接头系数为 1.0 的容器；

（7）不开设检查孔的容器；

（8）公称直径大于等于 250mm，接管与长颈法兰、接管与接管连接的 B 类焊缝；

（9）选用电渣的容器；

（10）用户要求全部检测的容器；

（11）名义厚度 δ_n 大于 38mm 的碳素钢，名义厚度 δ_n 大于 30mm 的 Q345R 钢制容器；

（12）名义厚度 δ_n 大于 25mm 的 Q370R 和奥氏体不锈钢制压力容器；

（13）材料标准抗拉强度＞540MPa 的钢制压力容器；

（14）名义厚度 δ_n 大于 16mm 的 12CrMo、15CrMo 钢制容器，其他任意厚度的 Cr-Mo 低合金钢制容器；

（15）进行气压试验的容器；

（16）图样注明盛装毒性程度为极度或高度危害介质的容器；

（17）嵌入式接管与筒体封头的对接焊缝；

（18）以开孔中心为圆心，1.5 倍开孔直径为半径所包容的焊缝；

（19）凡被补强圈、支座、垫板、内件等所覆盖的焊缝，以及先拼焊后成形的封头上的所有拼焊焊缝。

10.6.18 除 10.6.17 条外，还有哪些容器对接焊缝要求百分之百射线或超声波检测？

答：凡压力容器内部衬耐火砖或保温砖，外部又有水夹套的容器，不论容器属于哪种类别，容器所有对接焊缝均应进行 100％ 射线检测或超声波检测，因为它无法进行定期无损检测。

10.6.19 在什么条件下，对接焊缝才允许采有超声波检测？

答：压力容器对接焊缝应选用射线检测，若由于结构等原因，确实不能采用射线检测时，才允许选用超声波检测。

10.6.20 哪些容器焊缝除全部射线检测外还要进行超声波检测？

答：对标准抗拉强度大于 540MPa 的材料，且壳体厚度大于 20mm 的钢制压力容器，每条对接接头的对接焊缝除射线检测外，应增加局部超声波检测；当压力容器壁厚大于 38mm 时，其对接接头的对接焊缝，如选用射线检测，则每条焊缝还应进行局部超声波检测；如选用超声波检测，则每条焊缝还应进行局部射线检测，其中应包括所有 T 形焊缝。

10.6.21 20％局部射线或超声波检测的含义是什么？

答：20％局部射线或超声波检测是指每条焊缝检查长度不得小于每条焊缝长度的 20％，

且不小于 250mm。位置由制造单位检验部门决定，但所有 T 形连接部分，拼接封头的对接接头，必须进行全部射线检测。

10.6.22 哪些焊缝表面应进行磁粉或渗透检测？

答：下列情况的焊缝表面应进行磁粉或渗透检测：

ⅰ. 材料标准抗拉强度 R_m＞540MPa 的钢制容器，名义厚度 δ_n 大于 16mm 的 12CrMo，15CrMo 钢制容器，其他任意厚度的 CrMo 低合金钢制容器中的 C 类和 D 类焊缝；

ⅱ. 层板材料标准抗拉强度 R_m＞540MPa 的多层包扎压力容器层板纵焊缝；

ⅲ. 堆焊表面；

ⅳ. 复合钢板的复合层焊缝；

ⅴ. 标准抗拉强度 R_m＞540MPa 的材料及 Cr-Mo 低合金钢材经火焰切割的坡口表面，以及该容器的缺陷修磨或补焊处的表面，卡具和拉筋等拆除处的焊痕表面；

ⅵ. 材料标准抗拉强度 R_m＞540MPa，且公称直径小于 250mm 的接管与长颈法兰，接管与接管连接的 B 类焊缝。

10.6.23 受压容器与支座、保温环、吊耳、平台、鞍座、扶梯、管架相焊接时，应做哪些无损检测检查？

答：这些承载不受压的元件，它们与容器的焊接都属于角焊缝，如该容器的受压元件焊接时须预热，则这些元件与容器受压元件相焊时亦应预热，并应进行磁粉或渗透检测；对于承受重载荷的吊耳，还要在容器的内侧对其焊缝进行超声波检测。

10.6.24 焊缝射线检测时，对焊缝表面有何要求？

答：焊缝射线检测前，应对焊缝规定的形状尺寸和外观质量进行检验，合格后，才能进行检测。焊缝表面的焊渣、药皮等在检测前应清理干净。焊缝表面的不规则程度应不妨碍底片上缺陷的辨明，否则应事前加以修整。

10.6.25 磁粉和渗透检测时对工件有何要求？

答：这两种检测前，应对受检表面及附近 30mm 范围内进行清理，不得有污垢、锈蚀、焊渣、氧化皮等。当受检表面妨碍显示时，应打磨或抛光处理。

10.6.26 压力容器锻件在什么情况下应进行磁粉或渗透检测？

答：压力容器Ⅲ、Ⅳ级锻件应进行超声波检测；凡是 σ_b＞540MPa 的锻件，CrMo 钢的锻件应进行磁粉或渗透检测。

10.6.27 超声波检测对工件表面有何要求？

答：为了保证探头与工件表面的良好耦合，尽量减少表面声能损失，对受检工件表面应有一定的要求。锻件表面经粗加工后，其粗糙度应达 $Ra6.3$，表面平整均匀、无划伤、油污和污物等附着物；对接焊缝的检测表面应清除探头移动区的飞溅、锈蚀、油污及其他污物。探头移动区的深坑应补焊，然后打磨平滑，露出金属光泽，以保证良好的声学接触；钢板应清除影响检测的氧化皮、锈蚀和油污。

10.6.28 为什么气压试验选用洁净的空气、氮气和其他惰性气体？

答：气压试验经常选用易获得的干燥、洁净的空气、氮气和其他惰性气体，在试压发生事故时，这些非易燃无毒的介质不会对财产、人身、环境产生更大的危害，对具有易燃介质的在用压力容器，必须进行彻底清洗和置换，否则严禁用空气作为试验介质。

10.6.29 带夹套容器如何进行检验和试压？

答：带有夹套的压力容器试压及检验步骤如下。

容器内筒制造完毕后，按规范规定进行射线检测或其他无损检测，合格后进行液压试验。如有要求时应进行气密性试验。无损检测和压力试验合格后再焊接夹套。

夹套应按规范要求进行射线检测或其他无损检测，合格后焊到内筒上。根据图样确定的试验压力，对内筒的有效厚度，校核在该试验压力下内筒承受试验外压的稳定性，如果不能满足稳定性的要求，则应在进行夹套的压力试验时，必须同时在内筒保持一定的内压，以使整个试验过程（包括升压、保压和卸压）中的任一时间内，夹套和内筒的压力差不超过允许压差。所以设计者应在图纸上注明这一要求和容许压差。

10.6.30　在什么条件下应进行气密性试验？

答：介质毒性程度为极度、高度危害或设计不允许有微量泄漏的压力容器，必须进行气密性试验。气密性试验应在液压试验合格后进行。

参 考 文 献

[1] 郑津洋等主编.过程设备设计.第三版.北京：化学工业出版社，2010.
[2] 余国琮等主编.化工容器及设备.天津：天津大学出版社，1988.
[3] 陈庆等主编.压力容器技术问答.北京：化学工业出版社，2015.
[4] GB 150.1～150.4—2011 压力容器.
[5] TSG R0004—2009 压力容器安全技术监察规程.
[6] JB 4732 钢制压力容器——分析设计标准.
[7] NB/T 47003.1 钢制焊接常压容器.
[8] 陈国理主编.压力容器及化工设备.第二版.广州：华南理工大学出版社，1994.
[9] 潘家祯主编.压力容器材料实用手册——碳钢及合金钢.北京：化学工业出版社，2000.
[10] 魏崇光等主编.化工工程制图.北京：化学工业出版社，1994.
[11] 大连理工大学工程画教研室编.机械制图.北京：高等教育出版社，1994.
[12] GB/T 4459.1 机械制图 螺纹及螺纹紧固件表示法.
[13] GB/T 4459.6 机械制图 动密封圈表示法.
[14] GB/T 4459.7 机械制图 滚动轴承表示法.
[15] GB/T 4458.2 机械制图 装配图中零、部件序号及其编排方法.
[16] GB/T 4458.5 机械制图 尺寸公差与配合注法.
[17] GB/T 4459.3 机械制图 花键表示法.
[18] GB/T 4458.1 机械制图 图样画法 视图.
[19] GB/T 4458.6 机械制图 图样画法 剖视图和断面图.
[20] GB/T 4457.4. 机械制图 图样画法 图线.
[21] GB/T 4459.4. 机械制图 弹簧表示法.
[22] GB/T 4459.2 机械制图 齿轮表示法.
[23] GB/T 4458.4 机械制图 尺寸注法.
[24] 周济主编.最新化工设备设计制造与标准零部件选配及国内外设计标准规范实用全书.北京：北京工业大学出版社，2005.
[25] 本书编委会主编.最新压力容器设计手册.银川：宁夏大地音像出版社，2006.
[26] 化学工业部设备设计技术中心站编.化工设备技术图样要求.1991.
[27] 邵泽波，陈庆主编.机电设备管理技术.北京：化学工业出版社，2005.
[28] HG 20580 钢制化工容器设计基础规定.
[29] HG 20581 钢制化工容器材料选用规定.
[30] HG 20582. 钢制化工容器强度计算规定.
[31] HG 20583 钢制化工容器结构设计规定.
[32] HG 20584 钢制化工容器制造技术规定.
[33] HG 20585 钢制低温压力容器技术规定.
[34] 陈匡民主编.过程装备腐蚀与防护.北京：化学工业出版社，2001.
[35] 秦晓钟主编.世界压力容器用钢手册.北京：机械工业出版社，1995.
[36] 白忠喜主编.化工容器及设备设计指南.长春：东北师范大学出版社，1995.
[37] 化学工业部基本建设司编委会主编.化工压力容器设计技术问答.武汉：氮肥设计编辑部出版发行，1993.
[38] 蔡仁良，顾伯勤等主编.过程装备密封技术.北京：化学工业出版社，2002.
[39] HG 20592～20635 钢制管法兰、垫片、紧固件.
[40] GB/T 151 热交换器.
[41] GB 9019 压力容器公称直径.

[42] GB 12337 钢制球形储罐.

[43] JB/T 4700~4707 压力容器法兰.

[44] NB/T 47014 承压设备焊接工艺评定.

[45] NB/T 47015 压力容器焊接规程.

[46] NB/T 47041 钢制塔式容器.

[47] JB/T 4711 压力容器涂敷与运输包装.

[48] JB/T 4712.1 鞍式支座.

[49] JB/T 4712.2 腿式支座.

[50] JB/T 4712.3 支撑式支座.

[51] JB/T 4712.4 耳式支座.

[52] JB/T 4736 补强圈.

[53] NB/T 47013.1~47013.6 承压设备无损检测.

[54] JB 4726 压力容器用碳素钢和低合金钢锻件.

[55] JB 4727 低温压力容器用碳素钢和低合金钢锻件.

[56] B 4728 压力容器用不锈钢锻件.

[57] JB/T 4746 钢制压力容器用封头.

[58] NB/T 47042 卧式容器.

[59] JB/T 4747 压力容器用钢焊条订货技术条件.

[60] JB/T 4718 管壳式换热器用金属包垫片.

[61] JB/T 4719 管壳式换热器用缠绕垫片.

[62] JB/T 4720 管壳式换热器用非金属软垫片.

[63] JB 47212 外头盖侧法兰.

[64] GB 713 锅炉和压力容器用钢板.

[65] GB 3531 低温压力容器用钢板.

[66] GB/T 19066.1 柔性石墨金属波齿复合垫片 尺寸.

[67] GB/T 19066.3 柔性石墨金属波齿复合垫片 技术条件.

[68] HG/T 20569 机械搅拌设备.

[69] HG 21563~21572 搅拌传动装置.

[70] HG/T 21514~21535 钢制人孔和手孔.

[71] 王志文主编.化工容器设计.北京:化学工业出版社,1990.

[72] 胡国桢主编.化工密封技术.北京:化学工业出版社,1990.

[73] 上海医药设计院.化工工艺设计手册.北京:化学工业出版社,1996.

[74] 李世玉等主编.压力容器工程师设计指南.北京:化学工业出版社,1995.

[75] 蔡仁良主编.化工容器设计例题、习题集.北京:化学工业出版社,1996.

[76] 王宽福编著.压力容器焊接结构工程分析.北京:化学工业出版社,1998.

[77] 李景辰等.压力容器基础知识.北京:劳动人事出版社,1986.

[78] 钱颂文.换热器设计手册.北京:化学工业出版社,2002.

[79] 陈乙崇主编.搅拌反应设备设计.上海:上海科技出版社,1985.

[80] 丁伯民编著.钢制压力容器——设计、制造与检验.上海:华东化工学院出版社,1995.

[81] 姜伟之等编著.工程材料的力学性能.北京:北京航空航天大学出版社,2000.

[82] 吴泽炜主编.化工容器设计.武汉:湖北科学技术出版社,1985.

[83] 苏翼林主编.材料力学.北京:高等教育出版社,1985.

[84] 化工设备设计全书编辑委员会编.塔设备设计.上海:上海科学技术出版社,1988.

[85] 化工设备设计全书编辑委员会编.换热设备设计.上海:上海科学技术出版社,1988.

[86] 化工设备设计全书编辑委员会编.搅拌设备设计.上海:上海科学技术出版社,1988.